중국의 환경관리와 생태건설

《중국 이해》 총서 편찬위원회

주임: 왕웨이광(王偉光)

부주임: 리제(李捷) 리양(李扬) 리페이린(李培林) 차이팡(蔡昉)

위원: 푸첸췬(卜憲群) 차이팡(蔡昉) 가오페이융(高培勇) 하오스웬(郝時遠) 황핑(黃平) 진베이(金碚) 리제(李捷) 리린(李林) 리페이린(李培林) 리양(李揚) 마웬(馬援) 왕웨이광(王偉光) 왕웨이(王巍) 왕레이(王鐳) 양이(楊義) 저우훙(周弘) 자오젠잉(趙劍英) 줘신핑(卓新平)

China's Environmental Governing and Ecological Civilization

中国的环境治理与生态建设

판쟈화(潘家华) 지음
김선녀(金善女) 옮김

중국의 환경관리와
생태건설

역락

아편전쟁으로 시작된 중국의 근대화 과정에서 낙후되어 침략과 무시를 당해왔던 대다수 중국인들은 다른 국가에 비해 제도·문화와 재주가 뒤쳐진다는 문화 심리를 형성하게 되었다. '서구는 강하고 우리는 약하다'는 생각을 바꾸고, 중화의 위풍을 다시 진작시키기 위해서는 문화를 비판하고 혁신하는 것부터 시작해야 했다. 그래서 중국인은 '세계에 눈을 뜨고', 일본과 유럽, 미국, 그리고 구소련까지 배웠다. 중국은 줄곧 낙후되고 궁핍하고, 힘이 약해 침략을 당해왔고, 서구 열강을 따라잡으려는 긴장과 초조함 속에 있었다. 100여 년 동안 중국은 강국과 부흥의 꿈을 꾸면서 타인을 이해하고 배우는 것에 치중했지만, 타인에게 자신을 알리고 이해시키려는 노력은 거의 없었다. 이런 현상은 사실 1978년 중국 개혁개방 후 현대화 역사 과정에서도 뚜렷한 변화가 없었다. 1980년대와 1990년대에 많은 서구의 저작을 번역하고 소개한 것이 좋은 예이다. 이것이 바로 근대 이후 중국인의 '중국과 세계'의 관계를 인식해 온 역사이다.

근대 이후 중국인들은 강국의 꿈과 중화 부흥의 꿈을 추구하는 데 있어 '사물(기술)에 대한 비판', '제도에 대한 비판', '문화에 대한 비판'을 통해 나라와 민족을 멸망에서 구하고, 나라를 부강하게 하고 백성을 강대하게 하는 '길'을 힘겹게 모색해 왔다. 여기에서 '길'은 당연히 사상과 기치와 영혼이다. 중요한 것은 어떤 사상과 기치와 영혼이 나라를 구하고, 부국으로 이끌며 백성을 강하게 만들 수 있느냐는 것이다. 100여 년 동안 중국 인민들은 굴욕과 실패와 초조함 속에서 끊임없이 탐구하고 시도하면서 '중국의 학문을 기초로 서구의 학문을 응용'했으며, 입헌군주제의 실패, 서구 자본주의 정치 노선의 실패 및

1990년대 초 세계 사회주의의 중대한 좌절을 겪으면서 마침내 중국 혁명의 승리와 민족 해방 독립의 길을 걷게 되었다. 특히 과학적인 사회주의 이론 논리를 중국 사회주의 발전 역사 논리와 결합해 중국의 사회주의 현대화의 길-중국 특색의 사회주의 노선을 걷게 되었다. 최근 30여 년의 개혁개방을 통해 중국의 사회주의 시장 경제가 빠르게 발전했다. 경제, 정치, 문화 사회 건설에서 위대한 성과를 거두어 종합 국력, 문화 소프트 파워와 국제 영향력이 크게 향상되면서 중국 특색 사회주의는 큰 성공을 거두었다. 아직 완전하지는 않지만 체제와 제도의 기본적인 틀을 마련했다고 할 수 있다. 100여 년 간 꿈을 추구해온 중국은 더욱 확고한 길과 이론 및 제도에 대한 자신감을 가지고 세계 민족의 숲에 우뚝 서게 되었다.

　　아울러 오랜 시간 형성된 인지와 서구 문화를 배우는 문화적, 심리적인 습관으로 이미 부상한 중국은 세계 대국이 된 현실 상황에서도 세계 각국에 '역사 속의 중국'과 '현재의 중국'을 적극적이고 자발적으로 알리지 못하고 있다. 서구에서도 중국과 서구 문화 교류에서 '서구는 강하고 중국은 약하다'는 역사적 인식 때문에 중국의 역사와 현재 발전에 대한 일반적인 인식이 갖춰지지 않았다. 이런 상황에서 중국 발전의 길에 대한 이해, '중국의 이론과 제도'의 과학성과 유효성 및 인류 문명에 대한 특별한 가치와 공헌이라는 깊은 문제에 대해 인식하고 이해하는 것은 더 언급할 필요도 없다. '자아 인식 표출'의 부재로 인해 다른 속셈과 정견을 가진 인사들이 '중국 붕괴론', '중국 위협론', '중국 국가 자본주의' 등을 운운하고 나서게 만들었다. '돌다리도 두들기며 건너야 하는' 발전 과정에서 우리는 서구를 배워 세계를 인식하는 데 더 많은 노력을 했고 서구의 경험과 말로 스스로를 인식해 왔으며, '자아 인식'과 '타인에게 알리는 것'을 소홀히 했다고 할 수 있다. 우리가 관대하고 우호적인 마음으로 세상과 융화할 때, 자신은 진정으로 객관적인 이해를 받지 못했다. 때문에 중국 특색 사회주의 성공의 '길'을 종합해 중국의 이야기를 들려주고, 중국의 경험을 서술하고, 국제적으로 표현해 세계에 진정한 중국을 알려야 한다. 그래서 세계 각 민족들이 서구 현대화 모델이 인류 역사 진화의 종착점이 아니라, 중국 특색 사회주의도 인류 사상의 고귀한 자산이라는 점을 인식하도록 하는 것이 정의와 책임감을 가진 학술 문화 연구자의 중요한 임무라고 하겠다.

이를 위해 중국 사회과학원은 본원 최고 학자들과 원외 전문가들을 모아 《중국 이해》 총서를 집필했다. 총서에서는 중국의 길, 중국의 이론과 제도를 전반적으로 정리하고 소개했을 뿐 아니라 정치제도, 인권, 법치, 경제체제, 재정경제, 금융, 사회관리, 사회보장, 인구정책, 가치관, 종교 신앙, 민족 정책, 농촌문제, 도시화, 공업화, 생태 및 고대 문명, 문학, 예술 등 분야에서 오늘날 중국의 발전상에 대해 객관적으로 서술하고 해석함으로써 중국의 구상을 보여주고 있다.

이 총서의 발간으로 국내 독자들이 100여 년의 중국 현대화 발전 과정을 더 정확하게 이해하고, 오늘날 당면한 문제들을 더 이성적으로 바라봄으로써 개혁의 시급성과 민족적 자긍심을 높이고, 개혁 발전의 공감대를 형성하고 힘을 모을 수 있다. 더불어 해외 독자들이 중국을 더욱더 잘 이해함으로써 중국의 발전을 위해 더 나은 국제 환경을 조성할 수 있기를 바란다.

2014년 1월 9일

○ 차례

제4장 조화로운 도시화

제5장 자원 관련과 생태 안보

제6장 저탄소 에너지 전환

제7장 경제 성장의 생태 전환

제8장 생태 문명의 소비 선택

제9장 생태 제도 혁신

제10장 새로운 생태 문명의 시대에 대한 전망

○ 표 차례

○ 그림 차례

○ 머리말

취약한 생태 현실과 아름다운 중국의 꿈은 일정한 거리가 있는바 나아갈 방향을 제시해주는 한편 막중한 임무라는 사실 또한 일깨워주고 있다. 중국의 도시화, 공업화는 빠른 속도로 대규모의 기나긴 과정을 가고 있다. 제한적인 환경 수용력이 '세계 공장'으로써의 자원 공급, 처리 및 생산, 에너지 소모와 상품 소비, 그리고 오염 물질 배출을 감당할 수 없게 되었다. 식량, 물, 생태, 에너지, 기후, 환경 관련 안보는 중국 경제와 사회의 녹색 저탄소 전환을 가속화하도록 촉구했다. 국제사회는 중국의 기후 관리, 에너지 혁명 및 발전 변화에 대한 참여에 큰 기대를 가지고 있다. 전반적이고 독창적인 중국의 생태 문명 건설은 새로운 패러다임을 만들어 인간과 자연의 조화를 촉진하고 인류 사회의 지속 가능한 발전을 실현할 수 있다.

생태 보호, 오염 통제와 자연자원 이용 효율의 제고를 주요 내용으로 하는 생태 문명 건설은 정치, 경제, 사회, 문화 각 부분에 고루 융합될 것을 요구한다. 생태 문명은 생태 보호뿐만 아니라 더 본질적이고 포괄적인 사회 경제적인 의미를 가진다. 사회 발전의 역사적 관점에서 볼 때, 생태 문명은 유구한 역사적 연원과 현실적 의의를 가지고 미래의 방향을 제시하고 있다. 생태 문명은 공허한 구호가 아니라 추측 가능한 지표와 평가 체계를 가지고 있다. 중국의 생태 문명 건설은 상대적으로 완전한 체제 메커니즘과 정책 체계를 이루었고, 에너지 절약 및 온실가스 감축, 오염 관리, 생태 회복, 재생 가능한 에너지 이용, 녹색 소비 등 부분에서 빠른 발전과 뛰어난 성적을 내고 있다. 공업화와 도시화가 심각한 도전에 직면한 상황에서 생태 문명을 통해 공업 문명을 업그레이드하고 개조하고, 자연 개조와 정복에서 자연에 순응하고 자연을 존중하는 방향으로 전환해야 한다. 또한 이윤만 추구하던 것에서 인본 중심의 지속 가능함을 추구하는 것으로 전환하고, 생산과 생활 방식을 근본적으로 변화시켜 인간과 자연의 조화를 실현하고, 중국이 생태 문명의 새로운 시대로 나아가는데 박차를 가하면서 세계의 생태 문명 전환을 이끌도록 해야 한다.

천인합일天人合一은 중국의 생태 문명 철학 사상의 정수이다. 인간은 사회와 경제 발전의 주체이며, 공업화와 도시화를 통해 인류의 물질 소비 수요를 만족시켜야 한다. 생태 문명의 건설 과정이 바로 천인합일을 인지하고 실천하는 과정이다. 자연을 인지함으로써 우리는 중국의 생태 문명 건설이 특정한 자연환경 기반을 가지고 있음을 알 수 있다. 서부는 생태가 취약하지만 동부 생태 환경의 병풍이 되고 있다. 동부는 광산 자원은 부족하지만 인구와 경제 집약도가 높다. 중국 동서부 사이의 후환융胡煥庸 라인은 실제로 물을 기준으로 삼은 기후용량의 차이를 표기한 것이다. 때문에 아름다운 중국의 꿈은 자연 수용력의 강성 제약을 가진다.

인간의 발전 수요 측면으로 볼 때, 대규모 인구 기반을 가진 중국의 현대화는 비교적 늦게 시작되었고, 개발이 불균형하게 이루어졌다. 개혁개방 이후 급속하게 추진된 중국의 공업화 과정은 현재 이미 공업화 후기 단계로 들어섰고, 일부 개발 지역은 이미 포스트 공업화 단계로 들어섰다. 하지만 중국의 공업화는 심각한 자원 부족, 생태 파괴와 환경오염을 야기해 일반적인 공업화의 길을 유지하기는 힘들다. 중국의 공업화 발전 기반과 자연환경의 제약을 통해 중국이 새로운 공업화 전환에 박차를 가해야 한다는 것을 알 수 있다.

중국의 도시화는 전 세계 수준과 비슷하지만 도시화 발전의 질은 여전히 낮은 편이다. 자원 부족의 제약 속에서 도시화의 질과 수준을 높이는 것은 쉬운 도전이 아니다. 새로운 형태의 도시화 건설은 기회가 되고, 지속적이고 강한 경제 성장을 위한 동력의 원천으로 생태 효율을 높이는 효과적인 방법이 되며, 생활수준을 높이는 캐리어가 될 수 있다. 경제 글로벌화 시대에 중국은 경쟁력 있는 중저가 상품 제조업 대국으로 '세계 공장'으로써의 위상이 이미 부각되었다. 이왕 세계 공장이 된 이상 두 가지 자원과 두 가지 시장을 활용하는 것은 상품 제조 소비국인 중국의 전체적인 복지 수준을 끌어올리고, 중국의 생태 환경을 개선하는 데 도움이 될 것이다. 자연자원의 경제와 자산의 속성은 여러 가지 자원 요소들이 결합되어 나타나는 것이다. 단지 물만 있거나 토지만 있다면 자연자원의 자연 혹은 사회 경제적 생산력이 반드시 높다는 것을 나타낼 수 없다. 물이 부족한 황무지는 토지의 자연 생산력이 저하되어 사회 경제적 가치도 한계가 있을 수밖에 없다. 그러나 에너지는 자연 및 사회 경제적 생산 효율을 어느 정도는 높일 수 있다. 이렇게 물, 토지, 양식, 에너지가 연관체가 된다. 물 안전은 식량 안보에 영향을 미칠 수밖에 없고, 에너지 안보는 물 안보와 밀접하게 연관돼 있다. 중국의 생태 환경은 자연 자원 요소의 연관성을 고려해야 한다.

중국의 온실가스 배출량은 세계 1위를 차지하고 있고, 1인당 배출은 EU 수준에 육박하지만, 경제 발전은 중진국의 소득 수준에 가까워 국제사회는 중국의 온실가스 감축에 대해 비교적 높은 기대를 하고 있다. 중국이 적극적으로 감축하고 공헌해야 하지만, 이러한 공헌이 총배출량을 단시간에 대폭 감축시킨다는 것을 표명할 필요는 없다. 중국의 재생 에너지 활용, 토지 이용, 임업 및 저탄소 건축 등에 대한 기여는 매우 중요하다. 산업혁명이 공업화 과정을 이끌었다. 증기 기관, 정보화가 1차, 2차 산업혁명의 상징이라면, 3차 산업혁명의 상징은 무엇일까? 3D 프린트라고 말하는 이도 있다. 하지만, 그것은 단지 기계 제조와 정보화 기술의 조합으로 혁명적인 돌파가 있는 것은 아니다. 재생 가능 에너지의 생산과 서비스는 근본적으로 에너지의 지속 가능한 전환을 실현할 수 있는데 이것이야 말로 혁신적인 발견이라 할 수 있다. 또한 재생 가능 에너지 혁명은 과거의 단일 기술이 이끌어 온 산업혁명과는 달리 여러 기술과 에너지의 종류가 어우러진 전면적인 대규모 혁명이다. 중국은 이미 이러한 혁명 과정을 시작해 추진하고 있다.

사회 발전의 중요한 지표와 목표는 경제성장이다. 하지만 선진 경제의 발전은 이미 포화상태라 외연 확장으로 성장을 이끄는 내재적인 동력과 공간이 필연적으로 약화될 수밖에 없다. 유럽과 일본은 경제 성장이 포화되어 외연 확장의 공간이 제한적이고, 심지어는 사라진 상황이다. 부유한 사회 구성원들은 이미 물질적인 수요에 대해 만족하고 있어 성장에 대한 필요를 못 느끼고, 부정적이기까지 해 성장을 제약하는 요소로 작용한다. 이를 통해 자연환경의 제약이 없더라도 경제의 무한적 고도성장은 필연적인 것은 아님을 알 수 있다. 경제 성장이 더뎌지고 심지어 정체되는 것은 선진국의 경우 필연적인 현상이다. 제한된 자연환경에서 외연 확장이 없는 '정태 경제'는 인간과 자연의 조화로운 발전을 실현하는 데 도움이 된다. 중국 경제 성장 속도가 줄어드는 것은 필연적인 일이다. 우리는 미래의 '정태 경제'를 맞이할 준비를 해야 한다. 도시화, 공업화, 자연환경의 제약으로 지속 가능한 에너지 서비스는 농업 문명에서는 실현될 수 없고, 공업 문명에서도 유지하기가 어렵다. 인류사회는 공업 문명을 업그레이드하고 개조할 수 있는 새로운 사회 문명의 형태를 필요로 할 수 있다. 생태 문명의 이론적 가치 기반은 공업 문명의 공리주의가 아니라 자연과 인간을 존중하고 사회 공정과 공평한 생태를 모색하는 것이다. 생태 문명은 이윤 극대화의 경제 효율 뿐 아니라, 자연과 조화를 이루는 생태 효율과 조화로운 사회를 이루는 사회 효율을 추구한다. 생태 문명도 기술 혁신이 필요하고 기술 혁명을 장려한다. 하지만, 이 기술은 단순한 이윤과 경제 효율을 위한 것이 아니며, 삶의 질, 건강한 생활과 생태 환경의 지속 가능성을 더 강조해야 하는 것이다. 공업 문명사회에서 경제 발전을 가늠하는 척도는 GDP밖에 없다. 생태 문명사회의 척도는 무엇일까? 질, 건강, 녹색, 저탄소는 생태 문명 건설의 핵심 요소이고, 중국 특색의 사회주의 핵심 가치관의 중요한 내용이기도 하다. 공업 문명은 시장과 법제 메커니즘이 있다. 생태 문명사회가 공업 문명사회의 시장과 법제 메커니즘을 버려야 하는 것이 아니라, 생태 레드 라인 설정, 생태 보상 실시, 자연자원 자산 부채 계산 등의 생태 문명의 내용을 포함해야 한다는 것이다. 중국의 생태 문명 건설은 이미 성공적인 경험을 쌓아 글로벌 생태 안보에 대한 직접적인 공헌을 할 수 있을 뿐 아니라, 더 중요한 것은 글로벌 생태 문명의 전환을 이끌 수 있다는 것이다. 중국은 새로운 생태 문명의 시대로 나아가고 있다.

생태 문명은 공업 문명에 상대되는 녹색 전환의 새로운 패러다임으로써 탐구를 하는 것이 중요하며, 학술적인 배양도 해야 한다. 때문에 생태 문명 건설의 이론적인 혁신과 함께 공헌하는 방법과 자세한 사례 및 데이터를 분석하는 것은 매우 중요하다. 이론적인 측면에서 우리는 생태 문명의 개념을 심층적이고 체계적으로 연구해 과학적인 의미를 정제해야 한다. 특히 공업 문명과의 관련과 구별을 확실하게 함으로써 생태 문명은 공업 문명과는 다른 사회 문명 형태라는 인식을 제시하고, 중국에서 생태 문명을 실천해야 하는 필요성과 보편적인 적합성을 가지는 것을 밝히는 것이 인류사회 경제 발전의 새로운 단계이다. 방법론적으로 GDP로 표시되는 국민경제 계산 체계는 공업 문명의 공리주의 논리 기초와 이윤 극대화의 목표를 위한 선택이었음을 인식하고, 생태 문명의 사회 형태에서는 과학적이고 객관적인 지표와 평가 체계가 필요하다는 것을 알아야 한다. 자연자원 자산의 계산은 중요한 의미가 있지만, 자본화 회계는 시장가격 변동의 영향을 받기 때문에 시장 가치가 지속 가능성의 요구를 구현할 수 없다는 것을 인식해야 한다. 과학과 자원 제약에 대한 과학적인 인식을 가지고 천인합일의 시각에서 환경, 수용력, 공업화, 도시화, 자연자원의 관련성, 재생 가능 에너지 혁명 및 개발의 '천장' 효과를 고찰하고, 데이터 통계, 사례 분석을 통해 심층 분석과 해석을 함으로써 생태 문명 패러다임의 과학성과 객관성을 제시해야 한다. 이론과 방법 체계 구축과 중대한 현실 도전에 대한 분석을 통해 중국의 녹색 전환이 실천되고 있고, 중국은 생태 문명의 새로운 시대로 들어섰다는 것을 알 수 있다.

제1장

생태 용량의 구도와 적응

생태 용량의 구도와 적응

생태 용량 또는 수용 능력은 양적인 개념으로 절대량의 이해와 더불어 상대량의 이해가 필요하다. 중국의 녹색 전환 Green Transformation은 주동적인 선택이 아닌 피동적인 대응의 성격이 짙다. 중국의 부존자원은 자체적 특징을 가지고 있으며 그 공간적 구도가 일정하다. 자연 생산력에 직접적인 영향을 끼치는 것은 단연 기후조건이다. 따라서 여기서 지칭하는 환경 수용 능력은 사실상 기후용량이다. 중국 인구와 경제의 공간 구도는 기후용량의 공간 분화 제약을 받는다. '지방의 기후 풍토가 그 지방의 사람을 기른다'나 '때맞게 비가 오고 바람이 분다'라는 말은 기후용량과 그 시공간의 변화를 객관적으로 묘사한 말들이다. 중국 역사상의 인구 이동과 현재의 '생태 이민'은 대부분 상황에서 기후용량이나 환경 수용 능력이 초과되어 발생하는 기후 이민이다. 이런 의미에서 환경 수용 능력은 생태 문명 전환의 기초이자 제약조건이 된다. 자연을 존중하고, 순응하는 것은 환경의 제약을 받는 피동적인 적응에서 수용 능력에 맞는 주동적인 전환으로 바꾸어야 한다는 것을 의미한다.

제1절 자원 환경의 공간 구도

수용 능력Carrying Capacity은 자원 수용력, 환경용량, 생태 용량, 환경 수용력 등 여러 가지 다른 관점에서 정의를 내릴 수 있으며, 수용량 또는 지탱 능력으로 이해할 수 있다. 맬서스Malthus '인구론'에서 제시한 자원의 절대적 희소성 이론과 로마클럽의 '성장 한계론'에서 제기한 수용 능력은 절대적인 양적 한계로 인구수 또는 소비 수준이 넘을 수 없는 경계선이다. 중국 정부가 정한 18억묘畝의 경작지 경계선도 식량 생산력의 레드 라인을 확보하기 위한 것이다.

어느 특정지역에서 기후와 지리적 요소는 외생변수로 상대적으로 안정적이므로 정상적인 상태에서의 생태 수용력과 인구 수용력은 비교적 항상 일정한 편이다. 인구의 증가로 인해 사회경제 수요가 정해진 용량 또는 지탱 능력을 벗어나면 자연 생태 시스템과 이들이 지탱하는 사회경제 시스템은 붕괴될 것이다. 수용력은 인간의 활동이 특정 시스템이 수용할 수 있는 한계의 상한선을 벗어날 수 없음을 강조한다. 이는 인류 지속 가능 발전의 공간 확장은 장기적으로 합리적인 선이 존재함을 의미한다. 전통적인 수용력 연구는 주로 두 가지의 관점에서 접근할 수 있다. 첫째는 생태학적 관점이다. 이는 자연자원과 물리적 환경의 제한 조건에 입각해 '생태 수용력', '환경용량', '생태 이력' 등의 개념을 연구하는 것이다. 우리가 생존하고 있는 하나밖에 없는 지구에서 기술의 발전과 제도의 변화, 인간의 소비 방식과 수준의 변화와 무관하게 어떤 자원은 인류 생존에 필요한 것이지만 재생 불가능하고 대체 불가능한 자원이기 때문에 결국 유한할 수밖에 없다. 이런 개념들이 강조하는 것은 자연의 수용 능력이지만 다른 시각을 가지고 있어 나타내는 의미도 완전히 일치하지는 않는다. 가령 '생태 수용력Ecological Carrying Capacity'은 생태균형의 관점에서 도출된 것으로 지구 생태 시스템이 인류를 위해 제공하는 물질 발전과 생태 서비스의 지탱 수준을 일컫는다. 환경용량Environmental Capacity은 환경 매개체, 특히 공기와 물의 질적 기준과 자정 능력에 따라 도출된 것으로 인류의 생존과 자연시스템이 훼손되지 않는다는 것을 전제로 특정 자연환경 공간 범위 내에서 수용할 수 있는 특정 오염 물질의 최대 부하량을 일컫는다.

다른 관점에서 보면 수용 능력 또한 상대적인 속성을 지니고 있으며 기술적 수단과 사회의 선택, 가치 및 관념 등과 긴밀히 연관되어 상대적 한계의 의미와 윤리적 특징을 지니고 있다. 고전경제학에서 데이비드 리카르도가 제기한 '차액지대설differential rent theory'은 용량의 가변속성에 주목한 전형적인 자원의 상대적 희소성 이론이다. 그는 우수한 자연자원은 유한하지만 질이 낮은 자원이나 대체 가능한 자원은 무한하기 때문에 자본을 투자하고 기술을 개선하면 한계에 있거나 질이 낮은 자원을 끊임없이 시장에 공급해 수요를 만족시킬 수 있다고 생각했다.

세계환경개발위원회WCED는 기술과 발전의 관점에서 '환경용량'을 '기술 상황과 사회조직이 환경에 대해 현재와 미래에 필요한 능력을 만족해야 주어지는 강제적인 경계 구속'[01]으로 정의했다. 지속 가능 발전 경제학Sustainable Development Economics은 전체 지구시스템에서 생태 환경의 인구 수용력, 즉 세계 인구 수용력과 발전 한계치Threshold Value의 문제를 고려했다. 미국 학자 케네스 볼딩은 '우주선 경제Spaceship Economy'개념[02]을 제기했다. 그는 지구는 경계의 한계가 있기 때문에 경제 운행의 원칙으로

---

01   World Commission on Environment Development, Our Common Future Oxford Univesity Press Oxford,1987.

02   Kenneth E. Boulding, "The Economics of the coming spaceship Earth", In Henry Jarrett(ed), Environmental Quality in a Growing Economy, Baltimore: published for

개방적이고 한계가 없는 '카우보이 경제Cowboy Economy'를 채택하는 것이 불가능하고 채택해서도 안 된다고 주장했다. 우리가 이용 가능한 자원은 유한하고, 보관과 폐기에 사용하는 공간도 유한하다. 따라서 지구 경제는 무한하게 펼쳐진 은하계에서 지구를 매개체로 하는 '우주비행사'의 우주선 경제이다. 지구라는 우주선에서 인구와 경제의 무질서한 성장은 결국 우주선 내의 유한한 자원을 모두 소모시킬 것이다. 따라서 '적당한 규모의 인구 수용력'은 자원, 환경 등 요소의 제약을 받고, 자원 환경에 대한 인간 활동의 영향과 깊은 관계가 있으며, 이는 발전모델, 생산과 소비 방식에 따라 결정된다. 학계의 관점과 분석방법의 한계성으로 인해 많은 연구들이 생태 환경과 인구 수용력 간의 복잡한 상호작용 관계를 소홀히 했다. 특히 기후와 환경이 변화하는 상황에서 사회경제의 급속한 발전(특히 빠른 도시화 과정)은 내재된 불확실성과 복잡성을 더욱 악화시켜 전통적인 수용력 연구에 어려움을 가중시켰다.

자연환경 자원의 공간 이질적인 특징은 지구 표면 공간의 지역별 수용 능력의 거대 변이를 결정하고, 우림, 초원, 사막 등 자연 생산력이 판이한 수용력 구도로 표현된다. 상대적으로 광활한 공간 지역을 가진 중국은 자원 환경의 자연 생산력에서 확실히 공간의 차이성을 보인다. 1935년 중국 인구지리학자 후환용胡煥庸은 헤이룽장黑龍江 아이후이瑷琿에서 윈난雲南 텅충騰衝까지 이어지는 인구밀도분계선[03](후환용 라인)을 발견했다. 즉, 헤이룽장 아이후이에서 윈난 텅충에 직선(약 45°)을 그으면 그 선을 경계로 동남반구 토지 36%가 전국 인구의 96%를 먹여 살리고, 서북반구의 토지

Resources for the Future, Inc by The Johns Hopkins, 1966, pp. 3-14.

03   후환용(Hu Huanyong): 〈중국인구의 분포〉, 〈지리학보〉, 1935년 제2권.

64%가 4%의 인구를 부양한다. 양자의 평균 인구밀도 비율은 42.6:1이다.

산업 문명이 고도로 발달한 오늘날에도 '후환용 라인'에서 보여주는 인구분포의 규칙은 과거와 비교했을 때 크게 벗어나지 않는다. 후환용의 인구밀도 지도를 보면(1-1A 참조) 96%의 인구는 분계선 이남에 거주하고, 인구 밀도가 가장 높은 지역은 동남연해이며, 그 중 창강長江 삼각주가 최대의 인구조밀지역으로 되고 있다. 이 인구분포 구도는 생산력이 비교적 낮은 농업 사회나 경제, 기술 및 사회가 비교적 높은 수준으로 발전한 산업 사회나 거의 차이가 없다. 1982년과 1990년 실시된 제3차, 제4차 인구조사 데이터에서 1935년 이후 중국 인구공간분포의 기본 구도는 큰 변화가 없는 것으로 나타났다. 동남부 지역의 경우, 1982년의 면적 비중은 42.9%, 인구 비중은 94.4%였고, 1990년 인구 비중은 94.2%였다. 55년간 동서부 지역의 인구비율 변화는 크지 않았다.[04] 2000년 실시된 5차 인구조사에서 동남지역과 서북지역의 인구비율은 94.2%:5.8%로 공간 구조의 인구비율은 과거에 비해 큰 변화가 없었다. 하지만 후환용 라인 동남의 인구수는 3배가 증가해 4억에서 12억으로 불어났다.

---

04   1935년, 몽골의 독립은 중국 정부의 허가를 받지 못했음. 1945년 이후 후환용 라인 토지면적의 비율은 몽골을 계산하지 않음.

중국의 환경관리와 생태건설

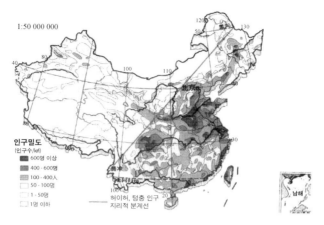

[그림 1-1A] 인구밀도분포도

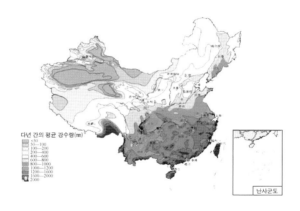

[그림 1-1B] 강우량선 분포도

[그림 1-1] 중국 인구와 강수량의 공간 구도

이 분계선은 인구분포의 경계선이자 400㎜등 강수량선과 거의 겹치는 자연 지리 경계선(그림 1-1B 참고)이며 반습윤 지역과 반가뭄 지역의 분계선이다. 후환융 라인 서북은 연간 강수량이 400㎜에도 못 미칠 정도로 강수량이 적고, 토지 사막화가 진행되고 있으며 지형과 지세에 따라 형성된 자연환경조건은 식물 생장에 불리하다. 낮은 자연 생산력과 생태 용량의 한계로 인해 안정적으로 많은 양의 음식물을 필요로 하는 인류를 수용하기가 어렵고, 초원, 사막, 고원 등 경관과 목축업 위주로 형성된 유목경제이기 때문에 사회경제 활동도 많은 제약을 받는다. 후환융 라인의 동남쪽은 평원, 수로망, 구릉, 카르스트와 단하지형 위주로 강수량이 상대적으로 풍부하고 지형과 지세가 식물 생장에 유리해 생물 다양성과 자연 생산력의 생산수준도 높다. 따라서 자연에 의존하는 농경 문명이 발달했다.

중국 자원 환경의 공간적 특징에서 강수량을 주요 인자로 하는 후환융 라인이 나타내는 전체 구도 외에 지형지세와 식생 상황도 주거환경의 중요한 요인이다. 펑즈밍封志明[05]을 비롯한 학자들은 1㎞×1㎞를 기본 단위로 하는 지리정보시스템 기술을 이용해 중국의 지역별 주거환경 자연 적응성을 정량 평가해 중국 주거환경의 자연 구도와 지역 특징을 나타냈다. 그 결과 중국의 주거환경지수는 동남 연해에서 서북 내륙으로 갈수록 줄어드는 경향을 띠고, 주거환경지수와 인구밀도는 현저한 상관관계를 보였으며, 지역 주거환경의 자연 적합도를 종합적으로 반영하는 것으로 나타났다. 중국의 주거환경 적합 지역은 $430.47 \times 10^4 ㎢$로 국토 면적의 45%에 육박한다. 이 지역의 인구는 전국의 96.56%를 차지하고 그 중

---

05   펑즈밍(Feng Zhiming), 탕옌(Tang Yan), 양옌자오(Yang Yanzhao), 장단(Zhang Dan):
      〈GIS의 중국 주거환경지수 모형의 구축과 응용〉, 〈지리학보〉 2008년 제12기.

3/4 이상이 주거환경이 매우 적합한 지역과 비교적 적합한 지역의 약1/4에 집중해 있다. 주거환경 임계 적합 지역은 225.11×10⁴㎢ 로 국토면적의 23.45%를 차지하며, 인구는 4,112만명으로 총인구의 3.24%를 차지하고, 인구밀도가 1㎢당 18명인 곳은 주거환경 적합 여부를 확인할 수 있는 과도지역이다. 주거환경 부적합 지역은 304.42×10⁴㎢ 로 국토면적의 31.71%를 차지하고, 인구는 249만 명으로 전국의 0.2%에도 못 미치며, 인구밀도는 1㎢당 1명 이하로 대부분 지역이 주거에 부적합한 무인지역이다.

생태자원의 공간 구도와 특징은 중국의 도시 분포와 산업 구도를 결정했다. 인구 5천 만 이상인 도시는 창싼자오長三角, 주싼쥬오珠三角, 환보하이環渤海로 이들 도시는 주로 동부 연해지역에 분포한다. 인구 천만 명 이상인 도시는 창강長江 중류, 청위成渝, 하얼빈哈爾濱-창춘長春으로 후환융 라인 동남쪽에 위치하며 연해지역에 인접해 있다. 서북지역 최대 규모 도시는 란저우蘭州, 우루무치烏魯木齊, 후허하오터呼和浩特이며, 인구 규모는 3백만 명 안팎이다. 산업적으로 에너지와 원자재 생산 밀집지역인 서북지역에 적합한 주거환경이 형성되었다면, 서부지역의 수력에너지를 개발해 동부지역의 경제 집중 지역에 전력을 제공하는 '서전동송西電東送'이나 서부지역의 천연가스를 동부지역으로 보내는 '서기동수西氣東輸'가 필요치 않았을 것이다. 지리 구획의 동, 서 경계는 자연생산력을 기반으로 하는 농업에서 더 극명하게 드러난다. 온도와 강수량에 따라 전국 대부분은 후환융 라인을 경계선으로 계절풍이 부는 동부는 대부분이 농경을 위주로 하는 반면 서부는 서북 가뭄 지역과 칭짱青藏 고랭지를 포함한 목축지역이다. '동쪽은 농경지, 서쪽은 초원'인 구도는 중국 농업 구획의 기본적인 특징[06]이다. 2005년 7월, 국가임업국은 생태건설을 중심으로 하는 임업발전전략을 제시해 '동부 확장, 서부 정비, 남부 이용, 북부 휴지기' 지역 구도를 실현해 2020년까지 산림 보급율을 23% 이상 끌어올려 전국의 생태 상황을 현저히 개선해야 한다고 밝혔다. '동부 확장'은 동남연해와 경제발달지역에서 임업 공간과 비중을 확장하는 것을 뜻한다. '서부 정비'는 서부의 생태 취약지역을 정비하는 것을 말한다. '남부 이용'은 남부의 광열, 강우 조건이 좋은 지역에서 임업의 질과 효과를 높이는 것이다. '북부 휴지기'는 동북, 네이멍구 등 중점 국유 산림지역 천연림의 휴지기[07]를 실시하는 것이다. 동부 및 남부의 확장과 이용, 서부와 북부의 정비와 휴지기 공간 구획도 후환용 라인을 분계선으로 한다.

전국 주체기능지역 규획[08]의 생태안전구도는 칭짱 고원생태 보호벽, 황토고원-쓰촨·윈난 생태 보호벽, 동북 산림대, 북방 방사대(황사 방지를 위한)와 남방 구릉산지대[양병삼대兩屛三帶]를 포함한다. 칭짱 고원-생태 보호벽은 강과 호수의 수원을 보존하고 기후를 조절하는 역할을 한다. 황토고원-쓰촨·윈난 생태 보호벽은 창강, 황허 중하류 지역의 생태 안전을 보장한다. 동북 산림대는 동북 평원의 생태 안전 보호벽이다. 북방 방사대는 '3북'(동북·화북·서북) 지역의 생태 안전 보호벽이다. 남방 구릉산 지대는 화남과 서남 지역의 생태 안전 보호벽이다. 이들은 모두 후환용 라인 부근과 이서 지역으로 전국의 생태 안전 보호벽이다. 남쪽 구릉산 지대만이

---

06   추바오젠(Qiu Baojian): 〈전국 농업 종합자연구획 방안〉, 〈하남대학학보〉(Science end Technology) 1986년 제1기.

07   〈이 공간 구도는 국가 임업 제11차 5개년(2006-2010) 발전 규획의 기본 요소가 되었다〉 국가임업국, 2006년.

08   〈전국 주체기능지역 규획 인쇄배포에 관한 국무원의 통지〉(국발46호)는 2010년 12월 21일.

중국의 환경관리와 생태건설

후환융 라인 이동지역으로 화남과 서남지역의 생태 보호막이다. 중국은 1999년 서부대개발 전략[09]을 시작했다. 충칭, 쓰촨, 구이저우, 윈난, 시짱, 산시, 간쑤, 칭하이, 닝샤, 신장, 네이멍구, 광시 등 12개 성(직할시, 자치구)을 포함하는 서부대개발 지역의 면적은 전국의 71.4%에 해당하는 685만 ㎢로 대부분이 후환융 라인 및 이서 지역에 인접하며 환경이 취약하고 경제가 낙후된 지역이다.

제2절 기후용량과 기후이민

환경용량에 영향을 주는 많은 자연 요소 가운데 가장 중요한 것은 기후조건 특히 강수와 온도이다. 환경용량이 어느 정도 상대적 속성을 가지고 있다고 한다면 기후 요소는 기술과 경제 조건으로 바꿀 수 없다. 온실가스 배출로 인한 지표면 온도 상승으로 나타나는 전 세계 기후 변화 역시 장기적으로 완만하게 이루어진 불확정성을 갖춘 과정이다. 때문에 기후용량이 환경용량을 결정하는 요소라 할 수 있다. 기후용량의 특징을 알고 자연을 존중하고 그에 순응함으로써 생태 문명을 안정적으로 전환할 수 있다.

기후용량의 핵심 지표는 기후 인자의 자연 수위가 특정 지역의 중요한 요소와 여러 기후 인자와 결합 혹은 변이로 형성되는 전체적인 규모이다. 어떤 지역에서 기후용량의 여러 요소 중 하나 혹은 여러 가지가 주도

---

09   바이두백과 표제자.
      http://zhidao.baidu.com/link?url=KqpR2doYvnzpmetvBzWJWJZaHWx_
      hTasDP3YMHR_RI6E1GQJxwHN0Iaf_eEAvQwFgiHdNVI06DA7aCKIJoAqa 2015년 1
      월 액세스.

적 혹은 결정적 역할을 한다. 예를 들어, 일조, 온도, 강수 등이 그렇다. 기후 요소의 변이는 주로 계절과 경년의 변화로 나타난다. 그 밖에 기후 요소는 지형, 지모, 토양 및 식생 등 요소의 영향을 받고, 유출Runoff을 통해 공간과 시간적 이동 혹은 재분배가 일어난다. 기후용량의 자연 안전 역치(안전한 기준치)는 가장 가물었던 해의 강수량과 같은 자연의 최저 한계치의 제한을 받는다. 때문에 경년 변동 혹은 가변율이 클 경우 여러 해 평균치를 사용하는 것은 리크스가 존재할 수 있다. 예를 들어 큰 가뭄이 든 해에는 농산물 수확이 전무한 상황이 나타날 수 있고, 식수 어려움으로 사람과 가축은 심지어 사망까지 이를 수 있기 때문이다.

심각한 기후 문제 중 특히 강수가 사회경제시스템과 자연생태 시스템에 주는 제약과 충격이 상당히 크며, 심지어는 자연과 사회, 경제 시스템의 붕괴를 야기하기도 한다. 하지만 이러한 극단적인 기후 문제에서 기후 요소의 규모 정도는 기후용량의 한계용량이 절대 아니다. 지역의 수자원 양은 결국 강수 상황으로 결정되지만, 어느 시점에서 수자원 양에 영향을 주는 요소는 그해의 강수, 저수지 혹은 못에 저장된 예년 강수의 저장량, 외부에서 온 지표와 지하의 용량 이동을 포함한다. 때문에 한계용량은 한 지역의 1년 혹은 여러 해의 자원 총량과 지하수 저장 및 보충 등 상황을 고려해야 한다. 농업생산에 있어서 관개로 수요를 만족시킬 수 있지만 과도한 지하수 개발로 지하수가 고갈된 상황에서는 농업생산도 보장을 받기는 어렵다.

지형, 지모, 토양과 식생 상황으로 인해 기후용량에 공간적인 분화가 일어나면서 어떤 지역은 용량 수출 지역이 되어 자연 수용력이 줄어들고 있고, 어떤 지역은 용량 수입지역으로 자연 용량의 증가가 나타나고 있다. 토양 침식은 용량의 감소를 보여주는 것이고, 하류 삼각주와 호수 습지는 자연 용량 확대의 예증이다. 후환융 라인은 사실 강수량을 결정 요소로 하는 기후 수용라인이다. 기후와 지리적인 요소로 볼 때, 중국 서부는 건조하고, 동부는 습하며, 남저북고南低北高인 기후와 지형 상태 및 대기 환경으로 인한 계절풍의 영향이 이 경계선을 이루는 기후용량 조건을 형성하는 기본적인 구도이다. 이 인구 지리 분계선은 사실 인구 분포와 사회 경제 발전이 받는 기후용량 백그라운드의 제약을 보여주고 있다.

인위적인 기술과 자본 투자로 국부 지역의 조건이 바뀌면서 국부적인 범위에서 단기적으로 능력 변화가 생겨 파생적인 기후용량을 형성할 수 있다. 기후용량이 순수 자연 속성의 수용 능력이라고 한다면, 파생용량은 기후용량이 주어진 상황에서 인류의 사회 경제 활동으로 형성된 사회 경제 속성을 가진 수용 능력이다. 예를 들어 생태 용량, 생물 생산량, 목양력grazing capacity 혹은 환경용량 등이 있다. 이는 독립적으로 형성되는 것이 아니라 사회 경제 활동이 기후용량에 작용해 파생되어 생기는 것이다. 파생은 사회 경제 활동이 자연 속성을 가진 기후용량을 넘어설 수 없다. 때문에 파생용량은 기술 진보와 과학 관리 등 인위적인 기술, 경제와 사회 활동은 일정한 기후용량을 기반으로 하는 생태 용량, 인구 수용력을 높일 수 있다. 예를 들어 내한성 품종과 병충해 방지 교육을 통해 기후용량이 주어진 상황에서 파생적 기후용량을 확대할 수 있다. 근본적으로 기후 요소에 따라 결정된다고 할 수 있다. 파생적인 기후용량은 다음과 같다.

(1)생태계 재생용량(생태 용량)은 인공 생태 시스템에 따라 식수조림, 목초지 및 습지 형성, 식수 용수 업무 등으로 형성된 인공 생태 시스템의 용량을 포함한다.

(2)단위 면적당 바이오매스 생산량은 녹색 식물이 생육기 동안 광합성 작용과 토양의 양분 흡수 작용, 즉 물질과 에너지의 전환을 통해 생산

하고 축적하는 여러 유기물의 총량으로 자연의 산물이다. 그러나 품종을 골라 기르고, 병충해를 방지하고, 관개, 배수, 땅 고르기 비료 살포 등 인간의 노동, 기술과 자본 투입을 통해 기후용량이 주어진 상황에서의 사회 경제 산출량이 자연 산출량보다 많다. 예를 들어 단위면적당 농산물 생산량 즉 1묘당 벼 생산량, 면화 생산량 등이 같은 기후 조건에서의 자연적 생산량보다 월등히 많아질 수 있다.

(3)환경용량 혹은 환경 수용력이 일정한 지역 내의 대기와 수질 등 환경 매개체가 일정한 자연환경 품질 기준을 만족하는 흡수 회복 및 자정 능력을 갖추고 있다. 물 주기, 통수 속도와 물의 총량 증가 등 물리적 수단과 화학물질을 첨가해 제염하는 화학적 수단을 통해 자연 속성 능력을 높여 사회, 경제 속성의 환경용량을 만들 수 있다. 예를 들어 수질의 화학적 산소요구량COD, 암모니아 자정 능력, 대기 중의 이산화황 혹은 최대 허용치 기준 이하의 먼지 배출량 등이 그것이다.

생산용량의 구조와 중국의 환경관리와 생태건설에서 설명하려는 것은 파생용량이 인공적 용량이며 다음과 같은 세 가지 특징을 가지고 있다는 것이다. 첫째, 기후용량의 제약을 받아 독립적이지 않다. 둘째, 인위적인 용량 간섭 활동이 끝나면 파생용량은 기후용량 본연의 자연적 속성 수준으로 돌아간다는 것이다. 즉, 농업 식량 생산에서 아무것도 하지 않고 내버려둔다면 농산품 생산량과 품질은 자연 생태 시스템의 생산 수준으로 돌아가게 된다. 셋째, 수량, 질량, 방식, 시간 등을 포함하는 사회경제 요소의 개입이다. 이것이 인공 용량 혹은 기후 파생용량의 가장 중요한 요소이다. 만약 개입 정도가 낮을 경우 예를 들어 항공 파종과 조림을 하는 경우, 파생용량과 기후용량의 계수가 일반적으로 1과 같거나 크다면 자연 용량이 줄지는 않겠지만 증분도 크지는 않을 것이다. 개입 정도가 높을 경우, 파생용량과 기후용량의 계수가 1 혹은 0보다 작을 수 있고, 1보다 클 수 있으며, 심지어는 몇 배가 더 많을 수 있다. 예를 들어 경사지농업으로 인한 토양 침식으로 사막화를 야기하고, 결국 국부 지역의 미기후를 변화시켜 파생용량이 기후용량의 생산 수준보다 훨씬 떨어지게 만들어 음수가 된다.

기후용량은 생태 환경용량의 자연적 기반이고, 생태 환경용량은 모든 사회 경제 발전에 물질적인 기반을 제공한다. 기후용량은 전형적인 복잡한 생태 시스템으로 다음과 같은 특징을 가진다.

(1) **강한 구속성:** 기후용량은 특정한 시간과 공간적 범위 안에서 비교적 안정적인 자연 현상을 가지며, 인위적 활동이 단기간에 이런 기후와 지리적 조건으로 나타나는 강한 제약을 변화시키기는 어렵다.

(2) **변동성:** 기후시스템과 그 변화의 영향을 받아 기후용량은 계절과 경년 변동의 특성을 가진다.

(3) **지역성:** 기후용량은 지역적 차이성을 보여준다. 지역별 수자원 분포에 차이가 존재하는 것이 예다.

(4) **전도성/전이성:** 지형, 지모, 중력 작용 등의 영향으로 한 지역의 기후용량은 늘 주변 지역의 용량과 관련이 있다. 예를 들어 유역분지간의 상하류 지역에는 수자원 기후용량의 외부 수입과 수출 현상이 존재하고 있다. 그 밖에 지역간 조수 공정 등 인공적 활동을 통해 용량의 시간 공간적 전이를 야기할 수 있다.

(5) **상호작용/피드백:** 전 세계적으로 인류의 사회 경제 시스템과 기후용량 사이에는 상호간 충분히 영향을 주고 있다. 인류의 활동이 기후용량을 변화시킬 수 있다. 온실가스 배출로 인한 기온 상승은 지구 온난화를 야기해 일부 지역의 기존 기후용량을 변화시켰다. 기

후용량의 변화 역시 인류 행위를 변화시킬 수 있다. 예를 들어 기후 변화로 인한 오랜 가뭄, 홍수, 태풍 혹은 해수면 상승 등 극단적인 사건들이 인구 이동을 유발해 이민을 형성할 수 있다.

기후용량은 기후 상황을 기반으로 하는 자연용량이다. 자연 생산력이 지지할 수 있는 자연과 사회 경제 발전 수준은 일정하다. 기술 진보와 인적 자본의 역할을 고려하지 않는다면 사회 경제와 자연 생물에 대한 수용 능력은 상한선의 규제가 있다. 인구가 늘어나고, 생활의 질이 향상되고 자연 시스템의 서비스와 제품 생산에 대한 수요가 급상승함에 따라 자연적인 기후용량 수준에서의 물질 생산이 점점 경제 및 사회의 요구를 만족하지 못해 양자의 차이가 점점 벌어지고 있다. (도표 1-2 참조)

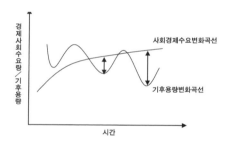

[그림 1-2] 기후용량과 사회, 경제 발전

기후용량의 시공간적 변이는 사회 경제 시스템이 공학적 수단을 통해 생태 환경용량을 확대할 수 있는 조건을 마련해 주었다. 예를 들어 품종 선택과 효율적 기술들이 생산에서 용량의 수준을 높일 수 있도록 가능성을 제공한다. 각종 법과 제도 및 정책을 통해 프로젝트와 기술 적응 효과가 더욱 강화되어 기후용량이 주어진 상황에서 사회 경제의 수용력을 높일 수 있게 만들었다. 예를 들어 온실 재배는 열 상황을 바꾸어 온실 안에서 전체적인 용량 수준을 높였다. 농업 관개는 물의 시공간 구도를 변화시켜 물의 농업 생산에 대한 기후용량의 제약을 줄였다. 댐 건설과 식수조림은 수자원을 축적해 국부 지역의 기후용량이 최대한 활용되었다.

　　기후용량이 절대 불변의 수준을 유지하는 것은 아니다. 특히 사회경제활동의 간섭 속에서 자연 속성은 인위적인 것에 의해 용량의 수준에 변화가 발생할 수 있다. 전체적으로 다음과 같은 상황이 있음을 인식할 필요가 있다.

　　(1)**자연용량**: 기후용량의 자연 안전 역치, 천연의 하한 값

　　(2)**적응능력**: 기후변화 적응 조치가 기후용량 요소들의 전체 수준을 높여 형성된 기후용량

　　(3)**가공의 기후용량**: 기후용량 인자가 외부 입력의 조력으로 높아진 지속 불가능한 기후용량

　　(4)**용량 퇴화**: 기후용량 요소를 지나치게 이용한 결과 유발된 용량 요소의 감소로 미래 기후용량의 퇴화를 야기한다.

　　허위적인 용량이 나타난 상황에서 기후 수용력이 떨어지면 기후 안전 문제를 유발한다. 적응 수단을 사용한 후 만들어진 파생적 용량은 사회경제 수요를 만족시킬 수 없기 때문에 기후용량의 퇴화를 야기하게 된다. 기후용량이 일정 수준으로까지 퇴화될 때 기후 안전 문제가 발생할 수 있다. 수자원 안전, 식량안보, 경제적 안정뿐 아니라 사회 안정과 국가 안보 문제가 생길 수 있다.

　　자연 요소들이 종합적으로 집성되어 이루어진 기후용량은 인위적 활동으로 변화시킬 수 있다. 포괄적인 지리적인 척도에서 '인간의 힘으로 자연을 정복'할 수 없지만 국부 지역에서는 인류의 노력으로 그 지역의 기

후용량을 변화시킬 수 있다. 하지만 기후용량에 대한 인위적인 조정은 국부적이고, 규모가 제한적이며, 어느 정도 리스크가 있다는 것을 인식해야 한다. 예를 들어 가뭄 지역에 댐을 건설하고 지하자원을 개발을 통해 현지의 물이 제약 요소였던 기후용량을 변화시킬 수 있다. 하지만 이런 인위적인 조정은 객관적으로 하류 지역으로 유입되는 자연적인 용량의 수준을 감소시킨다. 자연 용량의 지탱이 부족하게 되면 국부 지역의 확대된 수용력을 지속할 수 없는 위험이 커져 기후용량이 감소되고 심지어는 현지의 취약한 자연시스템과 사회경제시스템의 붕괴도 일으킬 수 있다. 표 1-1은 기후용량의 여러 한계치의 지표를 보여준다.

중국의 환경관리와 생태건설

[표 1-1] 기후용량의 한계치 및 참고 지표

기후 및 그 파생용량 한계치	한계치 소자	참고 지표 (참고 역치)	용량 확대 혹은 안정시키는 정책 및 방법
기후용량 한계치	온도	적산온도[10]	온실 비닐하우스
	강수	연평균 강수량	녹색식물의 지면 복개 율 확 대, 습지 면적 보호 및 확대
파생용량: 생태한계치	수자원 수용력	1인당 물 이용 가능량 (500㎥ 이하)[11]	프로젝트 실시를 통해 시공간 구조를 변화시킴
	생태 시스템 수용력	생물량(예: 목양력) 생물다양성 지수(중고저)	인위적인 간섭 축소
	토지 수용력	1인당 가용 토지자원 단위 토지당 산출량	수리시설로 수자원 상황 개선 해 토양에 공급, 비료 살포 확 대, 품종 개량, 병충해 예방
파생용량: 환경용량	화학적 산소 요구량(COD)	식수 수자원 수질 표준	프로젝트, 기술, 제도 조치
	대기PM2.5 농도	50ug/㎥ [12]	화석연료 사용 축소, 엄격한 배출 기준 규정, 산림 면적 확 대, 물을 뿌려 먼지 제거

10 적산온도는 농업에서 상용되는 개념으로 작물이 전체 생육에 필요한 최저온도(열량) 조건으로 생육기간 동안의 일평균 기온을 적산한 것을 가리킨다. 농업 생산은 특정 지역의 평균 온도와 작물 마다 필요한 유효 적산 온도의 제한을 받는다.

11 세계은행은 1인당 물 이용 가능량이 3,000㎥ 이하는 경도 부족, 2,000㎥ 이하 중도 부족, 1,000㎥ 이하는 심각한 부족, 500㎥ 이하인 경우 극도 부족에 속하는 것으로 분류했다. 중국의 1인당 점유량은 2,240㎥로 세계 88위를 차지한다. 중국의 수자원의 지역 분포 역시 대단히 불균형을 이루고 있다. 중국 국토의 36.5%를 차지하는 창강(長江)유역 및 그 이남 지역의 수자원 양이 전국의 81%를 차지하고 있고, 전 국토의 63.5%를 차지하는 이북 지역의 수자원 양은 겨우 19%만을 차지하고 있다. 현재 중국 16개 성(구, 시)의 1인당 물사용 가능량(不包括过境水)은 심각한 물부족 기준보다 낮고, 6개 성과 구(닝샤(宁夏), 허베이(河北), 산둥(山東), 허난(河南), 산시(山西), 장쑤(江蘇))의 1인당 물사용.

12 WTO가 2005년 제정한 기준치는 연평균 ≤10㎍/㎥, 1일 평균 ≤25㎍/㎥이다. 중국의 2016년 적용할 기준치는 WTO가 정한 과도 기준치인 연평균 ≤35㎍/㎥, 1일 평균 ≤75㎍/㎥이다. 현재는 50㎍/㎥임.

환경용량, 생태 용량, 목양력과 인구 수용 능력 등등을 포함하는 기후 파생용량은 근본적으로 기후 인자에 따라 결정되지만, 기술 진보와 과학기술 관리로 어느 정도의 기후용량의 생태 용량, 목양력, 인구 수용 능력이 제고될 수 있다. 농업 생산에서 내한성 품종을 기르고 병충해 방지를 통해 기후용량이 불변하는 상황에서 기후 파생용량을 확대할 수 있다.

그 외 기후용량은 자연 시스템과 환경 시스템의 상호작용을 통해 기후용량의 축적과 이전 그리고 변화를 만들 수 있다. 자연적인 힘은 수계 유역에서 상류의 강수를 모아 중·하류 지역으로 보내 용수량이 확대되는 것과 고산의 눈이 녹아 내리는 것이 포함된다. 기온이 낮은 겨울에 대기의 강수를 저장하고, 여름과 가을에 내보내는 용수량의 시공간 이동을 포함한다. 인류 역사상 자연생태 환경을 인류가 거주하기 적합한 지역으로 바꾸거나 생산과 무역 활동을 통해 생태발자국의 시공간 이동을 한 것은 인위적으로 기후용량을 조절한 조치이다. 전자는 주로 공학 기술적인 조치로 기상조절, 물 수송 프로젝트, 수리시설, 생태 보호 등을 포함한다. 후자는 식량, 목재, 고에너지 제품의 수출입 등을 포함한다. 실질적으로 내포된 에너지와 수자원이 다른 시공간에서 이동하는 것이다. 공업시대가 고도로 의존하는 화석 에너지는 실질적으로 까마득한 지질학 연대의 생물체가 저장해온 태양에너지 자원으로 기후용량의 시공간을 초월한 이용이라 할 수 있다.

각종 사회 경제와 자연 시스템 요소들을 고려한 인류 활동을 통한 모 지역의 기후용량 개선은 기후용량의 시공간적 조절이 인류사회 경제와 자연시스템의 다음과 같은 내용에 부합해야 한다.

(1) 경제 이성 원칙

모 지역의 기후용량을 바꿀 때는 투입되는 경제 비용과 효율을 고려해야 한다. 예를 들어 보하이渤海의 물을 네이멍구內蒙古로 끌어오고, 히말라야喜馬拉雅 산맥을 가로막는 상상을 한다. 이렇게 인간의 노력으로 자연을 극복하는 상상은 공업 문명 이념에 부합하고, 공학 기술 수단과 능력을 가지지만 기술과 경제적 실행가능성은 부족하다.

(2) 생태 환경 통일성 원칙

기후용량 조절은 지역과 생태 환경에 대한 관련 조치의 영향을 고려해야 한다. 이는 기후용량의 강한 자연 속성에 기인한 것이다. 지구시스템을 변화시킬 수는 없다. 국부 지역의 시간과 공간 조절은 기후 요소의 이동과 자연시스템의 변화를 의미한다.

(3) 기후 보호 원칙

기후 안보와 보호의 필요에 입각해 적용 조치는 기본적인 생존 조건이 열악하고, 기후재해로 인해 생명과 재산에 쉽게 영향을 받을 수 있는 지역과 집단을 우선 고려해야 한다.

(4) 공평 분배의 원칙

기후용량의 변화와 이동은 실질적으로 기후 자원의 재분배이다. 가장 취약하고 가장 절박한 집단을 먼저 고려해 자원의 공평한 분배와 이익 공유를 확보해야 한다.

상황에 따라 상술한 고려 요소들의 차례가 달라질 수 있다. 예를 들어 해수면 상승, 기후 재해로 인해 사상자가 발생하고 재산 피해가 생겨 이전하고 구제해야 할 경우에는 비용 문제를 고려하지 않고, 기후 보호 원칙을 우선적으로 선택해야 한다.

인류 역사상 대규모의 인구 이동은 대다수가 특정한 지역 내 인구의 사회 경제 수요가 기후 수용 능력을 초과해 발생한 것이다. 중국 서부 지역의 기후는 수자원 수용 수준이 특히 낮아 자연생태 시스템과 인류 사회 경제 활동이 의존할 수 있는 수자원이 심각하게 부족하다. 인류 공업 문명의 기술 자본 투입으로 제한적이지만 기후 파생적 수용 능력을 만들어 생태 수용 능력이 다소 향상되었다. 하지만, 기후용량의 강성 제약은 자발적이거나 조직적인 이민을 촉진했다. 이런 기후 수용 능력을 초과한 이민은 농업인구의 도시 이전과는 다르다. 후자는 생태 수용 능력이 초과되어 이동한 것이 절대 아니고, 경제적인 목적을 위해 스스로 이동한 것이다.

중국의 빈곤 지역은 티베트, 신장, 칭하이, 깐쑤, 닝샤, 산시陝西, 쓰촨, 구이저우, 윈난, 광시 등 대부분 지역 및 네이멍구와 중동부의 이멍沂蒙 산간지역, 타이항太行 산간지역, 뤼량呂梁 산간지역, 친링다바秦嶺大巴 산간지역, 우링武陵 산간지역, 다비에大別 산간지역, 징강산井岡山 지역과 간난贛南 지역 등 기후용량의 제약을 받는 서부 고원과 중서부 지역의 산간 지역과 구릉 지역에 집중되어 있는데 이들 지방은 생태 환경이 취약하고, 경제 발전 수준이 떨어진다. 많은 지방은 이민을 빈곤 탈출의 수단으로 사용하는데 이를 생태 이민이라 부른다. 하지만 사실상 남부 산간 지역의 이민은 생태 보호에 대해 긍정적인 의의를 가지지만, 서북부의 건조·반건조 지역의 이민은 기후용량이 현지 인구를 수용하기 힘들어 발생한 것으로 그 이유와 성격이 다르다. 예를 들어 1980년대 이후 닝샤는 단계적으로 중남부 건조 지역에서 60여 만 명의 이민을 실시했고, '12차 5개년 계획' 기간 동안 35만 명을 이전할 계획이다. 이민 정책의 출발점은 빈곤 구제, 발전 및 생태 보호를 위한 것이다. 표면적으로는 생태 환경 악화와 빈곤으로 인한 것으로 보이지만, 인구 압박-생태 악화-빈곤이라는 악순환의 배후에는 기후 변화가 있다. 따라서 닝샤의 이민은 더 정확하게는

'기후 이민'으로 말해야 한다. 건조하고 비가 적은 환경이 인류 생존에 적합하지 않아 생긴 일괄적인 전체 이전은 현재 혹은 장기적으로 불리한 기후변화에 대응하기 위한 일종의 적응을 위한 선택이다. 근원적으로는 기후용량의 제한으로 인해 자연 생태 시스템이 충분한 산물을 제공할 수 없고, 인구 수용 능력이 제한적이어서 기후용량을 초과한 인구를 어쩔 수 없이 이동시키는 것이다. 기후 이민은 기후 보호와 기후안보의 보장 역할을 더 중요하게 생각한다. 이는 생태 이민, 개발형 이민과는 본질적으로 다르다는 것을 알 수 있다.

기후용량의 시각에서 생태 용량과 발전의 관계를 분석하면 닝샤 시하이구西海固의 이민은 '그 지역의 흙과 물이 그 지역 사람들에게 생활 터전을 마련해주지 못하는' 전형적인 사례이다. 기후용량이 시하이구 지역의 인구 수용 능력을 제한한다. '힘들기가 천하의 갑'이라는 닝샤 시하이구 지역은 국가의 중점 빈곤 구제 지역 중 하나로 닝샤 중남부의 위안저우구原州區, 시지현西吉縣, 룽더현隆德縣, 징위안현涇源縣, 펑양현彭陽縣, 하이위안현海原縣, 퉁신현同心縣, 엔츠현鹽池縣, 홍스푸구紅寺堡區 9개 국가 빈곤 구제 중점 현(구)에 포함된다. 면적은 닝샤의 60% 정도를 차지하고, 인구는 약 200만 명으로 닝샤 인구의 1/3을 차지하는 전국 최대의 회족거주지역이다. 이 지역은 반건조 황토 고원에서 건조 황사 지역의 농목축 교차지대에 속해 취약한 생태를 가지고 있고, 강수량이 적고 건조해 척박한 토양에 자원이 부족할 뿐 아니라 자연재해가 빈번히 발생해 토양과 수자원의 유실이 심각하다. 연평균 강수량은 200-650㎜, 1인당 수자원 점유량은 단지 136.5㎥으로 전국에서 가장 건조하고 물이 부족한 지역 중 하나이다. 2010년 1350위안의 국가 최저 생계비 기준에 따르면, 거의 100만 명의 빈곤인구가 있고 그 중 35만 명은 교통이 소외되고 외부와 정보가 막혀있고, 나가기 불편하고 생태가 불균형하고 건조하고 물이 부족하고, 험난한 자연 조건을 가진 산간지역에서 거주하고 있다.[13]

구위안固原 지역의 이민 계획에 포함된 대다수 농민들은 깊은 산골짜기에 살고 있어 생계원이 기후용량의 제약을 깊이 받아 기본적인 생계 유지가 어렵다. 구위안시의 농공업 발전과 도시 건설의 실제 상황을 봤을 때, 이 지역의 빈곤은 발전 문제가 아니라 기후용량의 문제이다. 생태가 지나치게 취약해 발전할수록 빈곤해진다. 이 지역은 재래식 발전 과정 혹은 빈민구제 방식의 발전으로는 문제를 해결하기 어렵다. 발전(더 많은 인프라 투자, 수자원 개발, 현대 공업과 도시화 발전)은 생태 환경을 더 악화시킬 것이고, 이 지역의 기후용량과 기후 적응력을 강화할 수 없다.

기후용량은 단순히 지역을 떠나는 문제가 아니다. 마찬가지로 전입 지역은 기후용량 문제에 직면하게 된다. 닝샤宁夏에서 실시한 이민은 수자원과 토양 자원의 제한으로 인해 일부 소수만 기후용량이 이전을 통해 확충되고 인구 용량이 비교적 큰 황화 관개지역으로 이전했다. 전입 지역의 기존 기후용량이 비교적 유한해 새로운 인구를 받아들인 후, 기후용량의 중요한 요소인 수자원에 대한 수요가 더 늘어나게 되고 이는 지하수에 대한 개발을 부추기게 되어, 취약하게 유지되었던 전입 지역의 기후용량이 인구 압박으로 인해 악화되었다. 닝샤 중부에 위치한 양황관구揚黃灌區, 최대 규모의 이민 전입지인 홍스푸구紅寺堡區는 원래는 황무지였다. 이민정책의 지지 속에서 황허 상류의 강수로 형성된 기후용량을 황허강 개발계획을 통해 이동시켜 강수량이 부족했던 황무지를 옥토로 개조해 19만 명의 이민을 수용하면서 닝샤 내지는 전국의 이주 프로젝트의 모범이

---

13   닝샤 발개위《닝샤 '12.5개년 계획' 중남부 지역 생태이민 규획》

되었다. 시범 효과로 수많은 닝샤 남부, 산시陝西, 깐수甘肅 등 빈곤지역의 자발적 이민이 연이어 이 지역으로 들어왔다. 홍스푸는 인공 조치를 통해 기후용량을 이전한 전형적인 성공 사례이다. 황허 상류 지역 기후용량의 물줄기를 이용해 수자원을 바꿔 하류에 대한 자원 공급이 감소했다. 하지만, 장기적으로 보면 이곳은 여전히 기후용량이 취약하고 불안정한 지역이다. 사실 이주의 시범 효과와 인구 집결 효과는 지방 정부에게 발전의 기회를 주었고, 홍스푸라는 신흥 도시가 직면한 수자원과 환경 제약을 의식하게 했다. 황허 중하류의 수자원 부족으로 인해 황허수리위원회가 황허 주변의 각 성과 지역에 황허의 관개 할당을 초과해 물을 배분 했고, 이는 하류 수자원 환경용량의 감소를 악화시킬 수밖에 없었다. 사실, 황허 하류의 물 부족은 황허 개발로 배수량을 줄인 것과 어느 정도 관계가 있다. 기후변화로 인해 미래 황허의 유출량에 큰 변동이 생긴다면 '사막의 오아시스' 홍스푸가 직면하게 될 인구와 개발로 인한 압박은 더 악화될 수 있고, 심지어 생존 위협에 직면할 수도 있다.

기후 이민은 세 가지 상황에서 이루어진다. 첫째, 기후용량이 자연적이거나 인위적인 요소로 인해 줄어들지만 인류의 사회 경제 활동은 큰 변화가 없는 상황이다. 둘째, 기후용량은 큰 변화가 없지만 인류 사회 경제 활동이 끊임없이 증가해 기후용량을 초월한 상황이다. 셋째, 앞의 두 상황이 겹쳐지는 것이다. 기후변화의 배경에서 우리가 일반적으로 이해하는 것은 세 번째 상황이다. 하나 혹은 여러 기후, 생태요소(특히 온도와 강수)들이 돌이킬 수 없거나 돌발적이고 비정상적인 변화를 일으켜 기후용량이 줄어들게 되면서 기존의 인구수, 경제활동 방식과 강도를 수용할 수 없게 되고, 거기에 늘어나는 인구수와 커지는 사회 경제 강도로 환경이 악화되고, 빈곤의 악순환이 발생하거나 짧은 시간에 생존 조건을 잃어버리게 되면 사람들은 기후변화로 인한 영향에 적응하기 위해 자발적 혹은 조직적, 영구적 혹은 일시적인 인구 이동을 하게 될 것이다. 돌발적인 기후변화는 단기적이고 가역성을 가지고 있기 때문에 이런 기후 이민은 급성적인 특징을 가지지만, 불가역적이고 지속적인 변화로 형성된 기후 이민은 예견이 가능한 장기성을 가진다. 기후 난민도 영구 이민을 이룰 수 있지만, 통상적인 의미의 기후 이민은 장기적이고 불가역성을 가진다.

국제적으로 기후변화로 인한 이민은 주로 다음과 같은 유형으로 나뉜다. 갑작스러운 기후 재해(예: 태풍, 홍수)로 인한 이민, 점진적인 기후 재해(예: 해수면 상승, 토양 알칼리화)가 야기한 이민, 작은 섬나라 이민, 하이 리스크 지역의 이민, 자원과 정치 충돌로 인한 난민들이 있다. 기후 이민은 종종 생계 및 생명과 재산, 거주환경이 급작스러운 기후 재해(예: 태풍, 홍수 등), 장기적인 기후의 위험(예: 해수면 상승) 혹은 점진적인 생태 환경 변화(예: 건조)의 위협을 받아 어쩔 수 없이 원래의 거주지를 떠나야 하는 것이다. 기후 이민이 발생하는 지역과 행방은 예측하기 어렵지만, 비교적 확실한 것은 재해 리스크가 높은 지역과 생태 환경에 민감하고 취약한 지역이 종종 기후 이민 발생이 높은 지역이 된다. 도시 삼각주 지역, 작은 섬나라, 연해 저지대, 건조한 지역, 극지방 등이 극단적인 돌발 상황의 영향을 쉽게 받는 지역들이다.

기후 이민의 함의와 특징은 기후 이민이 발생하는 동기, 이전의 목적, 정부 개입의 원칙과 의견, 관리 주체 및 방식 등 측면에서 심도 있게 분석할 수 있다. 생태 이민을 예로 들어 비교 분석하면 다음과 같다.

기후 이민의 동기이다. 기후 이민은 기후용량의 강성 제약, 인구수와 사회 경제 활동의 강도가 기후용량의 수용 능력을 넘은 것이다. 장기적인 기후변화로 생태 시스템과 거주 환경에 변화가 생겨 거주와 생활을 하기가 힘들게 된다. 중국 서부지역의 생태 이민 정책은 표면적으로는 생태 환경 악화와 빈곤으로 인한 것으로 보이지만, 인구 압박-생태 악화-빈곤 이라는 악성 순환을 해결하려는 배후에는 기후용량의 강성 제한에 있었다. 인류의 사회 경제 활동은 기후용량을 확대하거나 향상시킬 수 없기 때문에 수용 인구와 사회 경제 활동을 줄이는 수밖에 없다. 즉, 이민으로 압박을 줄일 수 있다. 이와 달리 '생태 이민'은 생태 시스템 보호 서비스와 생물 다양성을 목표로 예를 들어 자연보호지구를 구축하고, 퇴전환호(退田還湖: 농지를 호수로 환원), 퇴초환림(退草還林: 초지를 삼림으로 환원), 퇴경환목(退耕還牧: 농경지를 목축지로 환원) 등 생태 보호 프로젝트 실시를 강조한다. 이들 프로젝트와 관련된 이민은 대다수 정부가 주도하며 조직적이고 비자발적인 성격으로 그에 상응하는 경제적 보상이 따르는 이민이다. 이민의 원인은 특정 지역의 인구가 생태 시스템의 수용 능력을 초과해 해당 지역의 생태 시스템을 최대한 빨리 회복할 필요가 있는 경우이다. 예를 들어 퇴경환림(退耕還林: 경작지를 삼림으로 환원), 환호, 환초 등의 사업이 그렇다. 또한 전출지가 인류의 거주를 지탱할 수 없는 경우이다. 수자원 보호, 판다 서식지 등 특정한 종Species의 자원과 생태 가치를 보호하기 위한 것이다. 예를 들어 저장 산간지역의 생태 이민은 이익을 위한 자발적 이민이었다. 이 지역은 생존을 유지할 수 없는 환경은 아니었다. 산간 지역 주민들의 이전은 다음 세대에게 더 좋은 교육을 제공하기 위한 것이었는데, 산 아래에서 취업을 해서 다시 산으로 돌아가지 않아 산 위의 생태 환경을 보호할 수 있었다. 저장 산간지역 생태 이민의 특징은 환경 압박의 강제성을 가지지 않고, 보상성을 가진 자발적인 철수이지, 생태 시스템의 취약으로 인해 인류가 생존할 수 없어 어쩔 수 없이 이루어진 이전이 아니다.

기후 이민의 목적이다. 이민 정책 결정은 종종 안전, 더 많은 수입,

더 좋은 거주 환경의 추구 등 여러 가지 목적을 가지지만, 기후 이민과 생태 이민을 구분하려면 구체적인 이전 행위의 주 목적과 부차적인 목적을 분석해야 한다. 기후 이민의 주 목적은 생존을 위한 것으로 인구수와 사회 경제 활동 강도를 기후용량 수준에 알맞게 맞추어 관련 지역의 인구 안보와 환경의 지속 가능한 발전을 실현하는 것이다. 객관적인 효과로 생태 회복이 있지만 목적은 생태 기능의 재건에 있지 않다. 생태 이민은 생태 환경 보호, 생태 서비스 기능 회복이 주목표이지만, 실천과정에서 이민을 통해 빈곤을 탈피하고 부유함을 추구하고, 생활방식과 생산 방식을 전환하며, 지역 경제의 조화로운 발전 및 심지어는 인류 미래 생존과 발전 공간 등 여러 가지 목표를 고려한다. 이러한 것들이 생태 이민이라는 개념의 정책 목표를 모호하게 만들어 실천 이행과 실시 효과에 많은 문제를 야기한다. 때문에 중국은 정책 실천에서 유형에 따른 이민 방식 및 그 정책 설계를 명확하게 함으로써 맞춤형 이민 정책을 제정해야 한다.

기후 이민의 정책 의거이다. 기후 변화는 본질적으로 글로벌 환경 공공재의 외부적 문제에 속한다. 기후 이민의 보상은 반드시 기후안보원칙을 구현하고, 기본적인 발전 수요(빈곤 감소)를 보장하고, 기후 보호를 주요 임무로 삼아 기후 평등의 원칙, 기후 취약 집단 우선 원칙 등을 함께 고려해야 한다. 생태 이민은 '보호자 수익 원칙'을 따른다. 때문에 이민 보상금, 자금출처, 정책 실행 등에서 다른 특징을 가진다. 아울러 생태 이민의 가장 중요한 목적은 생태 취약지구의 생태 환경 회복이기 때문에 방법적으로 생태 이민은 생태 보상원칙을 취해야 하고, 보상 방법은 '생태서비스 비용 지불(PES: Payment for Ecological Services)'이 되어야 한다. 여기에서 생태 이민이 보호지역에 제공하는 수토 유실 방지, 생태 다양성 보호 등 생태 서비스를 평가한다. 이들은 상응하는 환경 경제학을 통해 수량화 분석을 하고, 시장 가치를 통해 추측할 수 있다. 현재 중국의 일부 지역에서 실시하는 보상은 생태 서비스 지불액의 대략적 계산을 의거로 한다. 예를 들어 저장의 수자원 보전 지역에 대한 보상, 상하이의 생활 용수 수자원에 대한 보상은 2급 수질과 3급 수질, 소비자 지불 의사 및 능력, 공익서비스 부분에 대해 대략적인 계산을 하여 도출된 것으로, '수혜자가 보상받는 것'을 원칙으로 한다.

생태 이민인가, 기후 이민인가? 환경과 기후변화에 직면해 우리는 세 가지 태도 혹은 대책을 가진다. 첫째, 불리한 현 상황을 피동적으로 받아들인다. 둘째, 주동적으로 영향을 줄인다. 셋째, 영향 지역을 떠난다. 이민은 최후의 선택으로 인구 전입지의 자원 환경에 대한 압박(예: 식량 공급)과 충돌을 야기할 수 있는 폐단을 가진다. 환경과 기후변화로 야기된 이민 문제는 두 가지 다른 관점이 있다. 이전은 현지 주민이 환경 악화와 기후변화에 적응하지 못한 실패를 보여주는 것이라고 생각하는 전통적인 관점이 있다. 기후난민이란 개념이 이런 뜻을 표현한 것이다. 최근 점점 수용되는 또 다른 관점은 인구 이전을 일종의 환경과 기후변화에 대처하는 수단이라고 생각하는 것이다. 중국은 1980년대와 1990년대 이후 서부의 생태 취약 빈곤 지역과 자연재해가 빈번하게 발생하는 창강 유역 지역에서 대규모 생태 이민 프로젝트를 실시했다. 이는 환경과 기후변화 요소와 밀접한 관계가 있다. 사실 중국의 많은 지역에서 정부가 주도한 생태 이민은 적응을 위한 자발적이고 계획적인 행동이라고 할 수 있다.

생태 이민은 현저한 지역 차이를 보여준다. 지리 기후 조건이 열악하고, 생태 환경의 취약성이 높고, 인구 수용력이 낮은 지역일수록 생태 이민 문제가 점점 전형성을 띄고, 보편적인 의미를 가진다. 빈곤문제에 대한 중국의 연구에 따르면, 자원 부족형 빈곤, 생태 열악형 빈곤, 재해로 인한 빈곤이 중요한 빈곤 유형들이다. 중국의 빈곤지역 대다수는 글로벌 기후변화의 주요 영향 지역에 속하고, 빈곤인구 분포와 생태 환경 취약 지구의 분포가 일치한다. 생태 민감 지역의 인구 중 74%가 빈곤선 안에서 생활하고 있고, 총인구의 81%를 차지한다. 생태 환경 악화로 인한 생태 빈곤, 기후 빈곤은 이미 서부지역 빈곤의 지역적 특징이 되었다. 때문에 중국 서부지역에서 전개된 생태 이민은 기후 이민의 개념에 가장 근접하는데 그 이유는 '기후용량의 제약'과 '빈곤의 함정'으로 인한 것으로 해석할 수 있다. 기후용량의 강성 제약은 발전 공간과 수단의 선택을 제한한다. 한정된 인구에 따른 사회 경제 수요도 만족시키기 어려워 빈곤상태에 처하고, 지역에 대해 근본적으로 빈곤을 탈피하기 어려운데 이 둘은 모두 기후변화로 인한 취약성과 밀접한 관련이 있다.

강수량이 유한한 서부지역에서 생태 이민 정책의 실천 효과는 이상적이지 않았는데 이유는 생태 이민 목적이 명확하지 않았기 때문이다. 생태 이민은 보편적으로 서부지역에서 인구와 토지 수용력의 갈등을 완화하고, 생태 환경보호와 농목민이 빈곤에서 벗어나 부유해지는 것과의 갈등을 해결하기 위해 적은 비용으로 큰 수익을 낼 수 있는 방식이라고 생각한다. 하지만, 중국 일부 지역의 생태 이민은 생태 회복, 빈곤 구제, 경제 발전 등 여러 가지 목표를 감당하고 있어 생태 이민의 개념을 복잡하게 만들었다. 지나치게 종합적이고 광범위한 생태 이민 개념으로 환경 요소와 목적을 구분하지 못하고 심지어는 뒤섞여 있어, 이 개념의 적용과 실천 과정에서 튼실한 이론적 기초와 명확한 목표에 대한 지향성이 부족하다. 그로 인해 지역별로 천차만별 차이가 나는 정책 설계, 보상기준, 이전 방식 등으로 인한 정책 경험을 종합하고 보급하며, 실천을 심화시키기가 어렵다.

기후용량 제약으로 인한 인구 이전이 공업 문명의 기술과 자금 수단을 통해 자연 속성의 기후용량을 향상하거나 증가시킬 수 없고, 용량의 제약에 순응하면서 인구 이전을 실시하며 용량에 적응할 수밖에 없음을 보여준다.

제3절 자연에 순응

공업 문명 이념이 사회가 지연을 개조할 수 있게 만들었지만 우리는 자연 기후조건과 지형 등 자연 요소가 중국 생태 용량의 공간 구도를 결정하는 것을 바꿀 수는 없었다. 변화되지 않았고, 경제 발전 구도로 봐도 더 강화되었다. 공업 문명 이념과 실천을 반성하고, 자연에 순응하는 이념으로 전환해야 한다.

아름다운 중국의 기본 전제는 우리의 사회 경제 활동이 생태 시스템의 수용 용량 범위를 초과할 수 없다는 것이다. 지구 자원의 환경용량이 일정하다면, 다시 말해 지구 생태 시스템의 공급은 고정되어 있는데 생태에 대한 수요가 더 많아진다면 생태 악화는 피할 수 없고, 자연의 아름다움은 파괴될 것이다. 아름다운 중국 건설은 인구 자원 환경이 서로 균형을 이루고, 경제 및 사회와 생태 효과를 서로 통일해 생태 문명의 이념과 원칙에 따라 자연을 존중하고, 보호하며, 자연에 순응하면서 생태의 천연적인 공급을 최적의 상태로 만드는 것이다. 더 중요한 것은 생태에 대한 수요를 통제하는 것이다. 우리의 생태발자국Ecological Footprint을 생태 수용 능력보다 낮춰 생태 안보를 확보해야만 아름다운 중국이라는 웅대한 청사진을 실현할 수 있다.

소비 방식을 전환해 생태발자국을 줄인다. 생태발자국은 자연에 의지해 인간이 소비하는 자연 생태 시스템의 직간접적인 각종 상품과 서비스 및 이러한 상품과 서비스의 생산과 폐기에 드는 비용을 토지(수역) 면적으로 환산한 지수를 말한다.[14] 때문에 생태발자국은 생태 수요 혹은 생태 소비로 생태 시스템 생산 능력, 혹은 생태 수용 능력 즉, 생태 공급과 수요 공급관계를 형성한다.

생태발자국과 생태 수용 능력은 'gha'를 측정 단위로 사용한다. 1gha 는 글로벌 평균 생태 시스템 생산력 수준에서 1ha 토지 이용 면적을 대표한다. 일부 중요한 생태 요소들 예를 들어 온실가스의 생태발자국과 수자원 소비가 점용하는 생태발자국은 각각 탄소이력Carbon footprint과 물 발자국Water footprint으로 표시하며 단위는 글로벌 생태 시스템 평균 생산력의 단위 토지 면적이다. 생태발자국은 자연 자원에 대한 인류의 수요와 소비를 가늠하는 효과적인 도구로써 생태 시스템의 재생 가능한 수요공급 상황을 계량화해 환경 경제 정책의 제정과 생산, 소비 방식의 선택을 위해 이성적인 의거를 제공하고, 생태 문명 건설 추진을 위한 객관적인 기준을 제공한다.

생태 시스템의 공급은 자연용량의 제한을 많이 받는다. 투자와 기술 수단을 통해 수용 능력을 어느 정도 개선할 수 있다 해도, 자연용량 자체는 근본적으로 변화시킬 수 없다. 그러나 생태발자국은 그렇지 않다. 생태발자국에서 고찰하는 것은 인간의 소비의 생태 시스템에 대한 수요이다. 예를 들어 식품 소비의 생태발자국이 식량이라고 한다면 일정한 면적의 경작지에서 생산하는 것이 필요하다. 소비 중 쇠고기와 양고기 등 동물성 식품이 포함된다면 필요한 토지 면적은 곡물 생산에 필요한 생태발자

---

14   Wiliam Rees가 1992에 제시함. Rees, Wiliam E. (October 1992), "Ecological footprints and appropriated carrying capacity: what urban economics leaves out", *Environment and Urbanisation 4* (2): p.121-130

국보다 많아야 한다. 일부 공업 제조품과 인프라 투자에 대해 직접 혹은 간접적으로 사람의 소비에 사용되는 것이라면 소비 선택이 존재한다. 예를 들어 대중교통과 자동차와의 선택에서 생태발자국의 차이는 십 수배가 될 것이다. 상응하는 추정을 통해 이런 소비와 상응하는 생태발자국을 도출할 수 있다. 예를 들어 철강은 에너지 소모, 오염 배출, 점용 토지와 수자원의 소모가 필요하다. 생태 시스템에 따라 고정적으로 전환되는 에너지, 토지사용량은 단위당 강철 생산과 소비가 점용하는 gha 수치를 예측할 수 있다. 온실가스 이산화탄소 배출 역시 녹색 식물의 광합성 작용의 고정적인 흡수량을 통해 탄소이력을 도출할 수 있다.

과학기술의 발전 정도와 상관없이 인류는 자연에서 물과 먹을 것 그리고 에너지를 얻는다. 1970년 이후 매년 지구 생태 시스템에 대한 인류의 수요는 이미 지구의 재생 가능 능력을 초과했다. 2012년의 계산 데이터[15]에 따라 2008년 글로벌 생태발자국은 182억 gha에 달했고, 1인당 평균은 2.7gha였다. 같은 해 글로벌 생태 시스템 수용 능력은 120억 gha이고 1인당 평균은 1.8gha였다. 다시 말해 2008년 글로벌 생태 적자율은 50%로 인류의 이용에 필요한 재생 가능한 자원을 생산하고 배출되는 이산화탄소를 흡수하기 위해서 지구 절반이 필요하다는 것이다. 이 추세에 따라 2030년이 되면 지구가 2개 있어도 인류의 소비 수요를 지탱하기에는 부족하게 된다는 결론이다. 중국의 취약한 생태 시스템은 끊임없이 증가하는 인구와 발전의 압박을 견디고 있다. 세계자연기금[16]의 추산에 따

---

15   세계자연기금회는 국내외 과학자를 모아 세계와 중국의 생태발자국에 대한 갱신과 대략적인 계산을 했고, 2012년 관련 데이터를 발표했다. 세계자연기금회 《중국 생태발자국 보고 2012》, p.64, www.wwfchina.org

16   세계자연기금회 《중국생태발자국 보고 2012》, www.wwfchina.org

르면 2008년 중국 1인당 평균 생태발자국은 2.1gha로 세계 평균 수준의 80% 정도가 될 것으로 나타났다. 하지만, 중국의 생태 시스템은 상대적으로 취약하다. 고원, 산간 지역, 황무지와 사막이 국토의 절반을 차지하고 있는 상황에서 생태 시스템의 생산력이 세계 평균 수준에 비해 크게 떨어지는 것이다. 중국의 1인당 평균 생태발자국은 이미 생태 시스템 생산력의 2배를 넘었다. 20세기 들어 중국의 석유, 철광석 등 자연자원 수입량이 끊임없이 늘어나고 있는 것에서도 알 수 있다. 아울러 2020년에 샤오캉 사회를 구축할 것으로 예상하는데 이는 높은 수준의 도시화 비율과 소비를 의미한다. 기존의 생활과 생산 방식, 생태 시스템의 장기간 과부하 이용, 생태에 빚을 지는 방식의 발전은 이미 경제 및 사회 발전의 기초인 생태 시스템 안보를 위협하고 있다.

생태 문명 건설은 인간의 능동성 차원에서 고찰했을 때 삶의 질을 보장하는 상황에서 소비 패턴 선택에 따라 생태발자국이 완전히 차이가 난다. 예를 들어 미국과 EU의 수입과 생활수준은 대체적으로 비슷하지만 미국의 1인당 탄소 배출량은 EU의 2.4배[17]에 달한다. 이유는 생활방식이 다르기 때문이다. 아름다운 중국 건설에는 소비 패턴을 조정하고 전환해 생태발자국을 줄임으로써 수용 범위 안에서 생태 시스템의 수요를 두어 아름다운 중국의 자연 기반을 수호해야 한다.

자연에 순응하는 것은 생태 시스템의 생산력을 보호하는 것이다. 생태 시스템의 생산력이 인위적인 간섭으로 파괴되면 생태 시스템은 상처

---

17   EU와 미국의 1인당 탄소배출량은 모두 최고치를 넘어 안정 속에서 감소하고 있다. EU는 21세기 들어 비교적 큰 하락폭을 보였다. 2011년 데이터. *BP Statistical Review of world Energy* 2012 참조, 세계은행 WDIDB, http://data.worldbannk.org/data-catalog.

투성이로 만신창이가 되어 아름다움은 언급할 수도 없다. 자연 생산력이 아름다움의 기초이다. 생식을 넉넉하게 만들고, 아름다움을 자연스럽게 이루어야 한다. 생태 시스템 생산력의 수호를 위해 생태 문명 이념에 따라 자연에 순응해야 하며, 자연에 역행하며 자연을 개조한다는 미명 아래 자연을 파괴해서는 안 된다.

1980년대 개혁개방 후의 중국은 대규모 공업화와 도시화 과정 초기에 '생태 균형'을 보호해야 한다고 확실하게 제시했다.

당시 생태 균형은 자연보호의 시각에서 자연의 생태 공급 안정성을 유지 보호했다. 신중국 창건 이후, 사회가 안정되고, 경제가 끊임없이 발전하고, 인구가 급속하게 성장하면서 객관적으로 더 많은 생태 공급이 필요해졌다. 1960년대부터 실시된 호수를 간척하고, 삼림을 훼손하면서 황무지 개발을 취지로 한 '농업은 다자이大寨를 배우자'는 운동은 자연 공간을 이용해 더 많은 생태 시스템 생산을 얻자는 것이었으나 결과적으로 수토 유실을 야기하고, 강줄기가 토사에 의해 막히게 되면서 가뭄과 홍수 재해가 빈번히 발생하게 되었다. 생태 시스템의 생산을 늘리지 못했고, 오히려 악화시켜 생산력 저하를 야기했다. 이때의 생태 균형은 주로 자연회복으로 환경오염은 중요한 생태 시스템에 위협이 되지는 않았다.

개혁개방 이후 중국의 급속한 공업화 과정은 경제와 노동 취업의 중심을 공업 및 제조업으로 전향하면서 광산과 화석 에너지를 대규모로 채굴하고 사용했고, 많은 공업 폐기물이 환경으로 들어갔다. 이러한 자연에 대한 파괴는 생태 시스템 생산력을 저하시켰을 뿐 아니라 일부 생태 시스템 자체도 악화시켰다. 농업 생산력이 높아져 단위당 생산량이 증가했고, 물질 상품이 풍부해졌지만 수자원은 오염되었고, 대기는 더 이상 깨끗하지 않게 되었다. 식품 공급량을 보장할 수 있지만 품질은 더 이상 안전하지 않았다. 토양의 중금속 오염, 잔류된 농약, 대기 입자 PM10과 PM2.5[18]는 생태 시스템 물질의 양적 생산뿐 아니라 생태 시스템과 상품의 질도 악화시켰다. 생태 시스템뿐 아니라 인류 스스로의 건강도 영향을 받는다. 생태 시스템의 중독이 생태 시스템 생산력에 대한 파괴와 생태 안보에 대한 피해는 생태 시스템 악화보다 더 심각하다.

자연 존중을 윤리 도덕적 이념이라고 한다면, 그 행동 준칙은 자연에 순응하는 것이다. 자연의 법칙을 따르지 않고, 자연을 존중하지 않는다면 결과는 생태 시스템 생산력을 파괴할 수밖에 없다. 자연에 순응하는 핵심은 생태 시스템의 용량 공간에 있다. 생태 문명 건설은 사실 자원 환경 수용 능력을 기반으로 자연법칙을 준칙으로 지속 가능한 발전을 목표로 자원절약형, 환경친화형 사회를 구축해 생태 시스템의 생산력을 보호해야 하는 것이다. 최종적으로 수용 능력을 제약하는 것은 생태 시스템의 생산력이다. 중국은 광활한 지역과 큰 기후 차이를 가지고 있어 지역 생태 시스템의 생산력 공간 분화가 두드러지고, 그에 상응하는 사회 경제 기본 구도를 형성했다. 서부지역의 낮은 환경용량과 생태 시스템 생산력 저하는 대규모 도시화와 공업화를 견디기 어렵다. 같은 면적의 생태 시스템의 생산력을 보면, 동부지역이 서부지역의 수 배, 심지어는 더 많이 초과했을 것이다. 자연 순응에서 평가해야 하는 것은 지역 사회 경제의 균형 발전이 아니라 생태 시스템 생산력을 기반으로 하는 자원 환경 수용 능력이다.

자연 존중은 생태 시스템 수용 능력과 상응해야 한다. 자연의 아름다움을 기술 혁신과 자금 투자로 생산하고 창조할 수 있는가? 생태 시스

---

18   PM(particulate matter) 입자, PM10과 PM2.5는 입자의 직경이 10㎛, 2.5㎛와 같거나 적다. PM10은 호흡을 통해 인체로 들어가고, PM2.5는 폐로 들어갈 수 있다. 화학성분과 중금속을 다량 함유하고 있어 중요한 발병 인자이다.

템은 스스로의 공간 구도와 시간적 변화를 가진다. 공학기술 수단으로 이런 자연적인 구도를 변화시키면 일부 지역과 전체 생태 시스템의 생산력을 높일 수 있을 것인가?

공업 문명은 기술과 투자로 환경용량을 개선하여 생태 시스템 생산력을 증가시킬 수 있다고 인정한다. 하지만 국부적인 생태 시스템 생산력의 개선은 절대 자연용량 공간의 확대를 의미하는 것이 아니다. 아울러 기술과 투자로 인해 표면적으로 용량의 공간적 확대를 이룰 수 있지만, 인위적인 것은 생태 시스템의 리스크와 취약성을 확대하게 된다. 투자가 클수록 리스크도 더 커질 수 있다는 것이다. 예를 들어 황허 하류의 프로젝트는 수혜지역의 생태 시스템 생산 능력을 인위적으로 높일 수 있지만, 황허의 물이 마르면 황허의 수자원 개선에 의지한 관개 지역과 도시의 환경용량과 수용 능력이 사라질 수 있기 때문에 어떤 의미에서는 황허 프로젝트가 제로섬 게임이라고 할 수 있다. 한 곳에 물을 끌어오면 다른 곳의 물이 줄어들게 된다. 황허의 수원과 유역의 자연 강수는 강성 기후용량이고, 이로 인해 형성된 물의 양은 일정하기 때문이다. 자연 수용 능력을 초과한 물의 분배는 한쪽을 잃고 다른 쪽을 얻을 수 있는 것일 뿐이다. 또 다른 예로 베이징의 용수 관리가 있다. 화베이華北 지역은 강수가 비교적 한정적이고, 수자원이 부족하기 때문에 베이징에 물을 공급하기 위해서는 베이징 주변의 물 이용을 제한해야 하며 이는 물을 이용한 경제와 사회 효익을 크게 제고 할 수 있다. 하지만 수자원의 환경용량 측면에서 보면 전형적인 '제로섬'이다. 남수북조 프로젝트는 한수이漢水 유역의 기후용량으로 베이징의 기후용량을 보완해 베이징 지역의 생태 시스템 수용 능력을 인위적으로 높였다. 하지만 1200㎞의 배수 거리가 한수이 유역의 물 순환에 변화를 일으키면 이렇게 외부 용량에 의한 생태 시스템 수용 능력 확장은 높은 리스크와 취약성을 드러나게 한다. 공업 문명의 기술 수단과 사회 관리 방식을 이용해 한 지방의 아름다움을 제한하거나, 아름다운 자원을 이용해 다른 지방의 아름다움으로 바꾸고 장식하면서 일정 한도를 초과하는 것은 자연을 존중하지 않은 것으로 진정한 의미의 미화라고 할 수 없다.

공업 문명 이념에서 자연을 개조하고 정복하는 기술은 생태 문명과 아름다운 중국 건설의 수요에 부합하는 것이 절대 아니다. 생태 문명의 원칙은 자연을 존중하고, 자연의 법칙을 따르는 것이다. 생태 문명 원칙이 요구하는 기술은 생태 시스템의 수용 능력 존중을 전제로 한다. 예를 들어 에너지 효율을 높이는 기술, 재생 가능한 에너지 기술은 생태 시스템 용량 공간에 대해 '제로섬' 효과를 만들지 않고, 진정한 의미의 용량 확충과 수용 능력을 향상시킨다. 당연히 에너지 효율을 끝없이 향상할 수 있는 것이 아니고, 재생 가능한 에너지 생산도 유한할 수 있다. 태양열 혹은 태양광 이용의 예를 들면, 지구 표면에 비치는 태양의 복사량은 일정하고, 우리가 지표면을 확대할 기술은 없지만, 기술 혁신을 통해 유한한 태양 에너지에 대한 이용 효율을 높일 수 있다. 이는 공업 문명 이념에서의 기술의 일부를 생태 문명 건설에서 겸용할 수도 있고, 생태 문명 이념을 위해 향상시키고 개선할 수 있음을 의미한다. 자연에 순응하는 것은 생태 시스템 용량 공간의 강성 제약을 존중하는 것이다. 생태 문명 건설과 아름다운 중국이 요구하는 것은 생태 시스템 용량 공간이 부하가 될 때까지 운영하는 것이 아니라, 공간적인 여지를 남겨 기타 생명 군집이 함께 공유하고, 또 그 일부는 우리 자손에게 남겨주는 것이다.

이로부터 경제 발전은 자연 존중을 기초로 구축되어야 함을 알 수 있다. 자연 정복과 개조에 의해 새로 증가한 수용 능력은 전체 생태 시스템적인 측면에서 생산력을 평가해야 하고, 수용 능력의 이용은 생태 시스템의 이전 지불 혹은 대가를 고려해 자연에 대한 과학적인 인식과 존중을 구현해야 한다.

자원을 보호해 생태 안보 수준을 높인다. 아름다운 중국 건설을 위해 현재의 기술과 경제 조건 속에서 생태 시스템 용량의 공간 범위에 따라 경제를 발전시키고, 환경을 개선해야 한다. 사회 경제 활동의 강도와 수준이 생태 시스템의 수용 능력을 초과한 지방에 대해서는 반드시 '세 가지 접근법'으로 생태발자국을 줄이고, 점차적으로 자연에 순응하며 생태 시스템 용량과 서로 적응하도록 해야 한다.

첫째, 사회 경제 활동의 강도와 수준을 적절하게 낮추어야 한다. 퇴전환호, 퇴경환목, 퇴초환림, 목양력 감소의 효과가 가장 직접적으로 나타나지만 받게 되는 제약과 저항도 최대가 될 수 있다. 이는 한 지방의 사회 경제가 생태 시스템에 대한 수요 즉, 생태발자국도 한도가 있기 때문이다. 닝샤 시하이구西海固 지역의 유한한 기후용량은 지역 주민들에게 생활의 터전을 마련해 주지 못하는데, 이들이 어떤 곳으로 가도 상응하는 용량의 지탱이 있어야 한다. 베이징의 용수량은 그 생태 시스템 수용 능력 범위를 초과해 일부 수자원 소모형 산업들이 베이징에서 이전을 했기 때문에 베이징의 지방 재정과 취업에 불리한 영향을 주고 있다. 둘째, 기술 수준과 개선 체제 메커니즘 향상에 주력해야 한다. 자원 이용 효율을 향상해 같은 양을 투입으로 두 배 혹은 그 이상을 생산해야 한다. 건조하고 물이 부족한 지역은 가뭄에 강한 품종을 재배하고 보급하거나, 단위 면적당 생산량을 높여 자원 환경에 대한 압박을 가중하지 않고 감소시키는 상황에서 생산량을 높이고 사회 수요를 만족시켜야 한다. 셋째, 자연 생태 시스템이 회복될 수 있는 공간을 마련해준다. 오랜 도시화와 공업화를 통한 자연에 대한 착취와 파괴로 인해 자연 생태 시스템은 더 이상 무거운 짐을 질 수 없을 정도로 심각하게 악화되었다. 자연보호는 자연의 법칙을 위배하는 '회복'을 피해야 한다. 물 부족 지역의 환경 미화에 수자원이 많이 소모되는 잔디밭을 만들 수는 없다. 건조한 지역은 풀 종류의 식물 성장에 적합하고, 식수 조림은 실질적으로 환경을 파괴하는 것이다.

아름다운 중국 건설은 반드시 자연에 순응해야만 진정하고 지속 가능한 아름다움이 된다. 생태 시스템 생산력의 지탱이 없는 인공적인 생태 안보 구도는 보호처럼 보이지만 사실은 파괴이다. 건조·반건조에 처한 많은 도시들은 환경 '미화'를 위해 큰 면적의 인공호수를 조성하는 데 높은 비용을 들이며, 수자원을 낭비하는데, 이는 자연환경과 조화를 이루지 못하는 것이다. 또한 수자원이 이런 '아름다움'을 지속하지 못한다. 많은 지방에서 초대형 광장을 건설하고, 도로를 넓히면서 소중한 생태 시스템 용량의 공간을 아낌없이 점유하는 것은 자연의 아름다움을 파괴하는 행위이다. 인공 건축물은 많은 불가역성을 가진다는 것을 알아야 한다. 생물의 생존에 적합한 수자원을 가진 토양은 수만 년 동안 자연에서 형성된 산물이다. 인공적으로 조성한 철강콘크리트 경관이 자연 생태 시스템의 생산력 수준을 회복하려면 적어도 수백 년의 시간이 있어야 한다.

제2장

생태 문명의 발전 패러다임

생태 문명의 발전 패러다임

산업혁명 이후 300년 간 축적한 물질적인 부는 과거 인류가 창조했던 물질 자산의 총합보다 훨씬 많다. 산업혁명으로 탄생해 발전·형성된 인류 사회 문명 형태인 공업 문명이 생산력이 점점 저하되는 농업 문명을 대신하면서 인류의 가치관, 생산과 생활 방식, 사회 조직 형성과 제도 체제 모두 혁명적인 변화가 생겼다. 하지만, 인류는 물질적인 부를 창조하고 향유하면서 우리의 생존 환경을 악화시켰다. 맑은 공기와 깨끗한 수자원이 오염되었고, 중금속 오염이 된 땅에서 유해한 농산품들이 생산되고, 기후 온난화와 자원 고갈, 생태의 퇴화와 빈부격차가 더 벌어졌다. 공업 문명의 발전 패러다임이 계속 지속될 수 있는가? 만약 새로운 패러다임이 필요하다면 무엇이 될 것인지?에 대해 반문하지 않을 수 없었다. 개혁개방 후 30여 년 동안 중국의 공업화와 도시화 과정은 비약적으로 발전했고, 공업 문명의 발전 패러다임이 주류를 이루었다. 경제의 빠른 성장과 함께 불균형과 부조화 및 지속 가능을 할 수 없는 갈등들이 끊임없이 나타나고 있다. 이런 배경에서 중국의 전통이자 역사이고 문화인 '천인합일天人合一'의 이념과 실천은 새로운 발전 패러다임인 생태 문명의 형성과 발전을 계승하고, 발양하며 승화시킬 것이다.

제1절 공업 문명 비판

산업혁명의 성공으로 기술 선도와 효용을 우선으로 하고, 자연 개조를 통해 부를 축적하고, 정복하는 특징을 가진 공업 문명이 빠르게 세계를 통치했다. 전통적인 농업 문명은 낙후된 것으로 증명되어 타격을 받지만 인류는 공업 문명을 인식하고 수용하는 과정에서 여러 가지 곤혹을 느끼면서 끊임없이 반성을 해왔다. 공업 문명은 인류사회의 이상적인 사회 문명 형태인가? 공업 문명의 근본적인 갈등과 문제를 해결할 수 있는가?

산업혁명이 먼저 실행되고 이를 이끌었던 19세기 중엽 영국의 경제학자이자 철학자인 무어는 끊임없는 외연 확장 경제에 대해 다른 의견을 밝혔다. 무어는 기술과 자본이 자연을 변화시키고 정복하면서 많은 물질적인 부를 끊임없이 생산하고 축적할 수 있다고 생각했다. 하지만, 이런 물질적인 부의 생산과 축적은 자연자원을 점용하고 소모해야 하고, 이런 자연 자원도 인류 생활의 일부분으로 그 자연적인 가치를 가지고 있기 때문에 보류해야 한다고 생각했다. 그는 '정태 경제'라는 이상적인 경제 형태[01] 개념을 제시했다. 이런 경제 형태는 대체적으로 안정적인 인구수와 경제 총량 및 규모를 유지하면서 자연환경도 기본적으로 안정을 유지한다는 것이다. 무어가 추구한 정태 경제는 자원의 제한을 절대 받지 않는다. 그는 자원의 한계가 '무한한 미래'에 처해있다고 생각했다. (indefinite distance vol. I, p.220) 인구 성장과 자본 축적, 끊임없이 향상되고 개선되는 생활방식이 끝없는 상수가 되기를 기대할 이유가 없다고 생각했다. 토지는 생산뿐 아니라 생활공간과 아름다운 자연의 매개체이기도 하기 때문이다. 그는 여유롭고 풍족한 생활공간과 자연경관을 매우 중요하게 생각했다. 아름다운

---

01   J.S.Mil, *Principles of Political Economy*, chapter 6, Book IV, 1848.

자연의 한적함과 광활함은 사상과 신념의 요람으로 모든 사람이 그 수혜를 받고, 사회 전반에도 없어서는 안 되기 때문이다. (vol. II, p. 331)

1960년대 공업 문명이 이끈 경제 발전으로 인한 자원 고갈과 환경 오염은 사람들이 공업화와 경제성장의 한계에 대해 생각하게 만들었다. 1962년 미국 해양 생물학자 레이첼 카슨은 저서 『침묵의 봄』에서 공업 사회의 자랑인 화학제품 농약을 대량으로 광범위하게 사용하면 인류는 새와 벌, 나비가 없는 세상에 살게 될 것이라고 지적했다. 카슨은 자연의 균형이 인류 생존의 중요한 힘이라고 강조했다. 하지만, 공업 문명사회에서 화학자, 생물학자와 과학자들은 인류가 대자연을 통제할 수 있다고 굳게 믿었다. 미도우즈 등은 자연 자원의 강한 제약 속에서 경제 성장이 이미 극한에 도달했고, '제로 성장' 심지어는 '마이너스 성장'을 해야 한다고 지적했다.[02] 영국의 경제학자 피어스 역시 자연자원은 가치적인 측면에서 사용가치 외에 선택과 존재의 가치가 있다고 지적했다. 만약 자연자원이 파괴되면 우리는 아직 시장이 인정하지 않은 자연 자원에 대한 선택과 존재의 가치를 잃어버리게 되는 것이다. 무어의 '정태 경제'가 철학적인 사고를 가지고 있다고 한다면, 신 고전 경제학의 비판자 데일리[03]는 '정상상태 경제학Steady State Economics'을 창조했다. 학리학적으로 정태 경제는 인구, 에너지와 물질 소비가 안정 혹은 제한적인 변동 수준 유지를 목적으로 한다. 즉, 인구의 출생률과 사망률이 같고, 저축/투자가 자산과 감가상각으로 같아지는 것이다. 미국 경제학자 볼딩은 지구 범위의 제한을 인정하

02   Donella H. Meadows, Dennis L. Meadows, Jorgen Randers, and William W. Behrens III. (1972), *The limits to Growth*, New York: Universe Books.

03   Herman, Daly, *Steady-State Economics*, 2nd edition, Island Press, Washington, DC.,1991, p. 17.

고, 지구는 망망대해와 같은 우주에서 인류가 거주하고 생활하는 '우주선'일 뿐이고, 세계 경제는 한정된 공간 속에 있는 우주선 경제일 수밖에 없다[04]고 지적했다.

　　자연 과학자들은 자원의 제한과 영향으로 문명의 변천을 대했다. 미국 전기기술공학자 덩컨[05]은 1인당 평균 화석 에너지 소비 수요 수치 계산을 통해 공업 문명의 기대수명이 100년 정도 남아있다는 결론을 얻었다. 덩컨은 현대 사회는 전자기 문명의 시대로 전력 공급과 떨어지면 공업 문명은 붕괴될 것이라고 생각했다. 전력이 화석 에너지의 채굴과 연소에 의한 것이기 때문에 1인당 화석 에너지, 특히 석유의 소비는 이미 최고조에 달했고, 2030년이 되면 1인당 평균 화석 에너지 공급은 수요를 지탱하지 못해 공업 문명이 끝날 것이다. 당연히 그는 다른 에너지로 대체하고 인구도 안정될 수 있다면 인류문명은 계속 이어질 것이라고 생각했다. 인류 역사상 각종 문명의 흥망성쇠를 분석한 자연 과학자 다이아몬드 교수[06]는 사라진 43개 문명에 대해 고찰한 결과 예외 없이 다음과 같은 다섯 가지 이유가 있었다고 밝혔다. 환경훼손(예를 들어 산림훼손, 토양과 수자원 유실), 기후변화, 필수 자원을 얻기 위한 장거리 무역, 자원 분쟁으로 인한 대내외 충돌 고조(전쟁과 침략)와 환경문제에 대한 사회 반응 등이다. 역사의 변천이 자연적인 이유가 있다고 한다면, 공업 문명은 비교적 짧은 시간 동안에

04　　Kenneth, Boulding, "The Economics of the Coming Spaceship Earth" in H. Jarrett(ed.), *Environmental Quality in a Growing Economy*. 1966, pp.3-14. Resources for the Fu-ture/Johns Hopkins University Press, Baltimore, Maryland.

05　　Richard C. Duncan(2005):The Olduvai Theory:Energy, Population, and Industrial Civilization, THE SOCIAL CONTRACT, Winter 2005-2006, pp.1-12.

06　　Jared Diamond Collapse: *How Societies Choose to Fail or Succeed*, New York: Penguin Books,2005.

상술한 문제들이 거듭 나타나고 있다.

영국 철학자 레스는 자원의 제약으로 비롯된 것이 아니고, 공업 문명이 인간의 본성과 어긋났기 때문이라고 비판했다.[07] 그는 공업사회에서 주요 갈등은 사회주의와 자본주의 간의 투쟁이고, 공업 문명과 인간 본성의 투쟁이라는 것을 절대 인정하지 않았다. 공업 주의가 세계 자원을 지나치게 낭비하고 있고, 과학 발전Scientific Outlook이 인류의 마지막 희망이 되어야 한다고 생각했다. 공업 문명이 인간의 본성을 파괴한다는 레스의 사상은 1970년대 탄생한 생태 마르크스주의 혹은 생태 사회주의에 의해 계승된다.[08] 이들은 자본주의 제도 하에서 '자연 통제' 관념을 기반으로 구축된 과학기술이 생태 위기의 근원이고, 자본주의 사회에서 비정상적인 소비 현상이 생겼다고 지적하며, '생존하기 쉬운 사회'를 구축해 생태 위기를 해결해야 한다고 제시했다. 그 후 경제와 생태 이중 위기론, 정치 생태학 이론, 경제재건 이론, 생태 사회주의이론이 계속 생기면서 체계적인 생태 마르크스주의 이론이 형성되었다. 비록 생태 마르크스주의 내적으로도 관점은 완전히 일치하지 않지만, 마르크스주의 이론에 입각해 생태 위기의 근원을 파악하고, 인류의 생태 곤경에서 벗어날 수 있는 출구를 찾는 시도를 했다. 이들은 인류 사회와 자연의 관계에 초점을 맞추어 자본주의 제도와 생산 방식이 생태 위기의 근원이라고 생각해 기술적 이성과 비정상적 소비를 비판했고, 인류의 자유, 인류와 자연이 조화롭게 서로 공존하는 사

---

07 *The Prospects of Industrial Civilization*(in collaboration with Dora Russel), London: George Allen & Unwin, 1923

08 비교적 대표적인 것은 캐나다 학자 윌리암 레스가 1972년과 1976년에 발표한 《자연의 통제》이다. (Leiss, Wiliam, *The Domination of Nature*, NewYork, George Braziller inc, 1972; McGill-Queen's University Press, 1994)와 《만족의 한계》(Leiss, Wiliam, *The Limit to satisfaction*, The University of Toronto Press, 1976; McGil-Queen University Press, 1988)

회를 구축하는 것이 이상적이라고 지적했다. 이들은 공업 문명에서 경제 이성이 노동자를 인성을 잃은 기계로 만들어 사람과 사람의 관계를 금전적 관계로, 인류와 자연의 관계를 도구의 관계로 변질시킨다고 생각했다. 생태 마르크스주의는 환경주의, 생태주의, 생태 윤리, 포스트모더니즘 등 생태 이론을 비판적으로 흡수해 이데올로기의 시각으로 생태 위기의 근원은 자본주의제도 자체라고 귀결 짓고, 마르크스주의를 통한 환경운동을 유도함으로써 사회주의를 위한 새로운 길의 모색을 시도했다. 생태 사회주의는 생태 문제를 실질적으로 사회문제와 정치문제라고 생각하고, 자본주의 제도를 폐지해야만 근본적으로 생태 위기를 해결할 수 있으며, 생태 원칙과 사회주의의 결합을 위해 노력해야 하고, 자본주의와 전통적 사회주의 모델을 초월한 인류와 자연이 조화롭게 공존할 수 있는 새로운 사회주의 모델을 구축하기 위해 노력해야 한다고 생각한다. 생태 사회주의는 자본주의의 기본 갈등을 '자본주의 생산과 전체 생태 시스템 사이의 기본 갈등'이라고 본다. 생태 악화는 자본주의 고유의 논리라고 보고, 문제 해결의 유일한 방법은 이런 논리 자체를 타파해야 하는 것이라고 생각했다. 글로벌화로 인해 생태 위기의 확산과 전이가 가속화되었다. 환경문제는 국가와 지역을 넘어 인류 공동의 문제가 되었다. 이를 해결하기 위해서는 반드시 공감대를 형성해야 하고, 공감대를 형성했으면 반드시 공평하게 실행해야 한다. 공평하게 실행하기 위해서는 자본주의 선진국이 좌지우지했던 기존의 불공평한 국제질서를 바꿔야 한다. 기존의 국제질서를 바꾸려면 공평함을 본질로 하는 사회주의를 발전시킬 수밖에 없다.

  이상의 분석에서 서구 학계는 자연적, 환경적, 철학적 및 이데올로기 등 각기 다른 측면에서 공업 문명의 이성에 대해 의문을 제기하고, 비판하며 공업화의 폐단에 대한 인식이 더 깊어졌다. 이들 학자들도 인류가 자발적으로 인류와 자연의 조화로운 공존을 선택해 제로 성장의 정태 혹은 정태 경제를 실현함으로써 공업 문명에 부응하는 자본주의제도를 깨야 한다고 제시했다. 이들은 공업 문명도 인류사회 문명의 한 단계로 그 고유의 특성 때문에 종말로 갈 수밖에 없다는 것을 깨달았다. 예를 들어 폴 보해넌은 1971년 그의 저서 『Beyond Civilization』에서 "우리는 포스트 문명의 문턱에 서 있다. 우리가 오늘날 직면한 문제를 해결했을 때 우리가 만들려는 사회와 문화는 전에 없는 세계가 될 것이다. 현재의 동서양 문명보다 더 문명적일 수도 아닐 수도 있지만, 우리가 이해하고 있는 문명은 아닐 것이다"라고 지적했다.[09] 그는 완전히 새로운 문명 형태가 곧 나타날 것이라고 예견했지만, 어떤 문명인지는 뚜렷이 알려주지 않았다. 생태 마르크스주의자 역시 사회 문명의 변혁을 언급하며 미래 사회는 인류문명사의 질적인 변혁이 일어 경제효율, 공정한 사회, 생태가 조화롭게 서로 통일된 새로운 사회가 되어야 한다고 생각한다. 하지만 각종 분석은 대다수가 문제의 중심에서 문제를 본 것이며, 발전 패러다임에서 종합적으로 분석하고 생각한 것은 없다. 때문에 상술한 각종 해결 방안들이 공업 문명의 패러다임에서 전방위적으로 실시될 수 없다.

제2절 생태 문명의 근원을 찾아서

소위 생태란 생물 개체, 개체군, 군집 사이 및 생태와 환경 사이의 상호 관계와 존재 상태로 즉, 자연 생태는 자연 속성을 구현하는 것이다. 문

---

09   Bohannan, Paul 1971, The State of the Species, February 1971, *Beyond Civilization*, Natural History Special Supplement 80.

명은 인문 속성이 더 많다. 기원전 100여 년에 쓰여진『역경』에는 문명의 진정한 발원지가 인체에 있다고 지적했고,『역경·건괘』에는 '현용·재전 천하문명(見龍在田, 天下文明: 용이 동쪽 땅에서 나타나 만물을 상징하고, 대지에 햇살이 아름답게 비친다)'이란 말이 있다. 당나라의 공영달孔穎達이『상서』에서 '문명'에 대해 '온 세상을 다스리는 것(經天緯地: 경천위지)을 문이라 하고, 사방을 비추는 것(照臨四方: 조림사방)을 명이라 한다고 해석했다. '경천위지'는 자연을 개조한다는 뜻으로 물질 문명에 속하고, 조림사방은 우매함을 없앤다는 것으로 정신 문명을 말한다. 고대 중국의 문명에 대한 이해는 문화와는 차이가 있다. 후자는 사람의 내재된 소양을 높이는 것이라고 하면, 전자는 물질적인 것뿐 아니라 정신적인 요소도 있어 물질과 정신이 하나를 이룬다고 할 수 있다.

　　서구 언어체계에서 문명Civilization이라는 단어는 civilis를 기원으로 한다. 즉, civil은 라틴어근으로 civis는 시민이란 뜻이고, civitas는 도시라는 뜻을 가지고 있다. 인류가 함께 모여 일정한 행위 규범을 가지면서 문명이 형성되었다. 동서양을 막론하고 인류를 문명의 근원이자 매개로 생각하고 있다. 인류가 없다면 자연적으로 문명도 없다. 문명은 개화를 의미하며, 우매한 것과 상대적인 것이다. 동양 언어 환경에서 문명은 사람의 내재적인 면과 능력을 높이는 것에 더 치중하고, 서양 언어 환경에서의 문명은 사람의 외재적인 면과 사람과 사람의 관계 혹은 사회 집합체에 더 치중한다.

　　하지만, 인류문명은 자연과 어우러진 결과로 탄생한 것으로 자연 문명을 초월할 가능성은 없다. 지역적 특징을 가지는 문명, 예를 들어 마야 문명, 고대 이집트 문명, 5천 년의 역사를 가진 중화 문명은 사람이 일정한 지리적 환경에서 지역적 특징과 서로 적응하는 일종의 자연과 물질 그리고 정신이 종합적으로 이루어진 것이다. 특정한 생산력과 생산방식을 특징으로 하는 문명의 변화는 많은 기술적인 함축을 가지고 있다. 생산력이 떨어지는 수렵 채취 중심의 생산방식을 가진 원시 문명과 자연을 이용해 자주적인 생산을 한 농경 문명이 있다.

20세기 중반, 서구 공업화 국가들에서 심각한 환경오염 사건들이 발생하면서 인류는 공업화의 폐단에 대해 생각하기 시작하고, 환경과 지속 가능한 발전 문제에 관심을 가지기 시작했다. 1962년 『침묵의 봄』의 출판에서 1972년의 『성장의 한계』의 발표와 UN 스톡홀름 '인류 환경회의' 개최까지, 다시 1992년 UN '환경 개발 회의'와 2002년 UN '지속 가능한 발전 세계 정상회담' 개최까지 국제사회는 전통적인 공업화 모델과는 다른 경제 발전, 사회진보, 환경보호와 조화롭게 갈 수 있는 지속 가능한 발전의 길을 모색해왔다. 환경보호와 지속 가능한 발전은 이미 국가와 국제 정치적인 면으로 떠올랐지만, 사회 문명 형태의 시각에서 발전 패러다임 문제를 생각하지 않았다. 기존의 문헌을 보면 서구에서 최초로 생태 문명을 포스트 공업 문명이 사회 문명의 형태라고 생각한 것은 1995년 미국 학자 로이[10]였지만, 그는 민주 정치의 시각에 더 많은 관심을 가졌다.

중국의 생태 문명의 개념은 농업경제학자 예첸지葉謙吉가 1984년에 제시한 것으로[11] 생태학과 생태철학적인 시각에서 생태 문명을 정의했다. 과학적인 의미의 자연생태학이 서구에서 온 것이라면 철학적인 의미의 인문생태학은 이미 수천 년의 역사를 가지고 계승되었다고 하겠다. 2500

10   Morison, Roy, 1995, *Ecological Democracy*, South End Press, Boston.

11   Ye Qianji,1984, *Ways of Training Individual Ecological Civilization under Nature Social Conditions*, Scientific Communism, 2nd issue, Moscow, 1984.

여 년 전, 노자는 『도덕경』[12]에서 철학적인 시각에서 '사람은 땅을, 땅은 하늘을, 하늘은 도를, 도는 자연을 법칙으로 삼는다'고 지적했다. 바로 사람은 대지에 의존해 생활하고 번식하며, 대지는 계절의 변화에 따라 만물을 기르고, 모든 것은 '도道'에 따라 운영되고 변화하며 계절이 바뀌고, 자연의 속성과 자연에 순응해 그렇게 되는 것이라는 뜻[13]이다. 노자는 인류와 자연의 관계와 준칙을 설명한 것이다. 중요한 것은 '법칙'을 이해하는 것이지만, 그 속에는 어떤 것에 의해 '결정'되고, 어떤 것에 '의존'하고, 어떤 것을 '따라야 한다'는 의미가 내포되어 있다. 인류의 생존과 발전은 대지의 생산에 의해 결정된다. 대지는 사계절의 비와 바람, 태양에 의해 결정되고 의존하며, '계절'의 운행은 자연의 법칙과 규율에 의해 결정되기 때문에 자연에 순응해야 하는 것은 근본적이고 자연스러운 것이다. 결론적으로 말하면 인류와 자연의 관계는 공업 문명과 같이 자연을 개조하고 지배하는 것이 아니라 자연에 순응하고 자연을 존중해야 하는 것이다. 그 후, 장자는 '천인합일'의 철학 사상 체계를 더 발전시켰다. 이 체계에 대해 지센린季羨林은 천은 대자연이고, 인은 인류, 합은 상호이해와 우의를 조성하는 것으로 중국문화가 인류에 대해 최대의 공헌을 한 것이라고 생각했다.[14] 이 사상은 고도로 발전된 과학기술로 자연을 정복하고 약탈하는 것과는 확실한 대조를 이룬다.

수천 년 동안 중국의 농경 문명은 '천인합일'의 생태 문명의 이념을 계승하며, 자연에 순응하고, 안정을 회복하며 경제 발전을 해왔다. 세계

---

12   노자 (기원전 600-470년 전), 본명 이이(李耳), 자 백양(伯陽)《도덕경: 도경 제25장》

13   출처: 중국문명망(中国文明网) 국학당(國學堂)【국학경전, 하루 한마디】www.wenming.cn,2010-01-07.

14   바이두 단어 '천인합일' 참조. http://baike.baidu.com/view/4259.htm?fr=aladdin.

는 여러 차례 찬란한 문명을 창조했고, 천재지변과 인재가 있었지만 문명을 계승해 세계 문명의 발전을 이어왔다. 공업 문명이 탄생한 후 선진 과학기술과 생산력은 중국의 전통적인 농경 문명에 타격을 주었고, 인류와 자연의 조화로운 발전의 실천은 강한 자연 개조 능력을 가진 공업 발전을 저지하기는 어려웠다. 1950년대 말 중국의 '대약진', 70년대의 '다자이大寨의 농업을 배우자'는 운동은 농경 문명의 방식으로 공업 문명의 행위를 모방하면서 인간의 힘으로 자연을 극복할 수 있다고 굳게 믿으며 자연환경을 파괴함으로써 수자원과 토지의 유실, 자원 저하와 생태 불균형을 야기했다. 1980년대 시작한 중국의 생태 문명 토론과 생태 경제학 연구[15]는 사실 환경오염과 자원, 특히 화석 에너지 고갈에 대한 것이 아니라 생태 악화에 관한 것이었다. 공업화로 인한 높은 에너지 소비와 오염이 발생하지 않았기 때문에 생태 악화를 되돌릴 수 있다.

21세기 들어 중국의 급속한 대규모 공업화 과정은 이미 자원과 환경의 수용 능력을 초과했다. 중국의 상품 에너지 총 소비량은 1980년의 6.5억 톤에서 2014년에는 이미 42.6억 톤에 달했다. 1992년 중국은 원유 순수출 국가였다. 2014년 중국의 원유 수입은 3.4억 톤을 초과했고, 선탄은 3억 톤을 수입했다.[16] 대규모 면적에 걸친 중국의 스모그, 강과 호수의 오염, 토양의 중금속 오염, 남쪽의 우수한 경작지 자원의 점용, 불가역적인 공업화와 도시 개발로 인해 날로 가중되는 공업 문명의 재난이 부각되고 있다. 개혁 개방 전 중국의 농업생산 구도는 남쪽의 식량을 북쪽으로 보냈

---

15   1984년 2월 중국은 1989년 설립된 국제생태경제학회보다 5년 먼저 중국생태경제학회를 설립함.

16   국가통계국:《2014년 국민경제와 사회발전 통계 공보》, 2015년 2월 26일.

던 상황에서 지금은 동북의 쌀이 남쪽으로 운반되는 상황으로 변했다.

맹목적인 공업화로 물질적인 부가 급증했지만 질적인 생태 불균형이 나타나면서 생태 문명이 다시 의사일정으로 상정되며 주목을 받았다. 2002년 중국공산당 제17차 전국대표대회는 생태 문명 건설의 임무를 명확하게 제시하고, 생태 문명에 대한 광범위하고 깊이 있는 이론적 연구를 추진했다.

제3절 생태 문명의 함의

글자 그대로 생태와 문명은 자연 속성과 인문 속성이 결합된 것으로 인류와 자연의 관계가 문제의 핵심이다. 생태 문명의 경계를 고대 중국 철학의 '천인합일' 사상으로 거슬러 올라가는 이유는 바로 인류와 자연의 관계를 이해하고 경계를 정해야 할 필요가 있기 때문이다.

인류와 자연의 관계에서 가장 직접적이고 근본적인 것은 자연을 어떻게 보는 가이다. 동양 선현들의 '천인합일'은 인류와 자연이 하나임을 강조하고 있다. 대자연의 일부인 인간은 반드시 자연에 순응하고 자연을 존중해야 한다. 인간은 자연의 지배자가 아니다. 자연을 개조하고 정복해서는 안 되며, 자연과 평등하게 조화를 이루어야 한다. 이성과 공평함을 가지고 자연을 대해야 한다. 인류가 추구하는 것은 부자연스러운 물질의 부를 무한하게 축적하는 것이 절대 아니고, 자연의 가치를 인정하고 존중하는 것이다. 자연을 존중하고 자연에 순응하는 것이 생태에 대한 공정함이라고 한다면, 천인합일의 가치관은 사회 공정 즉 인간의 권리에 대한 존중과 자연자원의 수익을 공정하게 나누는 것이다. 생태 공평과 사회 공정은 서로를 보완하면서 생태 문명의 가치의 기반을 구성한다. 일반적으로 협의의 문화 이념적 해석은 가치 이념에 국한되어 인류가 자연계의 일원임을 강조하고 있다. 사상 관념적으로 인간은 자연을 존중하고 자연을 공정하게 대해야 하고, 행위 규칙적으로 인간의 모든 활동은 자연의 법칙을 충분히 존중하고, 인류와 자연의 조화로운 발전을 추구해야 한다고 강조한다.

광의의 생태 문명은 자연 존중과 자연과 공존하고 공영하는 가치관과 이런 가치관에 입각한 생산방식, 경제 기초와 상부구조 즉 제도 체계를 포함한다. 사회 문명 형태는 '인류와 자연의 조화, 고도의 생산력, 전체적인 인문 발전, 사회의 지속적인 번영'과 같은 모든 물질적인 것과 정신적인 성과가 모여서 구성된다.

생산 방식에 있어 자원이 생산과정을 거쳐 상품으로 만들어지고 다시 폐기물이 되는 선형 모형이 아니라, 생태 이성을 전제로 단순한 산출 효율 극대화가 아닌 물질의 산출 효율을 모색하는 것이다. 이는 저효율의 조방형 자연 약탈과 파괴식의 생산방식을 버리고, 고효율적 자원의 이용과 환경에 대한 영향을 최대한으로 줄이는 생산 과정을 거쳐 제품과 원료를 생산하는 방식을 요구하고 있다. 소비 방식에서는 점유와 호화 낭비가 아닌, 건강하고 이성적이며 절약하고, 질적인 친환경적인 생활 방식을 가지는 것이다. 인간의 기본적인 물질적 수요를 만족시키는 데는 한계가 있다. 하지만 인간의 욕망은 무궁무진하다. 생태 문명 생활방식은 입고 먹는 것을 절약해 농경 문명 시대의 원시 생활로 돌아가자는 것이 절대 아니라, 기본적인 물질적 수요 만족을 보장하는 것을 기초로 불필요한 물질에 대한 점유와 소비 욕망을 억제하자는 것이다. 생활 방식에 따라 결정되는 수요가 역으로 생산방식에 작용한다. 때문에 생태 문명 생활과 소비 방식은 생태 문명의 이론적 가치가 구체적으로 반영되고 구현되는 것이다.

최종적으로 추구하는 목표는 인류의 전반적인 발전과 생활의 질을 보장하는 것이다. 지금의 생태 문명은 절대로 2,000여 년 전과 같은 자연에 대한 피동적인 순응이 아니고, 현대과학기술과 자연에 대한 이해를 기반으로 하는 천인합일이다. 자연의 아름다움과 관대함은 사상의 요람이 되고, 생활의 질을 위해 꼭 필요한 요소이다. 아름다운 자연의 조성이 경제 위축과 사회 쇠락을 의미하는 것은 절대 아니다. 자연의 아름다움을 유지하기 위해서는 오히려 경제 번영과 사회 안정이 필요하다. 현대 과학기술과 경제 발전 수준에서의 천인합일은 사람과 자연, 사람과 사람, 사람과 사회가 조화롭게 하나가 되는 이상적인 경지를 말한다.

　　제도 체계 구축에서 자연을 효과적으로 존중하고 보호하고, 사회 공정을 촉진하며, 생산과 생활방식을 규범하고, 인문 발전을 보장하는 체제 메커니즘이 있다. 가치관은 제도적 규범과 인도가 필요하다. 생태 문명의 생산과 생활방식의 형성과 발전 역시 반드시 체계적인 체제 메커니즘의 제약과 유도가 필요하다. 인류의 발전과 생활의 질 역시 상응하는 기준, 법칙과 법률 체계의 틀이 필요하다. 자본주의 제도 체제는 공업화 과정의 산물로 공업화가 순조롭게 이루어질 수 있도록 보장해 주었다. 시장 체제가 구축되지 않고, 법제와 규범이 완비되지 않았다면 자본주의 역시 높은 효율을 가지고, 질서 있는 발전을 할 수 없다.

　　이상에서 알 수 있듯이 생태 문명은 일종의 발전 패러다임으로 그 핵심 요소는 공평과 고효율, 조화와 인문 발전이라 할 수 있다. 공평은 자연의 권익을 존중해 생태의 공평함을 실현함으로써 인간의 권익을 보장해 사회 공정을 실현하는 것이다. 고효율은 균형적이고 생산력을 가진 자연 생태 시스템의 효율, 적은 투자로 오염 없이 높은 생산을 하는 경제 생산 시스템의 효율, 제도 규범 완비로 안정된 인류사회 체제의 효율을 추구하는 것이다. 조화는 사람과 자연, 사람과 사람, 사람과 사회의 포용과 호혜 및 생산과 소비, 경제와 사회, 도시와 지역 간의 균형적인 조화를 실현하는 것이다. 인문 발전은 주로 생활의 존엄과 생활의 질과 건강을 포함한다. 각 요소들은 서로 연관되어 있다. 공평은 생태 문명의 필요한 기반이고, 효율은 생태 문명의 실현 수단이며, 조화는 생태 문명의 외재적 표현이고, 인문 발전은 생태 문명의 최종 목표이다.

제4절 생태 문명의 포지셔닝

생태 문명에 대한 중국의 이해는 끊임없이 심화되고 명확해졌다. 우선, 생태 문명과 물질 문명, 정신 문명과 정치 문명은 어떤 관계인가? 중국 특색 사회주의 현대 문명 체계에서 생태 문명은 물질 문명, 정신 문명, 정치 문명에 비해 상대적으로 비교적 늦게 나타난 신조어이다. 당 17대는 '생태 문명 건설은 에너지 자원을 절약하고, 생태 환경을 보호하는 산업구조와 성장 방식 및 소비 모델을 마련해' 생태 문명 의식이 사회에서 확고하게 자리 잡을 수 있도록 해야 한다고 밝혔다. 생태 문명은 기타 문명과 동등하게 중요한 위치를 차지하게 된다.[17] 과거 생태 문명에 대한 이해는 구체적인 의미상의 이해로 대부분 자연보호, 에너지 절약, 오염 통제에 국한되었다. 후진타오 전 주석이 17대에서 지적한 바 있듯이 생태 문명 건설은 실질적으로 자원 환경 수용력을 기반으로 자연의 법칙을 따르고, 지속 가능한 발전의 목표를 가진 자원 절약형, 친환경적 사회를 만드는 것

---

17   위모창(余謀昌):《생태 문명은 인류의 제4문명이다》,《루예(綠葉)》2006년 제11기; 자오젠 쥔(趙建軍):《생태 문명 건설은 시대의 요구이다》,《광명일보(光明日報)》2007년 8월7일.

이다. 의미적으로 생태 문명은 물질 문명, 사회 문명, 정신 문명, 정치 문명과 함께 사회주의 '5위1체' 건설 구도를 형성한다.[18] 경제건설, 정치 건설, 문화 건설, 사회 건설과 생태 문명 건설 사이에는 상호 보완적인 관계를 가지고 있어 어느 하나도 소홀히 할 수 없다. 좋은 생태 환경은 사회 생산력이 지속적으로 발전하고 사람들의 삶의 질을 끊임없이 향상시키는 중요한 기반이 된다. 생태 문명 건설도 물질 문명, 정신 문명, 정치 문명을 중요한 조건으로 해야 한다. 경제, 정치, 사회와 문화 건설은 모두 생태 문명 건설과 관계가 있기 때문에 생태 문명을 경제, 정치, 사회와 문화 각 분야와 모든 과정에 융화 시켜야 하는 것이 중요하다. 생태 문명은 전통문화의 발양이라고 보는 이들도 있다. 많은 학자들은 유교, 불교, 도교에서 생태 문명의 문화적인 근원을 탐구했다. 유교, 불교, 도교는 각각 다른 시각으로 인류와 자연의 관계[19]를 설명하고 있다고 밝혔다. '천인합일' 생태 이론 사상은 자연을 존중하고, 만물을 사랑하며 인간과 자연이 서로 조화롭게 사는 가치관을 가지고, 풍부한 생태 문명 사상을 내포하고 있어 현대의 생태 문화체제 구축에 중요한 이론적 바탕이 될 수 있다.

생태 문명은 일종의 발전 패러다임이고 의미상의 이해이다. 생태 문명은 가치관일 뿐 아니라 그 가치관이 생산관계와 상부구조에 구현되고 사회 문명 형태로 정착된 것이기 때문에 반드시 이에 부응하는 물질 문명, 정신 문명과 정치 문명을 포함해야 한다. 생태 문명은 생태 경제, 녹색순

---

18   후진타오: 《흔들림 없이 중국 특색 사회주의의 길을 따라 나아가며 전면적인 샤오캉 사회 건설을 위해 노력한다》

19   런쥔화(任俊華): 《유교, 도교, 불교 생태윤리사상을 논하다》, 《후난 사회과학》 2008년 제6기, 박사학위 논문, 중공중앙당교연구생원(中共中央党校研究生院), 2008급; 캉위(康宇) 《유교, 불교, 도교 생태윤리사상 비교》, 《톈진(天津)사회과학》 2009년 제2기.

환기술, 도구, 수단과 성과, 생태 복지 등 물질 문명적인 내용뿐 아니라 생태 공평, 생태 의무, 생태 의식, 법률, 제도, 정책 등 정신 문명적인 내용과 생태 민주 등 정치 문명적 내용도 포함해야 한다. 이런 의미에서 생태 문명은 완전성과 리더십을 가진다고 할 수 있다. 인류 사회의 발전 단계를 기술적 특징으로 분류하면 생태 문명은 원시 문명, 농업 문명과 공업 문명 이후의 새로운 단계라고 할 수 있다.[20] 시간적으로 보면, 원시 문명은 석기시대로 인류는 약 수백만 년을 집단생활에 의한 생존을 하고, 물질 생산 활동은 주로 사냥과 낚시 채집에 의존해왔다. 1만 년 동안 지속된 농업 문명 시기에는 철기가 나타나 자연을 변화시킬 수 있는 인류의 능력에 질적인 비약이 있었다. 공업 문명은 18세기 영국의 산업혁명으로 비롯된 인류 사회의 현대화를 실현했다. 자원 소모와 환경파괴로 300년 동안 이어진 이 사회 문명 형태는 원시와 농업 문명과 같이 장기간 지속될 수 없기 때문에 새로운 사회 발전 패러다임이나 문명 형태가 절실히 필요하다. 사회 형태를 볼 때 생태 문명은 과거 생산관계를 기준으로 했던 노예 문명, 봉건(중세) 문명, 자본주의 문명, 사회주의 문명 등 사회 문명 형태와는 달리 인류공동의 미래를 강조하고 있다.

녹색경제, 순환 경제, 저탄소 경제와 생태 문명 건설은 어떤 관계인가? 개념적으로 녹색경제는 인류의 생존 환경을 수호하기 위해 녹색 발전을 발전 방향으로 오염을 줄이고 없애고, 생태 시스템을 보호하고, 에너지의 지속 가능한 이용 및 인체 건강에 유익한 생산과 소비를 추진하는 경제체제를 말한다. 순환 경제는 인류와 자연의 큰 시스템 속에서 자원 개

---

20   이런 관점을 가진 학자들이 많다. 예를 들어 위커핑(俞可平)의《과학발전관과 생태 문명》, 《마르크스주의와 현실》 2005년 제4기, 리훙웨이(李紅衛)《생태 문명—인류문명 발전이 반드시 거쳐야 하는 길》, 《사회주의 연구》 2006년 제6기.

발, 상품 가공, 소비와 폐기의 전 과정에서 감량, 재생과 재이용을 통해 자원 소모에 의존해 선형 성장을 해왔던 전통적인 경제를 폐쇄적 순환 특징을 가진 경제체제로 전환하는 것을 가리킨다. 저탄소 경제는 탄소 생산력과 인문 발전이 모두 일정한 수준에 도달한 경제 형태로 온실가스 배출과 지표면 온도 상승이 산업혁명 이전보다 2℃ 이상을 초과하지 않도록 하는 지구 공동의 염원을 실현하는 목적을 가진 경제를 가리킨다. 생태 경제는 생태학원리를 이용하고, 생태 설계와 공학기술 수단을 통해 인류사회의 발전 수요를 만족시키고, 생태 평형을 유지할 수 있는 경제체제를 가리킨다. 이 개념들은 어떤 면에서는 자원 에너지 효율을 높이고, 오염 물질 배출을 감소시켜 지속 가능한 발전을 실현할 것을 강조했음을 알 수 있다. 생태 문명은 인류문명의 형태로써 전체적으로 인류와 자연의 조화로운 발전을 강조한다. 녹색경제, 순환 경제, 저탄소 경제와 생태 경제 모두 생태 문명 건설의 길이자 수단이 된다.[21]

일종의 문명형태로써 생태 문명은 통솔성, 완전성, 다원성, 포용성과 지속 가능성 등의 특징을 가지고 있다. 모든 사회 문명 형태는 사회 발전 단계의 물질적 정신적 성과의 종합으로 얻어진 것으로 주도적 지위와 통합적인 특징을 가진다. 공업 문명을 초월한 생태 문명은 반드시 이에 상응하는 물질 문명, 정신 문명과 정치 문명을 가져야 한다. 사회 문명 건설의 기타 내용 예를 들어 물질 문명은 지도적 지위를 가지지 않고, 생태 문명의 규정에서 종속적인 지위를 가진다. 생태 문명은 일정한 물질 문명을 기반으로 구축해 물질 문명을 이끌고 제한해야 한다. 그 뿐 아니라 모든 문

---

21   관련 논문: 장카이(張凱) 《순환경제 발전은 생태 문명을 향해 반드시 거쳐야 하는 길이다》, 《환경보호》 2003년 제5기, 류상룽(刘湘溶):《경제 발전 방식의 생태화와 중국의 생태 문명 건설》, 《난징사회과학》 2009년 제6기.

명 형태는 전반적인 내용을 망라해야 하는데 이들 내용들은 절대 분산되고 상호 연관이 없는 것이 아니라 전체적이어야 한다. 하지만, 생태 문명은 전체적으로 자연생태의 내용을 더 많이 내포하고 있고, 경제, 사회시스템과 병렬 관계로 동등한 지위를 가진다. 그러나 공업 문명은 자연시스템을 이용하고 개조하는 대상으로 생각했다.

생태 문명은 기타 문명 형태와 마찬가지로 다원성과 포용성을 가진다. 생태 문명은 단순히 농업 문명과 공업 문명을 부정하는 것은 절대 아니고, 농업 문명과 공업 문명의 과학적인 부분을 수용해 개조하고 업그레이드를 하는 것이다. 생태 문명의 가장 두드러지는 특성은 지속 가능성이다. 농업 문명과 공업 문명은 지속 가능하지 않는 문제가 있었고, 생태 악화와 환경오염을 속수무책으로 돌보지 않았다. 생태 문명은 녹색과 조화를 이루고, 자연 존중을 강조하는데 이는 자연생태의 지속 가능성을 보장할 뿐 아니라 경제 및 사회 발전의 지속 가능을 요구하는 것이다.

제5절 공업 문명에 대한 부정인가?

앞서 언급했듯이 생태 문명은 중국 고대 철학과 생산이 실천한 발전 패러다임으로써 다원성과 포용성을 가지고 있다. 사회 문명 형태의 형성, 성장과 변화 및 대체 과정은 점진적인 것으로 융합하고 중첩되며 교차하면서 이루어진다. 다시 말해 인류사회 모든 단계에서 언제나 여러 문명 형태가 공존했고, 서로 흡수하고 경쟁하면서 그 중의 한 문명 형태가 점점 우위를 차지하면서 선명한 특징을 가지는 발전 패러다임을 형성하는 것이다. 인류 문명 변천의 과정은 일정한 사회 단계에서 한 문명 형태가 주도 역할을 하고 기타 형태들은 부차적인 위치를 차지한다는 것을 보여준다.

공업 문명 자체의 한계와 폐단으로 새로운 문명 형태가 필요한 경우, 공업 문명의 전체 요소 수요가 부인되거나 대체되어야 함을 의미하는가? 산업혁명에 의해 발전하고 형성된 공업 문명은 농업 문명의 환경 속에서 탄생했다. 과학기술 혁신, 화석 에너지 이용과 생산 도구가 크게 개선되면서 공업 문명을 통해 인류는 자원 이용 부분에서 농업 문명 시기의 자연을 경외하고, '운명을 하늘에 맡기'는 '필연의 왕국'에서 벗어나게 되었다. 화석 에너지를 동력으로 한 공업화 과정은 사회 생산력을 크게 향상시키고, 인류 사회 발전에 필요한 거대한 물질적인 부를 창조하면서, 근본적으로 농업 문명의 관념, 문화 형태, 생산과 생활방식을 변화시켰고, 제도적인 강화와 정착을 통해 사회 발전 패러다임의 중대한 전환을 실현함으로써 경제, 정치, 사회, 생활환경, 사회구조와 인류의 생존 방식에 큰 변화가 일었다. 자연을 경외하고, 낮은 생산력과 도시와 수준, 자급자족, 근검절약을 특징으로 하는 농업 문명은 점점 사회의 버림을 받게 되고, 그 대신 공리주의를 근본 가치로 하고, 기술 혁신으로 자연을 정복하고, 자원을 얻고, 고액의 소비에 상응하는 생산과 생활방식, 사회제도 구조를 가진 공업 문명이 사회를 주도하는 문명 형태가 되었다.

공리주의와 물질 숭배 가치관, 화석 에너지의 유한성, 원료에서 생산, 폐기물까지 선형적인 생산 방식 및 수입 분배의 양극화, 호화와 낭비를 추구하는 병태적인 소비방식으로 인해 공업 문명은 자원 고갈과 환경 오염, 생태 악화와 사회 갈등이라는 위기에 빠지게 되었다. 공업 문명이 이어지기 어려워지면서 지속 번영이 가능한 새로운 발전 패러다임이 태동되는 중이다. 공업 문명의 한계와 폐단을 인식하고, 공업 문명의 가치관 및 이로 인해 야기된 공업 문명의 생산 및 생활 방식에 대해 반성하고, 공업 문명의 제도 체계를 개선하기 위해서는 객관적으로 완전히 새로운 발전 패러다임이 필요하다. 농경 문명의 요소들, 예를 들어 자연 경외가 긍정적인 의미를 가지기는 하지만 인류문명의 변화는 '화전 경작'을 하던 물질이 극도로 궁핍했던 농경 사회 문명 형태로 되돌아갈 수도 없고 그럴 필요도 없다. 인간과 자연이 조화를 이루는 가치관을 가진 제도를 통해 공업 문명을 개선하고 향상시켰고, 새로운 사회 문명 형태 혹은 발전 패러다임이 형성되었다. 이런 문명의 변화 과정은 생태 문명이 단순히 공업 문명을 부정하고 대체하는 것이 아니라, '지양'하고 '접목'을 하는 것을 의미한다. 생태 문명 건설은 공업 문명의 과학기술 발전과 관리 수단을 계승하고 발전시키고, 공업 문명의 제도와 메커니즘에서 효율을 보장하는 합리적인 부분은 흡수하고, 공업 문명의 가치관을 버리고, 비합리적인 생산 및 생활 방식을 개선한다.

생태 문명의 발전 패러다임을 인정하고 실현하는 것은 공업화를 없애고 끝내야 하는 것을 의미한다? 이는 오해다. 중국의 공업화는 이미 장족의 발전을 이루었지만 공업화 수준은 아직 공업화의 중후기 단계에 처해있고, 여전히 낮은 발전 수준을 보이고 있다. 생태 문명은 생산력을 속박하고, 발전을 억압하고 끝내는 것이 절대 아니다. 공업 문명의 발전 패러다임은 이어지고 지속되기 어려워 전환이 필요하다. 공업화에서의 생산력 해방을 통해 창조되고 쌓인 사회의 물질적인 부를 부정해서는 안 되고 계속 이어가야 한다. 전통적인 높은 오염, 고소비, 저효율의 공업화가 아닌 환경 친화적, 고효율, 지속 가능한 공업화를 이어가야 한다. 생태 문명의 발전 패러다임을 이용해 공업화를 개선하고, 향상시키고 리모델링해야 한다. 문명의 성장은 하나의 과정이다. 발전 패러다임의 전환도 양에서 질적인 변화의 과정을 가진다. 생태 문명 건설은 공업화가 완성된 후에야 시작될 수 있는 것은 절대 아니다. 오히려 최대한 빨리 생태 문명의 가치관을 구축하고 강화해 생산 및 생활 방식을 개선하고, 공업 문명의 폐단을 해소함으로써 중국 경제 및 사회가 지속 가능하지 않는 발전에 빠지지 않도록 해야 한다.

공업 문명과 생태 문명이 다른 발전 패러다임이라면 그 차이는 어디에 있는가? 먼저 가치관 혹은 윤리 기반에 있다. 영국 산업혁명 초기 스코틀랜드 계몽운동가 흄[22]은 『인성론』에서 도덕과 감정의 측면에서 공리주의를 제시했고, 그 후 잉글랜드 사상가 벤담[23]은 공리주의의 강한 설득력을 느껴 '최대다수의 최대행복' 즉, '최대 행복 원칙'을 제시했다. 철학자이자 경제학자인 무어가 그의 만년에 쓴 저서 『공리주의』(1861)에서 인류는 타인의 복리를 위해 스스로의 최대 복리를 희생할 능력이 있다며, 행복의 총량을 증가할 수 없거나 행복의 총량 증가가 없는 경향의 희생은 낭비라고 지적했다. 그는 공리주의가 강조하는 행위적 기준의 행복은 행위자만의 행복이 아닌 그 행위와 관계된 모든 사람의 행복이라는 것이다. 당신이 타인을 대하듯 타인이 당신을 대하고, 이웃이 당신이 스스로를 사랑하듯 당신을 사랑한다면 공리주의 도덕관은 이상적이고 완전한 경지에 이른 것이다. 행복은 물질적이고 현실적인 것이다. 환경 혹은 자원의 일부 성분이 행복을 주지 못한다면 효용이 없는 것이다. 또한, 효용은 시장을 통해 실현된다. 시장가치가 없거나 적다면 효용이 있거나 효용이 비교적 높은 용도에 양보해야 한다. 생태 문명의 이론 기초는 중국의 고대 철학사상 답습을 통해 생태 공평과 사회의 공정함을 추구하는 것이다. 인류는 자연

22　　David Hume(1711-1776) , 스코틀랜드 철학자, 경제학자이자 역사학자. 스코틀랜드 계몽운동 및 서구 철학역사의 중요한 인물 중 한 사람이다.

23　　Jeremy Bentham(1748-1832년), 영국 법리학자, 공리주의 철학자, 경제학자이자 사회개혁가.

의 일부분으로 자신의 행복을 위해서 자연을 파괴할 수 없다. 공리주의가 개인의 집합체인 사회의 최대 행복을 말하고 있지만, 사람과 사람, 사람과 사회의 공평에 중점을 두지는 않았다. 일부 과학자의 사상, 예를 들어 다윈의『종의 기원』은 과학적인 방식으로 연역 분석을 해 적자생존을 강조했다. 이를 학리 근거로 한 사회 다윈주의는 사회 소외계층의 이익을 소홀히 했고, 심지어 인종주의자들을 이를 인종차별 정책을 추진하는 근거로 삼았다.

목표 선택에서 공업 문명의 발전 패러다임은 이윤 극대화, 부의 최대화 축적을 추구함으로써 사회 전체가 맹목적으로 GDP를 숭배하고, 이익을 추구하게 만들었다. 생태 문명은 일종의 발전 패러다임으로써 인류와 자연의 조화, 환경의 지속 가능성과 사회 번영을 목표로 하며, 화폐 수익과 물질적 자산의 축적은 절대 따지지 않는다. 실제로 생태 문명은 투입을 유지할 필요가 없고, 자연적으로 가치를 유지하고 증가시키는 자연 자산을 더 중시한다. 인공 자산은 오히려 많은 보수비용이 필요하고 끊임없이 감가상각이 된다.

에너지 기반을 보면 공업 문명은 화석 에너지에 의존했으나, 생태 문명은 지속 가능을 강조하며 지속 가능한 에너지 전환을 모색한다. 당연히 생태 문명 발전 패러다임의 에너지 생산과 소비는 농업 문명과 같은 재생 가능 에너지에 대한 저효율, 저품질 이용이 아니라 고효율 고품질의 상품 에너지 서비스를 말한다. 공업 문명은 발전의 한계를 인정하지 않거나 무시하면서 강한 자원의 규제 없이 끊임없이 외연으로 확장을 할 수 있었다. 생태 문명 패러다임은 자연의 한계가 존재함을 인정하고, 강한 제약이 따라야 함을 명확하게 했다.

생산과 생활 방식에서 공업 문명의 대규모 원료-생산과정-상품+폐기물의 선형 모델은 생태 문명의 고효율 원료-생산과정-생산+원료의 순환 모델과 선명한 대조를 이룬다. 공업 문명의 소비는 점유와 낭비형의 고액 소비지만, 생태 문명의 소비는 저탄소의 질적이고 건강한 이성적인 소비이다.

생태 문명과 공업 문명의 이런 차이로 인해 공업 문명에 대한 개조와 향상이 필요한 것이다. 하지만 생태 문명은 공업 문명의 많은 장점을 계승하고 더 발전시켜야 한다. 예를 들어 공업 문명의 혁신과 기술의 인도는 생태 문명에서도 당연히 필요하다. 생태 문명 발전 패러다임은 기술에 대한 선별을 해야 한다. 효율을 높이고, 지속 가능에 도움이 되는 것은 장려하고, 자연을 파괴하고 자원을 낭비하는 기술 예를 들어 허세적으로 고층 건물을 세우는 기술은 제한하거나 금지할 필요가 있다. 공리주의 원칙에서의 공업 문명 제도 체제 예를 들어 민주, 법제, 시장메커니즘은 생태 문명 발전 패러다임으로 직접 받아들이거나 접목할 수 있다. 생태 문명의 패러다임도 생태 보상, 생태 레드 라인, 자연자원 자산 책임 평가와 심사 등 고유의 제도적 콘텐츠를 가지고 있다.

제6절 생태 문명 건설

공업 문명에 대한 반성과 비판을 하는 가운데 녹색 발전과 환경보호 역시 끊임없이 추진되고 있다. 정치적으로 일부 국가들의 녹색 생태 사조가 추진되면서 환경운동도 정치와 사회 문화 분야에서 일어나기 시작했다. 1972년 5월 뉴질랜드는 세계 최초로 전국적인 녹색당-가치당을 설립했다. 1980년 독일은 생태사회주의를 정치 지도 원칙으로 하는 '녹색당'을 설립했다. 이후, 녹생당은 공업화 국가에서 끊임없이 발전하고 강건해

지면서 서구의 20개국 의회에서 의석을 차지하고 있다. 일부 녹색당은 집권 지위를 차지한 경우도 있다. 1990년대의 생태사회주의 문명은 '적녹연대赤綠連帶, Red-Green alliance'라는 새로운 개념을 제시했고, 생태사회주의 정치, 경제, 사회와 이데올로기를 주장하면서 생태사회주의 사상 체계와 정치 지도 원칙을 형성했다.

환경과 지속 가능은 인류 공동의 미래와 관련이 있고, 환경과 발전은 확실한 상관관계가 있기 때문에 지속 가능한 발전은 국제 정치에서 점점 더 중요한 의제가 되었다. 1972년 UN은 스톡홀름 제1차 환경회의에서 거주 환경오염과 파괴 해결을 위한 대책을 모색하며, 환경문제에 경종을 울렸고, 공업 문명의 발전 패러다임에 대해 돌아보고 비판을 추진했다. 1980년대 중반 세계환경개발위원회WCED의 『우리 공동의 미래Our Common Future』에서는 사회 공평, 경제 효율과 환경의 지속 가능을 지속 가능한 발전의 3대 지주로 그 범주를 정했다. 1992년 UN 리우데자네이루 환경개발회의에서 세계의 지속 가능한 발전인 '아젠다 21'을 제시하고, 기후변화, 생물다양성 보호 등 국제 공약을 마련하면서 글로벌 환경보호를 국제 법제 궤도에 포함시켰다.

2000년 UN은 빈곤해소와 사회 경제 발전을 보장하는 자연자원 공급을 취지로 하는 밀레니엄 목표를 제정했다. 2012년, UN은 브라질 리우데자네이루의 녹색 전환을 주요 의제로 한 지속 가능한 발전 정상회담에서 빈곤과의 전쟁과 지속 가능한 발전 목표를 확실하게 요구함으로써 지속 가능한 생산과 소비 및 제도 보장들을 목표 범위로 포함시켰다. 이러한 국제적인 과정들이 중국의 환경보호에 긍정적인 추진 역할을 했다고 할 수 있다. 하지만, 중국의 생태 문명 건설은 국내 발전 전환의 절실한 필요와 세계 생태 안보에 대한 책임과 공헌에 입각한 것이다.

중국의 공업화 과정은 출발이 비교적 늦었다. 산업혁명 후 중국도 서구를 배우고, 기술을 도입해 산업을 구축했지만 중국은 반식민지 반봉건사회, 신민주주의사회에서 사회주의 초급 단계로 들어가면서 중화의 전통 문명은 서구 공업 문명의 충격과 영향을 받게 되면서 중국의 공업화는 강한 피동적인 색채를 가지게 되었다. 신중국 성립 이후에도 상대적으로 낙후된 농업 국가였던 중국에게 가장 중요했던 것은 의식주 해결이었고, 여전히 자연에 대한 파괴가 이루어졌다. 때문에 환경보호와 생태 문명 건설은 관심을 받지 못했다.

개혁개방 이후 덩샤오핑은 3단계 전략을 제시했다. 20세기 말 이미 2단계 전략 목표를 실현했다. 2000년 GDP는 1980년의 5.5배를 기록하며 '네 배로 늘리는' 목표를 초과했고, 국민들의 생활은 샤오캉小康 수준을 실현했다. 제3단계 목표는 21세기 중엽까지 국민 생활을 비교적 부유하게 만들고, 기본적인 현대화를 실현해 1인당 국민소득 총액을 중등 선진국 수준으로 끌어올려 국민들이 비교적 풍요로운 생활을 할 수 있도록 하는 것이다.

수입을 보면 세계은행 분류기준에 따라 2013년 중국의 1인당 국민소득은 6,000달러를 넘어 중·상등 수입 수준에 근접했다. 하지만 제3단계 목표 실현은 '전국 1인당'의 개념 뿐 아니라 사회 수익의 상대적인 공평함이 필요하다. 2013년 도시 주민 1인당 가처분소득은 농촌 주민의 3.13배다. 도농간 차이와 빈부격차와 지역 차이는 소비 수입의 갭을 없애 공동의 부를 실현할 것을 부르짖고 있다.

공업화와 도시화 과정을 볼 때, 중국의 발전 단계 역시 경제 및 사회 전환의 관문에 있다. 1인당 수입과 경제구조의 데이터 분석에 따라 2010년 베이징, 상하이, 텐진은 이미 포스트 공업화 단계로 들어섰고, 창산쟈오, 주산쟈오와 보하이의 일부는 공업화 후기 단계에 있는 것으로 나타났다. 2013년 중국 철강재 생산은 8.83억 톤, 시멘트는 20.9억 톤에 달했고, 중국의 에너지 소비 총량은 미국의 20%, EU 27개국 총량의 50%를 넘어 세계 1위를 차지했다. 원유의 대외의존도는 55%를 넘었고, 철광석 수입은 6.86억 톤에 달했다. 이 데이터는 중국의 원자재 공업과 제조업의 양적 팽창이 자원뿐 아니라 시장의 측면으로도 공간이 매우 제한적임을 보여준다. 생산방식과 생활방식은 반드시 전환되어야 한다. 공업화는 중국의 경제 발전과 현대화 건설을 추진했지만, 이윤 지향적이고, 환경 파괴적이며, 공평성을 무시한 자원 낭비의 특징을 가진 공업 문명은 사회주의의 가치 성향은 분명히 아니다.

2013년 중국의 도시인구는 이미 7억 2천만 명에 달해 총인구의 53.73%를 차지했다. 이는 중국이 전체적으로 이미 도시화 사회의 시대로 들어섰음을 의미한다. 중국의 도시화 과정은 여전히 지속되어 2030년에는 70% 정도로 도시 인구는 10억 명을 초과하게 될 전망이다. 중국이 선진국의 도시 생산과 소비 구도를 따르면 자원 환경은 도시 발전 부분의 단순한 규모 확장을 지탱할 수 없다. 글로벌 녹색 성장, 지속 가능한 발전의 조류가 용솟음치고 있다. 중국은 책임감 있는 대국으로써 중국의 지속 가능한 발전을 보장하고, 세계의 지속 가능한 발전을 위해 공헌을 해야 한다.

현재 공업화 단계와 도시화 수준과 글로벌 지속 가능한 발전의 수요로 봤을 때, 중국 경제 및 사회 발전이 직면한 '불균형, 부조화, 지속 불가능'한 심각한 도전은 중국의 제3단계 목표의 실현을 심각하게 제약하고 있다. 중국 특색 사회주의는 자본주의의 '공업 문명'을 완전히 답습할 필요도 없고, 공업 문명의 과학적이고 합리적인 부분을 충분히 흡수하고, 이를 기반으로 생태 문명을 향해 중국 경제 및 사회의 녹색 전환을 추진하고 지속 가능한 발전을 실현해야 한다.

　중국이 생태 문명을 제시했을 당시는 공업화 과정이 급속하게 추진되고, 공업화의 폐단이 두드러지기 시작할 때였다. 21세기에 들어 중국은 샤오캉 사회 건설을 확실하게 제시하고, 생태건설을 그 중 하나의 목표로 정책 결정 의사일정에 포함했지만 사회 문명 형태까지는 발전되지 않았다.

　2002년 당 16대는 양호한 생태의 문명사회 건설을 전면적인 샤오캉 사회 건설의 4대 목표 중 하나로 삼아 '지속 가능한 발전 능력을 끊임없이 증강하고, 생태 환경을 개선하고, 자원 이용 효율을 현저하게 높여 인간과 자연의 조화를 촉진함으로써 사회 전체의 생산을 발전시키고, 생활을 부유하게 만들고, 양호한 생태의 문명 발전의 길을 걷도록 추진한다'고 밝혔다. 2005년 후진타오는 인구 자원 환경업무 간담회에서 '생태건설을 촉진하는 법률과 정책 체계를 완비하고, 전국의 생태 보호 계획을 제정하고, 사회적으로 대대적인 생태 문명 교육을 추진'할 것을 밝혔다.

　2007년 당 17대는 후진타오가 16대에서 확립한 전면적인 샤오캉 사회 건설 목표를 기반으로 발전에 대해 더 새롭고 높은 요구를 제시했다. 조화로운 발전을 강화하고, 사회주의 민주를 확대하며, 문화 건설을 강화하고, 사회사업 발전을 가속화하고, 생태 문명을 건설하는 것이다. 후진타오는 '대규모 순환 경제를 형성하고, 재생 가능한 에너지의 비중을 현저하게 높이고, 주요 오염 물질 배출을 효과적으로 통제하고, 생태 환경의 질을 확실히 개선해 생태 문명의 개념을 사회 전반에 자리 잡도록 해야 한다'며 생태 문명의 주요 목표를 더 명확하게 제시했다. 2008년 1월 29일 중공중앙정치국 제3차 스터디에서 전면적인 샤오캉 사회 건설 목표를 실현하는 새로운 요구를 완전히 이행하려면 전면적인 경제 건설, 정치 건설, 문화 건설 및 생태 문명 건설을 추진해야 하고, 현대화 건설의 모든 부분과 분야와의 조화, 생산관계와 생산력, 상부구조와 경제 기초의 상호 조화를 촉진해야 한다고 밝혔다.

생태 문명 건설 강화를 통해 사람들에게 깨끗한 공기와 물, 비옥한 땅과 아름다운 환경을 제공한다. 발전의 조화를 증강하고, 경제의 빠르고 양호한 발전의 실현을 추진하며, 생태 민주 건설을 강화하고, 사회주의 민주를 확대하며, 인민의 권익과 사회 공평과 정의를 보장한다. 생태 문화 건설을 강화하고, 전 민족의 생태 문명 소질을 향상하고 전면적인 인문 발전을 추진한다. 생태 보상메커니즘을 구축하고, 생태 공평을 실현하고, 수입 분배 구도를 최적화하고, 빈부 격차를 줄이고, 지역의 균형적인 발전을 추진한다.

생태 효율을 높이고, 국가 경제 기술 경쟁력을 증강한다. 청정 에너지 기술, 자원 순환이용기술을 주요 내용으로 하는 새로운 산업과 과학기술 혁명의 물결이 이미 도래했고, 에너지 자원 이용 효율을 높이고 환경 오염 감소가 핵심인 생태 효율은 미래 국제 산업 경쟁의 감제고지가 될 것이다. 구조의 최적화, 생태 고효율, 에너지 절약, 환경 친화적 산업 체계를 구축하려면 생태형 신흥 산업을 개척하고, 경제 발전의 활력과 국제 경쟁력과 지속 가능한 발전 능력을 강화해야 한다. 생산 효율 제고를 핵심으로 하는 자주 혁신 능력을 강화하고, 청정 에너지, 순환 경제와 환경보호 기술과 산업에서 핵심 경쟁력을 구축해 국제 기술 개발 물결을 이끈다. 생태 경제 발전을 완비하는 경제제도, 체제 메커니즘과 시장 체제를 구축한다.

생태 안보 강화를 통해 국가의 비전통적인 안보를 보장한다. 에너지 안보, 자원 안보, 환경 안보를 주요 내용으로 하는 비전통적인 안보는 이미 국가 안보의 주요 분야로 떠올랐고, 생태 문명 건설 강화는 국가 안보를 보장하는 효과적인 조치가 되었다. 순환 경제를 발전시키고, 자원의 종합적인 이용을 추진해 수자원, 국토 자원 광산 자원의 안전한 공급을 보장해야 한다. 생태 보호와 건설을 확대하고, 환경관리를 강화해 환경 안보를 보장해야 한다.

생태 공평의 원칙을 관철해 지역의 조화로운 발전을 촉진하고, 수입 분배를 조정한다. 생태 공평을 보장해 사람들이 생태 민주, 생태 복지와 생태 의무를 가지면서 지역의 조화로운 발전을 추진하고, 수입 분배 차이를 축소한다. 생태기능구획 이행을 최적화해 지역 생태의 특색을 두드러지게 하고, 산업의 합리적인 배치를 최적화함으로써 지역 간 생태 경제 연계를 강화해야 한다. 생태 가격 결정을 추진해 생태 보상을 실시하고, 생태 희소성을 반영할 수 있는 시장 메커니즘을 구축함으로써 지역 간, 그룹 간 생태 기능 차이로 인한 발전의 차이와 빈부의 불균형을 축소해야 한다. 정부의 생태 구매를 실시해 공공 재정을 이용함으로써 생태 보호와 건설을 유도해야 한다.

생태 문화 건설 강화는 이성적인 소비를 선도하고 국가의 소프트 파워를 강화한다. 생태 윤리를 제창하고, 생태 의식을 보급하려면 생태 의식을 민족의식, 주류 사상과 트렌드로 만들어 생태에 관심을 가지고 생태를 보호하는 이성적인 소비 풍조를 형성해야 한다. 생태 문화 건설의 내용을 풍부하게 하고, 전통적인 생태 문화를 발굴해 생태 문명 건설의 수요와 결합시켜 중국 특색의 생태 문화 체계를 구축해야 한다. 생태 문화 홍보와 대외 보급과 국제 여론을 이끄는 발언권을 강화해 중국의 문화 소프트 파워를 높이고, 국제적 지위를 올려야 한다.

제3장 지속 가능한 산업화

지속 가능한 산업화

산업화는 산업 문명을 유도하고 이끈다. 산업화 과정을 통해 산업 문명의 성장과 변화의 방향과 정도를 보여주고, 산업 문명의 공간적인 제약과 전환의 수요가 드러나게 된다. 산업화 단계는 경제 발전 수준을 종합적으로 보여준다. 중국은 어떤 산업화 단계에 있는가? 중국이 아직 산업화 후기 또는 중기 단계에 있다면 통념상의 산업화 발전 과정에 따른다면 중국의 산업화 규모는 얼마나 큰 공간이 남아 있는가? 자원 환경의 제약 속에서 생태 문명 발전 모델이 산업화 과정을 개선하고 업그레이드 할 수 있는가, 산업화 발전을 전환하고 업그레이드를 할 수 있는가?

중국의 환경관리와 생태건설

제1절 산업화 과정

산업화는 방향성과 단계성을 가진다. 전통적 농업사회에서는 농업이 산업을 주도하고, 상업과 서비스업은 상대적으로 종속적인 지위에 있었다. 산업혁명 이후, 공업 생산이 자연의 주기와 생산력의 제약을 받지 않게 되면서 생산 효율이 높아지고, 자산의 축적과 수입이 급격히 늘어났다. 산업이 자연을 초월하면서 국민경제에서의 지위가 끊임없이 높아지고, 빠른 시장의 확장으로 상업 서비스업의 규모가 급속히 확대되면서 종속적인 지위에서 주도적인 지위로 바뀌었다.

산업구조 변화의 의미로 볼 때, 경제 확장의 증분이 공업을 통해 발생했기 때문에 그 비중이 끊임없이 확대됐다. 산업 발전은 농업을 기초로 할 수 있다. 농업 원자재에서 가공 제조업 서비스업까지 대부분 농산품을 원료로 한다. 방직업과 식품가공업은 노동 집약적인 제조 과정을 통해 생필품을 생산한다. 영국도 초기의 산업 발전은 방직 산업을 통해 이루어졌다. 1940년대에 장페이강張培剛은 농업을 산업의 일부분으로 통합 발전을 한다는 경제 발전 이론을 제시했다.[01] 그러나 공업 제조업은 농업 제품 원료가 필요하지 않다. 예를 들면 철강·화학공업·시멘트 등 중화학공업 업종과 제품, 교통 설비와 소비재, 가정용 전자제품 등이 그렇다. 미국 경제학자 루이스는 공업 발전을 통해 경제 발전을 실현해야 자연 산출의 영향을 받지 않고 속도를 높이고, 규모를 확대해 고속 발전을 실현할 수 있다고 주장했다.

---

01   장페이강(張培剛): 〈농업과 산업화〉, 미국 하버드대학출판사 1949년 영문판 초판, 1969년 재판: 화중공학원 출판사 1984년 중문판 초판, 1988년 재판.

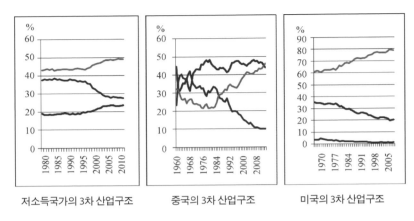

| 저소득국가의 3차 산업구조 | 중국의 3차 산업구조 | 미국의 3차 산업구조 |

[그림 3-1] 발전 단계별 경제체제의 산업구조 변천

자료출처: 세계은행 데이터베이스

3차 산업구조에서 산업화 과정의 가장 전형적인 변화는 국민경제에서 농업의 지위가 끊임없이 하락한 것이다. 최빈국에서도 농업이 국민경제에서 차지하는 비중이 끊임없이 줄어들었고, 고도로 발달한 경제체에서 농업이 차지하는 비율은 1%까지 낮아졌다(그림 3-1 참조). 서비스업의 비율은 선진국에서만 안정적이고 지속적으로 상승해 2/3 또는 그 이상을 차지했다. 개발도상국은 오히려 선고후저의 과정을 거치고 있다. 공업 발전이 산업화 과정의 동력이지만 그 비율은 50%를 넘지 않고, 농업사회의 저소득 국가와 선진사회의 고소득 국가에서 차지하는 비율은 모두 20% 이하까지 낮아질 수 있다. 3차 산업구조에서 산업 발전을 견인하는 서비스업은 농업 주도의 경제시스템에서의 피동적이고 종속적인 특징을 가진 서비스업과는 다르게 주동적이고 지속 가능한 성장을 하고 있다. 2차 산업의 내부 구조는 산업화의 초기·중기·후기를 구분 짓는 핵심이다. 산업화 초기 단계에서 산업화 내부 구조는 식품, 담뱃잎(연초), 동식물 섬유 방

중국의 환경관리와 생태건설

직 제품, 채굴, 건축 재료 등 비금속 광물 제품, 고무제품, 목재가공, 석유, 화학공업, 석탄 등 분야 1차 제품 생산 위주였고, 이 시기 산업 제조업은 노동집약형이 주를 이루었다. 산업화 중기 단계에서는 경공업에서 중공업으로 바뀐다. 예를 들면, 철강, 시멘트, 화학공업, 기계 제조 부분이 고속 성장하며 비농업 노동력이 위주인 중화학 공업의 발전 단계로 들어서며 대규모 인프라 건설과 투자가 늘어나 자본집약적 산업이 급속도로 성장한다. 산업화 후기단계에서 3차 산업이 안정적인 성장에서 지속적인 고속 성장으로 넘어가게 되면서 경제 발전의 중요한 추진력으로 부상하지만 이때의 서비스업은 전통 서비스업과 달리 높은 자본과 하이테크 기술이 녹아든 신흥서비스업으로 금융, 정보, 광고, 공공사업, 컨설팅 서비스 등을 포함한다.

산업화 과정이 기본적으로 완성되면 포스트 산업화 사회로 진입한다. 이 시기, 제조업 구조는 자본 집약형 산업에서 기술 집약형 산업 위주로 전환되며 생산자 서비스업, 예를 들어 산업디자인이 빠르게 발전하면서 3차 산업의 비율은 끊임없이 상승하고, 2차 산업의 비율은 30% 심지어 20% 이하로까지 줄어든다. 물질이 풍요로워지고 생활 소비가 편리해진다.

포스트 산업화 단계로 들어서면서 공업이 차지하는 비율이 지속적으로 하락하는 추세가 나타났다. 예를 들면 미국은 1980년대부터 2차 산업이 국민경제에서 차지하는 비중이 지속적으로 줄어 누계가 15%를 넘었다. 이렇게 산업 제조업이 상대적으로 위축되는 현상을 '비산업화de-industrialization' 또는 '탈산업화'[02]라고 부른다. 탈산업화는 산업화 과정과

---

02   Cairncross, A: "What is deindustrialisation?" in: Blackaby, F (Ed.) *Deindustrialization*, London: Pergamon, 1982, pp. 5-17.

는 달리 산업화 후기 또는 포스트 산업화 단계에서 어떤 경제체제 내의 산업 생산력 혹은 제조(특히 중공업 또는 제조업) 활동이 줄어들거나 없어지면서 사회와 경제 변화가 생기는 것을 말한다. 이론적으로 탈산업화는 긍정적인 변화일 수 있다. 예를 들어, 경제가 성숙되거나 포화된 상태에서 적극적으로 조정을 하게 되면 경쟁력이 떨어질 수 있다. 기타 업종 또는 요소가 불변하는 상황에서 제조업의 생산력이 향상되면 제조업 제품의 상대 비용이 떨어질 수 있기 때문에 생산기업은 외주 또는 생산을 이전하는 방식을 통해 그 생산 규모를 축소한다. 결과적으로 국민 경제에서 제조업 비중이 줄어들게는 되지만 경제에는 나쁜 영향을 미치지 않는다.

글로벌화와 경제 구조의 자발적 조정이나 재구성은 산업화 국가의 탈산업화에 큰 기여를 했다. 교통, 통신과 정보기술의 현대화와 경제 글로벌화는 해외직접투자, 자본 유동과 노동력의 이동을 촉진했고, 제조업은 부존자원factor endowment의 경쟁 우위가 있거나 원가가 낮은 국가 또는 지역으로 이전을 하게 되었다. 그 빈자리를 현대 서비스업이 대체하게 되고, 경제의 총체적인 상황이 호전되면서 공업의 비중은 끊임없이 줄어들고 서비스업의 비중이 끊임없이 늘어났다. 이런 역방향의 산업화 과정은 산업화 국가의 노동집약형 산업의 일자리를 감소시켰다. 1980년대 무역 자유화 협상과 체결로 노동력 집약형산업은 저렴한 노동력을 가진 개발도상국으로 이전했다. 어떻게 보면 개혁개방 후 중국의 고속 산업화 과정은 1980년대 초 저렴한 노동력과 완화된 규제를 통해 해외에서 원자재를 수입해 생산하고, 다시 해외로 수출한 연해 수출지향형 경제에서 시작되었다. 또 다른 요인은 기술진보로 생산력이 향상된 것이다. 산업 자동화와 디지털 제어가 많은 노동력을 대체해 제조업의 일자리 비중이 끊임없이 줄어들었다.

산업화 발전은 단위 제품 당 물자 소모를 줄이는 과정이기도 하다. 1차 산업 혁명의 증기 엔진 기술은 부피가 크고, 에너지와 재료의 소모가 많고, 많은 오염 물질을 배출했다. 2차 산업 혁명 시대에 통용된 모터 기술은 공업화를 전기의 시대로 안내했다. 자동차, 항공기, 쾌속정 등 같은 설비의 부피를 대폭 축소시켰고, 성능은 크게 향상시켰으며, 기기 설비의 물자와 에너지 소모를 줄이고, 배출량은 감소시켰다. 3차 산업 혁명의 시기로 접어들며 컴퓨터가 통용 기술로 부상하면서 산업화를 정보화 시대로 이끌어 2차와 3차 산업의 경계가 모호해졌다. 복합재료, 나노재료를 채택하고 신재생에너지 자동차, 정보 네트워크를 사용하게 되면서 유선 전화가 도태되었다. 정보화 시대의 효율이 높아지고, 물자 소모와 배출량은 더 줄었다.

　　그러나 단위 제품 당 물자 소모의 감소로 산업화의 자연 자원에 대한 수요와 오염 물질 배출을 줄이지는 못한다. 그 이유는 간단하다. 제품 생산 규모 확장 속도가 물질 감량화 속도보다 훨씬 빠르기 때문이다. 예를 들면 100년 전에는 1,000명 중 한 명 꼴로도 차량 1대를 보유하지 못했다. 하지만 지금은 인구가 증가했을 뿐 아니라 천 명 당 자동차 보유량도 10배 내지는 100배가 증가했고, 자동차 에너지 소모와 물자 소모 하락폭도 50% 또는 많게는 두 배가 증가했다. 증기기관 시대에 사람들은 기러기로 서신을 전했다. 전기 시대에는 전보와 전화를 이용했고, 정보 시대에는 인터넷으로 연락을 한다. 효율은 수십 배 또는 그 이상이 높아졌지만 우리는 자연자원과 환경용량의 물리적인 경계의 제약을 더 확실하게 느끼고 있다. 그 중 기술의 '리바운드 효과 rebound effect'도 있다. 집에서 온 편지가 천금보다 귀했던 시대에 사람들은 매일 서신 왕래를 할 수는 없었다. 전화 통화는 시간에 따라 비용을 계산했으나, 인터넷 환경에서는 한 사람이 매일 수십 통의 이메일을 처리할 수 있고, 위챗은 비용과 시간, 공간적인 제약이 없다. 이렇듯 산업화는 삶의 품질을 끊임없이 개선하고 생활 리듬의 속도를 올리는 과정이기도 하다.

산업화는 비가역성Irreversibility을 가지는 과정이기도 하다. 현대 물질 생활이 이전의 산업 사회로는 돌아갈 수 없다. 재생 불가능한 자원, 특히 화석 에너지의 소모는 일방적이고 비가역적이다. 이런 비가역성의 특징 때문에 사람들은 에너지 안보와 지속 가능한 미래를 걱정하고 있다. 환경오염, 특히 토양의 중금속 오염은 상당히 오랜 시간이 지나도 복원이 불가능하다. 산업발전과 도시화, 현대화 농업 생산으로 생태공간을 점유하고 파괴시켜 생물의 다양성이 빠르게 소실되었다. 물종物種은 일단 소실되면 더 이상 존재하지 못하고, 되돌릴 수도 없다. 대규모 인프라 건설과 도시의 확장으로 지표가 경화되고, 철근 콘크리트가 쌓이고 토지 간척의 어려움이 커졌다.

산업화는 경제 및 사회와 환경의 취약성이 끊임없이 늘어나는 과정이기도 하다. 전통적인 농업사회에서 자연재해 또는 돌발 상황은 대부분 일부 지역에 국한되어 발생했다. 산업화 수준이 높아지고, 사회 경제의 연관성이 확대되고, 정보 보급이 가속화된다. 지금은 어떤 지방에 사회 및 경제의 비상사태가 발생하면 즉시 전 세계로 퍼져나간다. 빠른 정보의 전파는 사회가 효율적이고 빠르게 반응하는 데 도움이 되기도 하지만 사회의 불안을 가중시킬 가능성도 있다. 한 국가나 지역의 경제 및 금융위기는 경제 글로벌화가 이루어진 환경에서 전 세계 경제에 급속도로 파급된다. 어느 지역의 식량 생산이 줄어들면 전 세계에 영향을 주어 식량 가격의 파동이 일 수 있다. '개미 구멍 하나 때문에 큰 둑이 무너질 수 있다'는 말처럼 교통, 통신, 전기 공급, 물 공급 등 인프라에 작은 실수라도 생긴다면 전

중국의 환경관리와 생태건설

체 시스템에 위협이 될 수 있다. 의식적이거나 무의식적인 모든 행위는 사회적으로 막대한 영향을 초래할 수 있다. 예를 들면 차량의 흐름이 많은 도시 간선도로에서 작은 운전 소홀로 인해 의도치 않은 접촉사고가 수백, 수천 대 차량의 정상운행을 방해할 수 있다.

산업화 과정에 따라 중국의 산업화 발전을 심층적으로 추진할 필요가 있다. 중국의 산업화 발전이 중·후기 단계에 있지만 발전 공간은 이미 시장 수요와 자원 부분의 제한으로 확장 공간이 제약을 받고 있다는 분석이 있다. 이는 중국이 산업화의 자연적인 과정을 따를 수 없으며, 사회 경제 발전과 자원 환경용량에 따라 발전 패러다임의 전환을 실현하고, 생태문명을 이용해 산업화 과정을 업그레이드하고 개선해야 한다는 것을 의미하고 있다.

규모, 구조, 기술 세 가지 측면에서 산업화 발전 과정의 개선과 업그레이드를 고찰했다. 산업 규모의 확장은 일자리를 늘리고, 성장을 촉진할 수 있어 사회와 경제 발전에 긍정적인 효과가 있다. 때문에 중앙 정부와 많은 지방 정부는 규모의 확장을 장려하고 있다. 하지만 시장과 자원 환경의 공간적인 제한은 산업 제조업의 규모를 무한정 확장하는 것은 불가능하다는 것을 보여준다. 여기에서 말하는 규모는 주로 중화학공업 및 제품과 일반 소비재의 생산 능력의 규모이다. 중국은 개혁개방 이후 급속한 발전과 확장을 통해 이미 최대치에 근접해 있다. 하지만 시장과 자원 환경 공간 범위 안에 아직도 거대한 확장 공간이 있다. 첫째, 생산 능력이 최대치에 근접했다는 것이 생산 규모의 위축을 의미하는 것은 절대 아니다. 사회와 경제 발전의 수요를 고려하면 자산은 아직 더욱 축적되어야 한다. 예를 들어 앞서 언급한 철강 생산 부분에서 선진국은 최대치에 달한 후에도 상당히 긴 시간 동안 여전히 높은 산출을 유지했다. 현재 중국의 인프라와 주택 건축에 대한 투자는 상당히 긴 시간 동안 지속됨으로써 도시화 발전과 시민화의 수요를 만족시킬 것이다. 둘째, 경제 글로벌화의 배경 속에서도 선진 기술과 높은 효율을 가진 중국 기업은 국제 시장에서 경쟁력을 가지고, 비교우위를 점할 수 있기 때문에 비교적 큰 시장 점유율을 가지고 유지할 수 있다. 때문에 규모의 공간적 제약은 결코 절대적인 것은 아니라 시장 규율에 따라야 한다는 것이다. 셋째, 환경 자원의 수용력 내에서 에너지 효율을 높이고, 오염을 줄여 생산을 확대할 수 있다. 시장이 포화되면 제품의 혁신을 통해 새로운 시장수요를 확장할 수 있다. 따라서 환경용량의 제약이 산업과 제품 효율의 한계 효과를 만드는 것은 절대 아니다. 넷째, 환경용량 또는 자원 환경의 공간적 제약이 존재하면, 실제로 일부 신흥 산업의 규모 확장에 기회가 된다. 예를 들어 재생에너지산업, 에너지 효율산업, 오염 관리산업 등이 있다. 중국은 에너지 안보, 오염 통제와 온실가스 배출 감축과 관련 에너지 구조의 대대적인 개선이 필요하다. 2030년까지 1차 에너지 소비에서의 재생에너지의 비율을 20%까지 올리고, 산업 규모는 3~4배 올려야 한다.

중국의 산업구조는 2013년 이미 포스트 산업화 단계로 들어선 현상이 나타났다. 하지만 구조 조정은 긴 과정이다. 그림 3-2를 보면 1970년대 영국과 일본은 대체적으로 비슷한 산업구조로 2차 산업이 국민경제에서 차지하는 비중이 40% 이상이었다. 국제 금융과 교육 문화 산업의 이점을 통해 영국은 큰 폭의 구조 조정을 실시했다. 특히, 1990년대에 들어서 영국의 산업 제조업이 국민경제에서 차지하는 비율은 당시 일본보다 5~6%가 낮았다. 이는 한편으로는 중국의 산업구조조정은 영국과 일본과 같은 하이엔드 서비스업의 발전 경쟁력을 갖추고 있지 않고, 영국처럼 대규모 '탈공업화'는 더욱 불가능하다는 것을 설명해준다. 2050년을 전후로 공업이 차지하는 비율은 30%까지 감소할 것이다. 이는 중국의 산업구조 조정은 산업 내부구조와 제품 구조를 더 효율적으로 더 중요하게 많이 조정해야 하는 것을 의미한다.

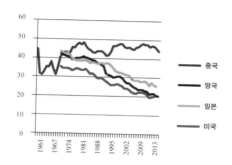

[그림 3-2] 중국과 일부 선진국 산업 제조업 증가치가 GDP에서 자치하는 비중의 변화
(1961~2013)

업종 또는 제품의 구조 조정은 사회와 경제 발전 및 환경관리와 큰 관련이 있다. 2012년 스모그로 인해 사회에서 건강문제에 많은 관심을 갖게 되면서 공기청정기의 수요가 폭발적으로 성장했다. 10년 혹은 20년 동안 환경관리를 실시해 대기의 환경이 표준에 부합하게 된다면 이런 제품의 시장은 줄어들거나 사라지게 될 것이다. 기술 진보는 산업화 과정에서 견인 역할을 한다. 중국이 산업화 과정에서 생태 문명으로 전환하려면 기술 혁신을 추진할 필요가 있다.

제2절 산업화 단계

소득수준은 산업화 단계를 구분하는 가장 중요한 지표이다. 중국의 많은 학자들이 중국의 산업화 수준과 단계를 평가했다. 중국사회과학원 산업경제연구소의 평가에 따르면[03] 중국은 2010년 전체적으로 산업화 과정의 중·후기 또는 후기 단계로 진입했다고 밝혔다. 베이징과 상하이는 이미 포스트 산업화 단계로 들어섰고, 대다수 동부 연해 지역은 후기 단계로 진입했다. 많은 중부와 서부의 성省과 구區는 중기 단계에 있으며 간쑤甘肅, 윈난雲南, 구이저우貴州 등 서부의 일부 성만이 아직 산업화의 초기단계에 있다.

소득은 상대적이며 동태적인 과정이다. 세계은행은 소득수준에 따라 저소득, 중저소득, 중등소득, 중고소득과 고소득으로 구분했다. 2013년 환율로 계산한 1인당 국민소득이 1,045달러 이하이면 저소득 국가이다. 중저소득 경제체의 소득은 1인당 1,046달러~4,125달러이다. 중등 소득은 중저와 중고소득을 포함하며 1인당 1,046달러~12,745 달러이다. 중고소득 경제체의 1인당 국민소득은 4,126달러~12,745달러 사이에 있다. 1인당 국민소득이 12,746달러보다 높으면 고소득 국가의 대열에 오른다. 2013년, 세계 평균 국민소득은 10,513달러였다. 고소득 국가는 1인당 38,623달러를 기록했다. 중국은 1인당 6,807달러로 중고소득 국가 그룹에 들어갔다. 만일 환율에 따라 계산한다면 중국은 전체적으로 산업화 중기 단계에 있다. 구매력 평가에 따라 계산하면 중국은 이미 산업화 후기 단계에 진입해 있다. 하지만, 1인당 국민소득에 관한 세계은행의 동태 데이

---

03   천자구이(陳佳貴), 황천후이(黃群慧), 뤼톄(呂鐵), 리샤오화(李曉華) <중국산업화과정보고서(1995~2010)> 사회과학문헌출판사 2012년판.

터(그림 3-3)를 보면 중국은 1984년 저소득국가의 평균 수준을 넘어 중등에 서 다소 낮은 국가 대열에 진입했다. 11년 후인 1995년에는 중저소득 국가 의 평균 수준을 넘어 중등소득 국가 대열로 들어갔다. 2008년에는 중등소 득 국가의 평균 수준을 넘었다. 현재의 경제 성장세에 따라 2016년에는 중 등에서 조금 높은 소득의 국가의 평균 수준에 이를 것으로 예상된다. 세계 의 평균 소득은 대략 중등에서 조금 높은 소득 수준의 고도를 유지하고 있 다. 구매력 평가에 따라 계산한다면 2016년에는 포스트 산업화 단계에 진 입할 전망이지만 환율에 따라 계산하면 2025년 전후가 되어야 한다.

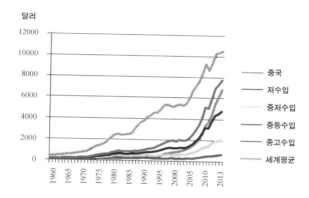

[그림 3-3] 1인당 평균 소득수준의 변화 추세(환율로 계산) (1960~2013)

[표 3-1] 중국의 산업화 단계 실현 시간

기본지표	산업화 이전 단계(Ⅰ)	산업화실현단계			포스트 산업화 단계 (Ⅴ)
		산업화 초기 (Ⅰ)	산업화 중기 (Ⅰ)	산업화 후기 (Ⅳ)	
1인당 GDP (2005년, 달러) (1)	745-1,490	1,490-2,980	2,980-5,960	5,960-1,1170	11,170 이상
중국이 실현한 연도 (2)	1985	1992	2002	2009	2016
개발도상국그룹을 넘어선시기 (3)	1984 (저소득)	1995 (중저소득)	2008	2016 (중등소득)	2025 (세계평균)
3차 산업 생산액 구조시기 (4)	농업＞공업 ＜1970	농업＞20%, 농업＞공업 1993, 1970	농업＜20%, 농업＞서비스업 공업＞서비스업 1993, 2012	농업＜10% 농업＜서비스업 2014, 2012	농업＜10%, 농업＜서비스업 2014, 2013
인구 도시화율 (5)	30%이상 1993	30%-50% 1994-2010	50%-60% 2011-2020	60%-75% 2021-2035	75%이상 2036

비고: (1) 표 중 관련 지표의 파라미터는 천자구이 등(2007) 참조.

(2) 중국이 레드 라인을 넘은 연도, 구매력 평가에 따라 계산, 데이터 출처 IEA(2013).

(3) 개발도상국 그룹을 넘어선 시기, 세계은행의 역대 시리즈 데이터 채택, 국가 그룹의 소득수준은 세계은행의 범주를 채택.

(4) 산업구조역치에 도달한 시기는 세계은행 역대 시리즈 데이터에 따라 농업은 일반적으로 1차 산업을 대표하고, 공업은 2차 산업을 대표하며, 서비스업은 3차 산업을 대표함.

(5) 인구 도시화 수준이 역치에 달하는 시기는 중국통계연감에 따름.

표 3-1에 따르면 중국의 산업구조 중 2차 산업의 발전은 전대를 능가한 것을 알 수 있다. 농업과 공업 비율 표준에 따라 중국은 1970년에 산업화 초기단계에 진입했고 2013년 포스트 산업화 단계에 진입했다. 산업구조의 변화를 참조하면, 1인당 소득수준은 산업화 과정보다 뒤처져 있고, 도시화 수준은 산업화 과정보다 더 뒤처져 있다.

중국은 언제 포스트 산업화 단계에 완전히 들어가게 될 것인가? 산업화 과정은 한 나라의 경제 발전 수준, 도시화 과정, 산업구조, 취업 구조와 밀접한 관련이 있다. 2013년 이후 중국의 경제성장 속도는 둔화되었

중국의 환경관리와 생태건설

지만 여전히 높은 수준을 유지하고 있다. 중국은 '12차 5개년 계획' 기간 동안 경제성장의 통제 목표를 7.0%~7.5%까지 하향 조정했으며, 이 수치는 향후 점차 낮아질 것이다. 발전 방식의 전환이 빠른 상황에서 2020년 중국의 총 GDP는 14조 달러에 달할 것이고, 1인당 GDP는 1만 달러 수준을 돌파하게 될 것으로 국내외 기관은 예측하고 있다. 그렇다고 해도 여전히 세계 1인당 수준보다 낮아 고소득수준의 최저 문턱을 넘지 못한다. 2030년까지 총 GDP가 28조 달러 정도를 기록하고, 1인당 GDP는 2만 달러에 근접하게 될 것이다. 이때가 되면 중국의 총 GDP를 환율에 따라 계산하면, 미국을 제치고 세계 최대 경제체로 부상하게 될 것이다.[04] 소득 수준으로 볼 때 중국은 2025년 전후 포스트 산업화 단계의 표준에 진입하게 될 것으로 보인다. 중국의 새로운 도시화 계획에 따라 2020년까지 도시화 수준은 60%정도를 실현하게 되어 가까스로 산업화 후기 단계의 레드 라인에 도달하게 될 것이고, 매년 1%의 속도로 도시화를 추진한다 해도 2036년 이후에나 포스트 산업화 시대에 접어들게 될 전망이다. 중국 산업 전환의 실질적인 수요를 봤을 때 산업구조의 지표는 생태 문명 건설의 실제상황에 더욱 부합한다. 어떤 의미에서 보면 중국의 도농 일체의 협력 발전과 인구 도시화 비율이 다른 개발도상국의 상황에 따라 서구 학자들이 정한 기준에 맞아야 하는 것은 절대 아니라는 것이다.

중국의 산업구조 조정에 대한 노력은 이미 1차적인 효과가 나타났다. 2013년 3차 산업 증가치의 비율이 처음으로 2차 산업을 추월한 것은 중국 경제성장의 원동력이 제조업에서 3차 산업으로 전환되었음을 보

---

04   2014년 10월초, 국제통화기금은 〈세계경제전망〉 DB 중, 구매력 평가에 따라 추산, 중국이 2014년 말 미국의 약 2000억 달러를 추월해 세계 1위 경제체로 부상할 것이라고 했다. 하지만 이 추산은 중국 당국과 학술계의 인정을 받지 못했다.

여준다. 중장기적으로 2차 산업의 증가속도는 현저하게 둔화되는 추세를 보일 것이며, 국민경제에서의 비중도 점차 감소할 것이다. 국내 기관의 예측에 따르면 2010년-2020년 산업의 연평균 성장 속도는 8.27%에 달하게 되어 국민경제의 증가와 업그레이드에 중요한 추진 역할을 하게 될 것이다. 이후 30년 동안 2차 산업의 평균 증가 속도는 매 10년마다 각각 6.39%, 3.80%와 2.46%까지 감소하게 될 것이다. 발전 방식이 빠르게 전환되는 상황에서 2020년과 2030년 중국의 2차 산업 비중은 43.1%와 38.7%까지 낮아질 전망이다. 따라서 중국이 포스트 산업화 단계에 진입하는 시기는 빠르면 2015년 전후, 늦어도 2030년 전후가 될 것이다. 종합해보면 중국이 포스트 산업화에 완전히 진입하는 시기는 대략 2020년~2025년 사이가 될 것이다.

중국이 전체적으로 산업화를 완성했다는 말이 전국 각지가 동시에 포스트 산업화로 들어갔다는 것을 의미하는 것은 아니다. 국내 권위 있는 연구기관의 평가에서도 이 점을 분명하게 밝히고 있다. 베이징과 상하이가 최초로 산업화를 완성했다고 한 것은 합리적이고 특수한 요소를 가지고 있기 때문이다. 베이징은 정치, 문화, 과학기술 혁신과 국제교류의 중심이고, 상하이는 경제와 금융 중심인 대체 불가한 독보적인 지위를 가지고 있다. 전국 최대 규모의 도시로써 전국에서 가장 우수한 과학기술, 교육, 문화와 의료보건 자원이 집중되어 있으며, 전국 교통의 중추이기도 하다. 그리고 이러한 특수한 정치와 경제적 지위 때문에 국가 경제와 국민생활을 안정시키고, 보장하는 역할을 하는 대형 국유기업들의 본사와 다국적 기업의 중국 본사들이 이런 대도시에 집중되어 있다.

2013년, 중국의 85개 기업이 세계 500대 기업에 들었고, 그 중 베이징에 본사를 둔 기업이 48개, 상하이에 본사를 둔 기업이 8개로 전체의

2/3를 차지한다. 엄밀히 말해서 전국에 서비스하는 중심 도시로써 다른 성과 구와는 비교 불가능하고, 그 산업구조, 도시화 수준 등 산업화 과정의 특징은 복제가 불가능하다.

공업 제조업의 타국 이전은 선진국이 '탈산업화de-industrialization'를 하는 중요한 이유이고, 방법이다. 중국처럼 지역차가 뚜렷한 경제체제에 이러한 이전은 국내 지역 간의 이전과 해외 이전이 있다. 토지 자원이 빈약하고, 임금이 높고, 환경용량의 제약을 받는 동부지역의 많은 노동 집약형 제조업이 이미 중서부 지역으로 대규모로 이전했다. 베이징은 대형 철강연합기업 서우강首鋼이 외지로 이전한 것 외에도 2014년 실시된 징진이(京津冀, 베이징, 텐진, 허베이 지역을 말함) 협동 발전 규획과 실천을 통해 노동 집약형 서비스업을 대규모로 이전시켰다. 동부지역에 나타난 '탈산업화'는 전국의 산업화 과정에 절대 영향을 주지 않는다. 2025년 전후에 중국이 포스트 산업화 단계로 들어서게 된다면 해외로의 산업 이전이 나타날 것인가? 발전의 기러기 편대형 모델flying geese model과 기술 등급 차이에 따라 일찍 산업화가 이루어진 영국, 유럽대륙, 미국, 일본 등 선진 경제체제에서 모두 제조업의 기울기 이동gradient transfer이 나타났다. 중국은 자연 자원이 부족하고, 유한한 화석 에너지 및 환경용량의 제한 등 요소들의 제약으로 인해 제조업의 해외 이전은 합리적으로 발생해 추세가 될 가능성이 있다.

하지만 이런 추세는 몇 가지 제약을 받아 규모와 선택에 있어서 중국의 산업화 과정이 선진국의 '탈산업화' 발전의 길을 걷지 않을 수 있다. 그 이유는 다음과 같다.

첫째, 중국내 지역차가 있어 소화하고 흡수할 수 있는 공간이 비교적 크다는 것이다. 경제 글로벌화 속에서 중국의 자원 환경 제약은 오염이 많고, 많은 에너지 소모에 이산화탄소 배출이 많은 기업을 해외의 '오염 대피소'로 이전하는 것을 재촉할 수도 있다. 하지만 국내 생태 문명 건설에 대한 요구, 기타 개발도상국의 규제와 세계의 지속 가능한 발전 환경 속에서 '오염 피난처'의 비용 우위는 제한적이고, 리스크가 크다. 둘째, 중국은 수입제품으로 대체하는 방법을 채택할 수 있다. 원료를 가까운 현지에서 제조하는 것을 반제품 또는 중간제품 더 나아가 완성품으로 전환하는 것이다. 이러한 이전은 거대한 흡인력을 가진다고 할 수 있다. 그러나 중국의 주요 원자재인 철광석, 유제품, 대두, 목재 등의 원산지인 오스트레일리아, 남미, 북미, 러시아 등은 이민과 환경 표준에 대한 규제가 매우 엄격하고, 경내 중저가 노동력의 수도 제한적이다. 이는 이곳에서는 양질의 저렴한 노동력을 제공받을 수 없다는 것을 의미하고, 환경관리에 대한 엄격한 요구와 높은 투자비용으로 인해 이러한 선택이 불가능하게 된다. 셋째, 거대한 내수 시장을 가진 중국이 해외 제조업에만 의지해서 국내의 도시화 발전과 인프라 건설, 유지보수 및 교체에 필요한 원자재 및 소비품 생산에 만족할 수는 없다. 중국의 도시인구 규모는 2030년 전후로 10억 명을 초과해 OECD 전체 수준을 넘어설 것으로 전망된다. 넷째, 중국의 많은 노동력이 일자리가 필요하다는 것이다. 고등교육의 보급으로 인력자원의 수준이 많이 높아졌지만 대다수의 일자리는 여전히 제조업과 중저가 서비스업들이다. 다섯째, 중국 현재의 하이엔드 서비스업은 주로 선진국의 서비스 대상이다. 예를 들어 중국은 매년 20만 명 이상의 학생들이 선진국으로 유학을 가고[05], 중국 문화 상품 소비, 예를 들어 TV, 영화 작품은 수입이 수출보다 많다. 중국은 사회 경제가 발전함에 따라 서비스와 서

05   〈중국유학발전보고서〉, 중국과 글로벌화연구센터, 2012년.

중국의 환경관리와 생태건설

비스세계의 판도에 변화가 일 것이라는 것을 받아들이겠지만, 그 과정은 산업화 과정보다 훨씬 느릴 것이다.

제3절 규모 확장의 공간

중국 산업화가 처한 발전 단계와 향후 진전은 산업 제조업의 규모가 더욱더 확장할 수 있는 공간이 아직도 크다는 것을 말해준다. 이 공간은 얼마나 큰가? 모든 생산엔 반드시 시장 수요가 있어야 한다. 유효한 수요가 없다면 생산 능력으로 보이는 제조업의 규모는 의미가 없다. 유효한 수요가 있다 해도 자원 환경의 심각한 제약이 존재한다면 산업 제조업의 규모도 제한을 받게 될 것이다. 따라서 산업화과정과 발전 공간은 유효한 수요와 자원 환경 공간의 이중 제약을 받는다.

우리가 선진국의 산업화과정의 경험을 보면 산업 제조업 생산 능력의 확장은 소득수준과 밀접한 관련이 있다는 것을 알 수 있다. 하지만 일정한 소득 수준이 되면 공업제조업의 생산 능력은 확장을 중지하게 되거나 줄어들게 될 것이다. 산업화과정에서 가장 상징적 의의를 가진 중화학 공업과 제품은 생산에서 모두 일정한 규율을 보여준다. 철강, 건축자재, 비철금속, 화학공업 등 에너지 다소비 소모 제품은 주로 인프라 건설과 기계제조 등 기초 산업에 사용되었고, 이들 제품의 생산량은 모두 명확한 최대치를 가지고 있다. 이후 어떤 파동이 있다 해도, 소득수준의 향상 또는 산업화의 확장에 따라 증가하지는 않을 것이다. 산출의 최대치는 일반적으로 일정 시간 지속되어야 한다. 기술 진보와 에너지 소비구조의 변화로 인해 원재료와 에너지 소비는 하락세를 보일 수 있다. 산업화를 조기에 이룩한 선진국의 에너지 다소비 산업제품 예를 들어 철강, 건축자재(시멘트,

판유리 등), 비철금속(알루미늄, 동 등), 화학공업제품(합성암모니아, 에틸렌)의 이
산화탄소 배출은 1970~1980년대에 최고조에 달했다. 당시 1인당 GDP
는 모두 1만 달러(12만~2만 달러, 2000년 가격)를 넘었고, 도시화 비율은 70%
를 기록했다. 이는 대규모 인프라 건설이 기본적으로 끝나고, 중화학공업
산업의 확장이 막바지에 이르러 전체적으로 포스트 산업화 시기에 들어
섰음을 의미한다. 표 3-2는 선진국의 철강생산량에 최대치가 나타난 사회
경제 상황을 제시하고, 중공업 생산량의 최대치와 산업화 과정과의 관계
를 반영했다.

[표 3-2] 철강생산량 최대치와 대응하는 경제 및 사회 발전 수준

국가	최대치 시간(년)	도시화율(%)	1인당GDP (2000년, 달러)	최대치 지속시간 (년)	강철 생산량 최대치 (억 톤)	2012년 생산량 (억 톤)
미국	1973	74	20,395	9	1.37	0.89
일본	1973	74	15,531	안정된 가운데 다소 하락	1.20	1.07
영국	1970	77	12,540	10	0.28	0.10
독일	1974	73	13,390	하향안정	0.59	0.43
프랑스	1973	73	13,787	8	0.27	0.25
한국	2012	84	24,640	여전히 상승	—	0.69
중국	2013	54	6,087	여전히 증가	—	7.79

자료출처 : 《세계 역대 조강 생산량 (1875-2009)》, http://xxw3441.blog.163.com/blog/static/75
3836242010112075918299/?suggestedreading&wumi;, 세계철강산업연합회, 2013년, 중국국
가통계국, 세계은행 데이터베이스.

　　중국은 산업화 시작이 늦었기 때문에 대량의 인프라 건설과 기계설
비 생산 제조에 생산과 소모가 큰 기초원자재(예: 철강)가 필요하다고 말

한다. 사실 1871년~2013년까지 미국의 조강 총 생산량은 세계 1위를 차지했고, 누계 총 생산량은 83억 2,500만 톤이며, 그 중 1949년 이전까지는 20억 4,400만 톤으로 전체의 1/4을 차지한다. 중국의 같은 기간 조강 총 생산량은 79억 5,200만 톤으로 세계 2위다. 그 중 1949년 이전까지 총 생산량은 760만 톤으로 전체의 10%에 그쳤다. 영국은 동기 생산량이 16억 6,700만 톤이며 1949년 이전 총 생산량은 4억 9,500만 톤으로 전체의 30%를 차지한다. 이렇게 중국 기초원자재산업은 아직 더 발전해야 한다. 1인당 조강 생산량으로 볼 때, 2013년 중국은 600㎏에 근접해 미국, 독일의 1인당 최대치와 대체로 비슷했다. (그림 3-4) 일본의 최대치가 40년간 지속된 것을 참고한다면 중국의 누적 조강 생산량은 400억 톤에 근접할 것이지만, 미국은 현재의 생산량을 유지한다고 해도 2050년이 되면 누적 조강 생산량은 120억 톤 미만이 될 것이다. 국가통계국의 데이터에 따르면 2013년 전국의 고정자산투자액은 447조 위안이고, 새로 건설한 철도 길이는 5,586㎞에서 고속철도가 1,672㎞였고, 새로 건설한 도로 70,274㎞ 중 8,260㎞가 고속도로였다. 새로 설치한 광케이블 회선 길이는 266만㎞였고, 부동산 투자는 8조 6,000억 위안, 주택시공면적은 66억 5,600만㎡, 새로 착공한 것이 20억 1,000만㎡, 주택 준공이 10억 1,000만㎡, 판매는 13억 1,000만㎡이다. 자동차 생산량 2,212만 대 가운데 승용차가 1,210만 대였고, 생산발전설비는 1억 2,573만㎾, 조강은 다년간 세계 총 생산량의 절반에 근접한 7억 7,900 톤을 보였다.[06] 인프라와 설비 제조는 거대한 고정자산 저장량을 형성했다. 이렇게 높은 저장량이 40년 연속 유

06   World Steel Association, 2013.

지하는 것은 불가능하고, 불필요하다는 것을 상상할 수 있다.[07] 1인당이
든, 총량이든 중국의 조강 생산량은 이미 최대치에 근접했거나 도달했기
때문에 더 성장할 수 있는 시장 공간은 유한하다고 할 수 있다.

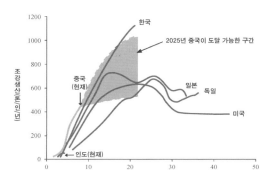

[그림 3-4] 일부 국가의 1인당 소득과 1인당 조강 생산량

2010년대로 들어서면서 중국의 제조업 규모와 능력 및 수준이 세계
경제 구도에서 지위가 부각되기 시작했다. 중국통계연감에 따르면 주요
제품 즉, 중국의 철강, 석탄, 발전량, 시멘트, 면직물 등 공업제품 모두 세
계 1위를 차지했다.[08] 외수와 투자 확대 공간은 매우 유한적으로 끊임없이
압박을 받고 있다. 선진국의 시장 수요는 이미 포화상태로 향하고 있다.
대다수 개발도상국의 시장 활력은 부족하지만 그들의 상품들이 중국의
국제무역과 경쟁구도를 이루고 있다. 국가통계국이 2014년 발표한 일부

07   BHP Biliton(2011), "Steelmaking materials briefing", presentation by Marcus Randolph, 30
      September, htp://www.bhpbiliton.com/home/investors/reports/documents/110930%20
      steelmaking%20materials%20briefing_combined.pdf.

08   〈중국통계연감(2011)〉, p.1057.

내구소비재 생산 데이터에 따르면 2013년 중국의 휴대폰 생산량은 14억 5,600만 대, 액정 TV는 1억 2,300만 대, 에어컨디셔너는 1억 3,100만 대로 나타났다. 세계 71억 인구 중 중국 인구가 13.5억이다. 제품이 끊임없이 세대교체가 된다 해도 일반 소비재의 시장 용량은 무한히 성장할 수는 없다. 중국 일부 자본과 노동력이 집약된 제조업의 생산 능력은 이미 최대치에 근접했거나, 최대치를 넘어섰다. 물론 산업과 제품의 업그레이드와 교체는 연속적인 과정이다. 일부 제품, 예를 들어 배출량이 많고 에너지를 많이 소비하는 자동차는 향후 점차 전기자동차로 대체되어 자동차의 종류에 변화가 일어나 증가치가 올라갈 수 있지만, 제품의 수량이 폭발적으로 늘지는 않을 것이다.

국내 연구 부서가 기술 경제 측면에서 향후 주요 중화학공업과 제품 생산에 대한 연구를 한 결과 극소수 제품이 2020년 이후까지 최대치를 유지할 수 있는 것을 제외하고, 대다수의 에너지 소비와 배출량이 많은 중화학공업 원자재 제품은 2020년 이전에 최대치에 도달해 안정적인 하향 추세가 나타나기 시작할 것이라고 예측했다. (그림 3-5)

중국의 동, 알루미늄, 니켈, 납 등 주요 금속제품의 소비가 세계 무역에서 차지하는 비율은 1980년대 개혁개방 초기에는 5% 정도였지만 30년 후에는 모두 40%를 넘어섰다. 2020년을 전후로 절반 이상을 차지하게 될 것이라고 예측하는 일부 국제기관들도 있다. 이런 금속들은 광산의 관점에서 보면 재생 불가능한 것이지만 순환 경제의 시각에서 보면 재활용이 가능하다. 여기에는 순환 이용의 정도 문제가 존재한다. 대다수를 재활용할 수 있다면 아무리 높은 비용이 들고 에너지를 소모한다고 해도 수용할 수 있다, 하지만 100% 재활용은 불가능하다. 화석 에너지의 저장량이 유한하다는 것은 의심할 여지없는 사실이다. 하지만 우리는 재생에너지를

생산하고 이용할 수 있다. 문제는 재생에너지의 가격과 공급량이다. 재생
에너지의 생산이 생산과 소비 수요를 만족시키지 못한다면 자원의 강한
제약은 피할 수 없다. 물론 이것들은 모두 시장경제에서 가능한 것이다.
국제 정치, 군사 혹은 무역 분쟁에서 통제 불가능 요소가 나타난다면 자원
의 강한 제한의 공간은 더 작아질 것이다.

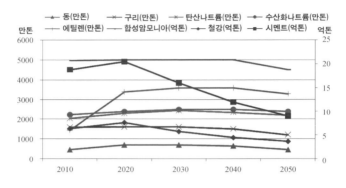

[그림 3-5] 중국 주요 중공업부문 생산량 예측(2010~2050)

비고: 2010년은 실제 생산량, 기타 연도는 예측 데이터
자료출처: 〈중국통계연감 (2011)〉, 2050년 중국 에너지와 탄소배출연구과제팀(2009)

중국의 자연 자원의 공간적 특징이 생태 수용력 구조를 결정했다.
토지 자원의 공간적인 제약은 지형과 수자원의 제한을 받는다. 중국 연해,
중부와 서남부지역은 구릉과 토지가 많다. 예를 들면 동남부 연해 경제의
성인 저장은 산지가 70%, 수역이 10%, 토지가 20%를 차지하고 있다. 겨
우 20%인 토지 공간은 농경과 공업과 도시 개발을 하는 데 적합하다. 가
파르고 깊은 계곡의 산을 가진 지형에 기업이 공장을 설립해 생산하기는
힘들다. 서북부지역의 최대 제약은 수자원이 부족하다는 것이다. 지형과

수자원의 제약은 동부의 기업이 서부로 이전하기 어렵게 만들고, 서부 자체의 발전도 자연, 생태와 환경의 제약을 받는다.

2010년 이전에는 사회의 관심이 주로 수질 오염과 산성비에 집중되었다. 2012년 이후 심각한 스모그로 사람들은 산업화로 인한 환경 손실이 발전 수익을 상쇄하기에 충분하다는 것을 인식하기 시작했다. 이전에는 어떤 제한도 없다고 생각한 대기환경이 강한 제약이 되었다. PM2.5(초미세먼지)는 산업화 진입 후기 단계의 중요 오염 물질로 2012년 봄이 되어서야 오염 지수 모니터링의 항목에 포함되면서[09] 사람들은 PM2.5 오염이 심각하다는 것을 갑자기 알게 되었다. 일부 테스트베드 모니터링 도시의 모니터링 결과에서 새로운 공기품질표준(PM2.5 연 평균치 2급 표준: 35㎍/㎥) 시행 후, 대다수 도시가 PM2.5 기준을 초과한 것으로 나타났고, 해외의 일부 선진 도시와 세계보건기구의 대기환경 권고치(10㎍/㎥)와도 큰 격차가 있고, 아울러 그 범위도 넓다. 징진지, 창강삼각주, 주강삼각주 등 지역에서 매년 스모그가 발생하는 날이 100일을 넘고, 개별 도시는 심지어는 200일이 넘는다. 2013년 초 입동 이후, 영향 범위가 최대였던 강한 스모그가 오랫동안 이어졌다. 통계에 따르면 2013년 1월 270만 ㎢의 지역에 발생한 스모그가 17개의 성과 시, 자치구와 징진지, 창강삼각주, 주강삼각주의 40여 개 중점 도시의 약 6억 명 인구에게 영향을 준 것으로 나타났다. 국가환경보호부가 2014년 발표한 PM2.5 데이터에 따르면 74개의 성과 시 가운데 국가공기품질표준에 부합한 곳은 동해에 위치한 저장의 저우산舟山, 남해의 하이커우海口와 히말라야 고원의 라싸拉薩 3곳이었고, 33곳

09   원자바오 국무원 총리는 2012년 2월 29일 국무원 상무회의를 주재해 새로 수정된 〈환경오염품질표준〉에 동의하고, 대기오염 종합예방조치 중점업무를 강화했다. 새로운 표준은 초미세먼지(PM25)와 오존(O3) 8시간 농도 한계치 모니터링 지표를 추가했다.

이 세계보건기구 권고치(PM25<10㎍)의 30배가 넘어 국민의 신체 건강, 생산과 생활에 심각한 영향을 끼쳤다.[10] 오염 성분과 산업화의 단계적 특징이 맞아떨어진 것이다. PM2.5는 인류의 활동으로 인해 발생한 것으로 석탄과 자동차 배기가스 등에서 배출된 1차 오염 물질이 공기 중에서 화학반응을 일으켜 생성된 2차 입자이다. 지리적 위치와 사회 경제 환경과 발전 상황의 차이로 인해 도시 마다 PM2.5의 오염원도 다르다. 2012년 3월 8일 광저우 환경보호국이 발표한 PM2.5 오염원에 대한 분석 결과에 따르면 자동차 오염이 38%, 공업 오염이 32%, 휘발성 유기물 오염이 18%, 공사장 먼지가 12%를 차지하는 것으로 나타났다. 쓰촨성 환경감독센터의 연구 결과에 따르면 쓰촨분지에서 발생하는 스모그의 주원인은 공업 22%~25%, 자동차 16%~20%, 석탄 17%~20%, 날리는 먼지, 유연, 짚, 도료용·제류가 20%~25%, 기타가 10%~18%로 나타났다.[11] 심각한 스모그는 선진국 산업화 후기 단계의 특징으로 중국이 산업화 후기 단계에 진입했고, 환경용량이 산업화 규모의 확장 공간을 규정하고 있음을 보여준다.

10　중난산(鐘南山) 중국공정원 원사는 PM2.5가 25에서 200으로 증가하면 치사율이 11%가 늘어날 것이라는 연구 결과를 발표했다. 국내외 환경 분야 전문가로 구성된 업무팀과 아시아 개발은행의 전문팀이 함께 제출한 <환경 지속가능한 미래를 향해-중화인민공화국 국가환경 분석>보고서에 따르면 중국의 공기오염으로 인한 경제손실과 발병 비용 추산치는 국내생산 총가치의 12%와 맞먹으며 지불의향을 기준으로 한 추산치는 38%에 달한다.

11　중국의 도시 PM오염원 분석결과가 차이가 나는 것은 분석 방법의 한계성이 있다. 예를 들어 주변 환경의 영향, 모니터링 데이터의 신뢰성 여부뿐 아니라, 각지의 오염원 배출량 구조, 기상 조건 등 여러 요소에 따라 결정된다.

제4절 오염 관리 패러다임 전환

'11차 5개년 계획' 이후, 전국의 주요 오염 물질 배출 감축에 관한 조치를 보면 상당 비율의 환경 투자가 주로 새로운 오수처리장 건설, 화력발전소의 탈황 탈질 설비 설치, 강철 소결기 부분 연기 탈황 시설 설치 등 분야[12]에 사용됐다. 하지만 국지적인 오염 물질 배출 감축을 목표로 한 환경보호에 대한 투자는 에너지 환경 보호에 잠금효과lock-in effect를 초래해 에너지 절약과 환경보호의 연결고리가 끊어지게 만든다. '환경보호는 에너지 절약이 아니고, 에너지 절약이 환경보호가 아닌' 갈등 상황이 발생할 수 있다. 높은 투자와 에너지 다소비가 연동 효과를 일으키는 공업 문명 이념적인 환경보호에 대한 생각은 지속될 수 없다.

높은 투자-에너지 다소비 모델의 공업오염통제 '11차 5개년 계획' 기간 동안 중국은 환경보호에 대한 투자를 확대함으로써 '10차 5개년 계획' 기간 동안 환경보호투자가 부족했던 상황을 개선했다. '11차 5개년 계획' 기간의 환경보호투자 총액은 2조 1,600억 위안으로 '10차 5개년 계획' 기간보다 1.58배 증가했다. 1조 5,300억 위안의 투자 수요와 비교했을 때 실제 투자는 투자수요보다 6,320억 위안[13]을 초과했다.

전체적으로 도시 환경 인프라 건설을 포함한 각종 환경보호에 관한 투자의 절대치가 모두 증가했다. 2010년 환경오염 관리 투자는 6,654억 2,000만 위안으로 전년 대비 47.0% 증가했으며, GDP의 1.67%를 차지했다. 그 중 도시환경 인프라 건설 투자액은 4224억 2,000만 위안으로 전

---

12 환보부: 〈환경보호부 통보 2011년도 전국주요오염물 배출감축 상황〉, 2012년 9월 7일. http://www.mep.gov.cn/gkml/hbb/qt/201209/t20120907_235881.htm.

13 뤼위안탕(逯元堂), 우순쩌(吳舜澤), 천펑(陳鵬), 주젠화(朱建華): 〈'11.5' 환경보호투자평가〉, 〈중국인구자원과 환경〉 2012년 제10기.

년 대비 68.2% 증가했다. 산업 오염원 관리 투자는 397.0억 위안으로 전년 대비 10.3% 감소했다. 건설 사업 '3동시三同時(새로 건설하거나 개축하거나 확장하는 건설 사업에 대해 환경오염을 방지하고 환경을 보호하기 위해 정부에서 비준한 건설 사업을 동시 설계, 동시 시공, 동시 투자하는 제도임)'의 환경보호투자는 2,033억 위안으로 전년대비 29.4% 증가했다.

중점 분야에서 오염 관리를 중심으로 한 공업 오염 관리에 대한 투자도 대폭 증가했다. 2010년 총 397억 위안을 투입한 공업 오염 관리 프로젝트를 실시했는데 그 중 공업폐수 관리에 130억 1,000만 위안을 투자했고, 907만 2,000톤/day의 새로운 처리 능력이 늘어났다. 공업 폐기 관리를 위해 188억 8,000만 위안을 투자해 2조 9,028만 표준입방미터/h의 새로운 처리 능력을 가지게 되었다. 공업 고체 폐기물 관리를 위해 14억 3,000만 위안을 투자했으며 24만 7,000톤/day의 새로운 처리 능력을 갖추었다.[14]

대규모 투자를 통해 중국 환경보호사업은 '11차 5개년 계획' 기간 동안 오염 물질 배출을 줄이는 것을 핵심으로 기본적으로 오염 물질 배출 감축 목표를 달성했고, 오수처리와 이산화 유황 등 국지적 오염 물질 배출의 절대적이 감축을 실현했다. 2005년과 비교했을 때 2010년 전국의 화학적 산소요구량(COD)과 이산화 유황(SO$_2$) 배출량은 각각 12.5%와 14.3%가 줄어들어 모두 '11차 5개년 계획'의 감축 목표를 초과 달성했다.[15]

탁월한 오염 물질 배출 감축 효과를 보였지만, 배출 감축으로 늘어난

---

14   〈환보부 2010년 환경통계연보〉, http://zls.mep.gov.cn/hjtj/nb/2010tjnb/201201/
      t20120118_222728.htm.
15   〈환보부 2010년 환경통계연보〉 http://zls.mep.gov.cn/hjtj/nb/2010tjnb/201201/
      t20120118_222729.htm.

에너지 소모는 GDP 증가에 따라 고공행진을 하고 있다. '11차 5개년 계획' 기간 동안 전국의 단위당 GDP 에너지 소모는 19.1%가 줄어 계획한 20% 감축 목표를 이루지는 못했다. 환경보호 투자를 확대하면 오염 물질 배출을 감소시킬 수 있다. 특히 국지적 오염 물질 배출에 대해 큰 역할을 할 수 있지만 단위당 GDP 에너지 소모를 낮추는 것에 대한 역할은 제한적임을 알 수 있다. '12차 5개년 계획' 기간 동안에도 중국은 여전히 산업화 중·후기에 있기 때문에 산업화와 도시화는 여전히 고속 발전 단계에 처해있어 자원 에너지와 환경과의 갈등이 더욱 커지게 될 것이다.

'12차 5개년 계획' 기간 동안에도 대규모의 환경보호에 대한 투자는 여전히 지속되어야 한다. 리커창李克强 총리는 중국-유럽 도시화 파트너십 고위층 회의 개막식에서 '12차 5개년 계획' 기간 동안 중국의 환경보호 투자에 대한 누적액은 5조 위안을 넘을 것으로 에너지 절약과 환경보호 분야에 대한 투자와 발전 잠재력이 크다고 밝혔다.[16] 한 학자는 환경보호 투자 수요에 대한 자세한 평가를 통해 '12차 5개년 계획' 기간 동안 환경오염 투자관리 수요 잔액이 3조 4,000억 위안이며 향후 GDP누계 4조 8,000억 위안[17]을 효율적으로 견인할 것이라고 밝혔다.

'12차 5개년 계획'에서 암모니아질소와 질소산화물 구속성 지표를 새로 늘렸고, 기타 3개의 중요한 구속성 지표를 추가했는데, 각각 단위당 GDP 에너지 소모가 16% 감소했고, 단위당 GDP 이산화탄소 배출량은 17%가 줄었으며, 비 화석 에너지가 1차 에너지 소비에서 차지하는 비중

16   리커창, 〈 '12.5'기간 중국환경보호투자가 5조원을 넘을 것〉, 〈중국일보〉 2012년 5월4일, http://www.chinadaily.com.cn/hqcj/gsj/2012-05-04/content_5826884.html.

17   뤼위안탕, 천평, 우순쩌, 주젠화: 〈'12.5' 환경보호투자수요를 명확히 해 환경보호목표실현 보장〉, 〈환경보호〉 2012년 제8기(期).

은 11.4%에 달했다. 새로 첨가된 3개의 지표는 '12차 5개년 계획' 기간 동안의 환경보호 업무에 대해 심각한 도전을 수반했다. 새로운 상황에서 많은 새로운 환경 문제들이 중국에서 나타나기 시작했다. 창강삼각주, 주강 삼각지, 징진지 등 지역에 매년 100일 이상 스모그가 발생했고, 공기 중 미세먼지(PM2.5)의 연평균 농도가 세계보건기구 대기품질 권고치의 2~4배를 넘어섰다. 광화학 스모그 오염이 빈번하게 발생했다.[18] 지역경제의 통합, 환경문제의 연결성과 대기 순환으로 인해 지역 내 도시들 사이의 오염이 상호 영향을 주어 현행 환경관리모델에 큰 도전을 되고 있다. '높은 투자-에너지 다소비' 환경보호를 지속해 나간다면 에너지 소모와 비화석 에너지 비율의 지표를 지키고, 이산화탄소와 PM2.5 등 대기오염 물질에 대한 관리가 점점 힘들어지게 될 것이다.

　　환경보호 투자를 단일한 환경보호 목표와 결합하게 되면 에너지 낭비 뿐 아니라 더 심각한 오염을 초래한다. '11차 5개년 계획' 기간 동안 중국은 환경보호에 대한 전략적인 투자를 적극적으로 조정하고, 환경보호에 대한 투자의 절대량을 늘려 환경보호 투자 구조를 어느 정도 개선함으로써 '오염 물질 배출 감축'의 목표를 명확하게 했다. 하지만 환경보호가 에너지 절약을 하지 못하는 심층적인 원인을 찾아야 한다. 단순히 오염 물질 배출 감축만을 중요하게 생각하고, 비용과 에너지 소모를 계산하지 않는 환경보호는 회색 환경보호다. 회색 환경보호가 형성된 이유는 중국의 환경보호 사업성과 평가의 관본위(官本位: 권력이 모든 것을 지배한다는 사고 방식)제도와 관계가 있다. 관본위와 단일 목표의 환경보호 관념을 가지고 환

18　　환보부 환경규획원:< '12.5' 중점지역 대기오염 공동예방통제규획 편찬가이드(원고심사보냄) > http://www.caep.org.cn/air/DownLoad.aspx.

경보호에 대한 투자를 할 때 전체적인 것을 고려할 수 없었다.

도시의 오수처리를 예로 들어보자. 단일한 오염 물질 배출 감축 목표 속에서 도시 오수처리는 에너지 다소비 산업 중 하나로 부상했으며, 고비용에 비해 저효율을 보였다. 정부는 오수처리장 건설과 처리 성과에만 관심을 가지고, 오수장을 운영하는 데 사용하는 에너지에 대해서는 소홀히 했다.[19] 오수처리 기술과 설비를 선택하고 사용하면서 에너지 절약이라는 업무 목표를 정하지 않아 지속 가능성이 결여된다.

통용되는 오수처리 과정에서 오수 리프팅과 폭기 시스템, 슬러지 처리에서 주로 많은 에너지가 소모된다. 소모 에너지에 전기 에너지와 연료, 약제 등이 포함되는데 그 중에서 전기 소모 비율이 총 에너지 소모의 60~90%[20]를 차지한다. 이런 오수처리 과정은 에너지로 에너지를 소모하는 것으로 대량의 유기 탄소원organic carbon source을 소모하고, 잉여 슬러지가 많이 생겨 많은 이산화탄소를 대기 중으로 배출한다.

이 밖에 대형 오수처리장은 종종 대형의 에너지 다소비 설비를 이용하게 된다. 이 설비의 지나친 에너지 소모로 인해 오수처리산업 발전의 장애가 되고 있다. 중국의 도시 오수처리장의 평균 전력소모는 0.290 kWh/㎥로 20%에 가까운 오수처리장 전력 소모는 0.440kWh/㎥를 넘지 않는다. 이는 20세기 초의 선진국 혹은 더 이른 시기의 수준과 비슷하다. 이 수치로 봤을 때 에너지를 절약할 수 있는 잠재력이 크다는 것을 알 수 있다. 1999년 미국 오수처리장의 평균전력소모는 0.20kWh/㎥, 일본은 0.26

19 장원하오(張聞豪): 〈도시오수처리장 에너지절약시설과 최적화운영기술연구〉, 타이위안 이공대학, 2012년.

20 류지링(劉潔嶺), 장원쥐(蔣文擧): 〈도시오수처리장에너지소모분석 및 에너지절약조치〉, 〈녹색기술〉 2012년 제11기(期).

kWh/㎥이었다. 2000년 독일의 오수처리장 평균전력소모는 0.32kWh/㎥
다.[21] 오수처리를 하는 데 소모하는 전력이 많기 때문에 전기세가 올라가
면 많은 대형 오수처리장이 종종 경비부족으로 정상운영을 할 수 없게 되
었다. 대형 오수처리장에 대해 환경보호 투자를 많이 했지만, 낮은 운영
효율로 인해 투자 낭비를 초래하고, 많은 에너지를 소모하게 되었다. 이로
써 상당 부분의 환경보호투자가 충분한 환경 효과를 발휘할 수 없게 했다.

예를 들어 전자 폐기물E-Waste의 회수 처리에서 단일한 오염 물질 배
출 감축 목표에 따라 대규모 투자가 폐기물의 규모를 줄이는데 사용되었
고, 처리과정에서 유해물 누출로 인해 파생되는 환경문제를 무시했다.
현재의 전자 폐기물 처리방식은 주로 수작업 해체, 매장, 저온 소각(600℃
-800℃) 등 초보적 수단을 사용하고 있다. 컴퓨터, TV, 음향, 휴대폰 등 전
자제품에는 많은 유독물질이 함유되어 있기 때문에 저온 소각을 할 경우
푸란C,H,O, 폴리브롬화 다이옥신, 폴리브롬화 벤조PBDD와 같은 독극물
을 배출할 수 있다. 소각 후의 찌꺼기가 수자원과 공기를 오염시키고, 유
역의 중금속 오염을 초래해 이산화탄소 배출량을 증가시킬 수 있다. 매립
처리를 한 전자 폐기물이 토양에 스며들어 환경에 위협이 될 수 있다. 현
재의 최첨단 쓰레기 매립방법으로도 누출을 방지하기는 어려운데 표준이
높지 않고, 원시적인 쓰레기 매립 방법을 사용하면 위해물이 더 쉽게 흘러
나올 수 있다.

광둥성 최대의 폐가전제품과 전자 폐기물 집산지 산터우시汕頭市 구
이위진貴嶼鎮은 매년 100만 톤이 넘는 전자폐기물을 처리한다. 구이위진

21   양링보(楊凌波), 쩡쓰위(曾思育), 쥐위핑(鞠宇平), 허먀오(何苗), 천지닝(陳吉寧): 〈중국 도
      시오수처리장 에너지소모 규율의 통계분석과 정량식별〉, 〈급수배수〉 2008년 제10기(期).

의 강변 침적 물질을 추출해 화학 검사를 한 결과, 생물체에 심각한 해가 되는 중금속이 발견되었다. 바륨의 농도는 토양 오염 위험 임계치의 10배, 주석은 152배, 크롬은 1300여 배였고, 납의 수치는 위험오염기준의 200배였고, 물속의 오염 물질 수치가 음용수 기준의 수천 배가 넘었다.[22] 이렇게 오염을 초래하는 배출 감축 위주의 환경보호 투자는 무익할 뿐 아니라 도리어 해가 되는 것이다.

또한, 중국은 일부 환경보호업무와 순환 경제의 이념을 연결해 자원을 완전히 회수해 이용하는 데 많은 투자를 했다. 이 과정에서 많은 에너지 자원들이 추가로 낭비되었다. 순환 경제는 이론적으로는 타당성이 있지만, 실제로 자원을 회수하고 이용하는 데 일정한 비용 수익의 변곡점이 존재한다. 무한한 순환은 의미 없는 자원 증가와 비용 낭비만을 초래할 뿐, 진정한 의미의 에너지 절약과 환경보호를 실현할 수 없다.

이상의 사실들은 중국의 현재 환경보호업무에 대한 생각에 문제가 있음을 충분히 설명해 주고 있다. 중국은 하루빨리 사고의 전환을 통해서 환경보호와 에너지 절약 사업을 한데 묶어 환경보호 사업 실시를 위한 새로운 국면을 열어야 한다.

에너지 절약형 환경보호는 오염 물질 처리 능력과 에너지 소모 수준을 종합적으로 고려해야 한다. 오염 물질 배출 감축만을 목표로 하는 환경보호를 버리고 전체를 고려해 환경보호와 에너지 절약이 서로 상충되지 않도록 해야 한다. 에너지 절약형 환경보호와 관련해 국내외 학자들이 이미 많은 조사연구와 논증을 했다.

---

22   루양(路陽), 왕옌(王言): <중국전자폐기물의 현황과 관리대책 쉽게 분석>, http://www.cn-hw.net/html/sort068/201301/37401.html.

오수처리를 예로 들면, 오수처리를 위한 에너지 소모를 줄이고, 오수처리 능력을 향상시킬 수 있는 방법들이 많이 있다. 기존의 오수처리 절차를 유지하고 싶다면 주요 에너지 소모원이 무엇인지를 파악해 에너지 소모가 많은 설비를 하나씩 줄여 나가면 된다. 그리고 비 화석 에너지의 이용률을 확대시켜 에너지 소모를 높이고 오염을 감소시킬 수 있다. 전자는 오수처리의 각 과정에서 에너지 소모원에 대한 측정 평가만 추가해도 되기 때문에 기존 설비를 업그레이드하고 개조하기만 하면 된다. 설비 에너지효율을 제고시키는 것은 가장 직접적인 에너지 절약 수단이며 단위당 GDP 에너지 소모의 감소 목표를 실현하는 데 도움이 된다. 그리고 후자는 전망이 밝은 전략적 의의를 가지고 있어 단위당 GDP 에너지 소모의 감소 목표를 실현하는 데 도움이 될 뿐 아니라 이산화탄소 배출량을 줄이고, 비 화석 에너지원의 비율을 높이는 목표를 실현하는 데 유리해 '12차 5개년 계획' 기간 동안 환경보호사업이 각각의 목표를 달성하는 데 중요한 의미를 갖는다.

비 화석 에너지원은 온실가스 배출과 연기, 분진 등 대기오염 물질이 발생하는 것을 대폭 감소시킬 수 있다. 오수처리과정에서 바이오 메탄가스와 태양에너지 이용에 대한 많은 연구가 있다. 우선, 오수처리의 혐기조 과정에서 발생하는 대량의 메탄가스를 이용할 수 있다. 메탄가스 발전은 환경보호와 에너지 절약을 통합한 에너지 종합이용기술이다. 공업 오수가 혐기 발효처리 과정에서 발생하는 메탄가스를 이용해 메탄가스 발전기를 움직이고, 발전기의 여열을 충분히 이용해 메탄가스를 생산할 수 있다. 종합 열효율은 80% 정도로 30~40%인 일반 발전효율을 크게 웃돌기 때문에 경제적 효과가 뛰어난 공업 오수처리 방법이다. 독일의 오수처리에서 혐기조가 생산한 메탄가스의 이용률을 높여 에너지의 자급자족을 실현하고, 남는 에너지는 수출할 수도 있다[23]는 연구 결과가 있었다. 바이오 메탄가스의 생산량 향상을 위해 혐기조 공정을 개선할 수도 있다. 이밖에 오수처리 과정의 동력 설비를 태양에너지 발전 설비에 추가해 전통에너지를 대체함으로써 에너지 배출 감축 목표를 실현할 수도 있다. '오수원 열 펌프'를 통해 최초 오수의 열에너지를 더 이용할 수도 있다.

오수처리 과정을 개선하는 것 외에도 오수처리의 입지와 규모, 적응성 등에서 오수처리장의 운영 효율을 높여 비용을 절감하고 에너지 효율을 높일 수 있다. 오수처리는 가까운 곳에 공장을 건설하면 에너지 다소비, 높은 배출량 및 유휴 설비로 인한 낭비를 피할 수 있다.

오수처리에서 인공 습지의 수원 자연정화 방식을 채택해 바이오 수질 정화를 할 수 있고, 생물 다양성을 보호할 수도 있다. 인공 습지는 최근 수십 년간 발전해 온 오수 생태처리기술로 오수처리와 환경 생태를 유기적으로 결합해 오수를 효율적으로 처리하면서 환경을 미화하고 생태 경관을 아름답게 만들어 환경 효과와 일정한 경제효과를 가진다. 인공 습지가 발전하면서 그 특유의 장점이 사람들의 관심을 끌게 되었고, 생활 오수, 공업 폐수, 광산 및 석유 채굴 폐수 등 처리에 광범위하게 응용되었다.[24]

상술한 것처럼 단순히 오수처리 업무에서도 에너지 절약 및 환경보호 방법을 많이 찾을 수 있기 때문에 에너지 절약과 환경보호는 절대로 서로 대립하는 것이 아니다. 산업화 중·후기 오염 통제와 환경보호를 위해

---

23 N. Schwarzenbeck, W. Pfeifer, E. Bombal, lCan aWastewater Treatment Plant be a Powerplant? A case study, *Water Science and Technology*, 2008, 57 (10): 1555-1561.

24 황진러우(黃錦樓), 천친(陳琴), 쉬롄황(許連煌): 〈인공습지 응용에서 존재하는 문제 및 해결조치〉, 〈환경과학〉 2013년 제1기(期).

대규모 투자를 하는 과정에서 환경보호 업무를 '녹화綠化'하고, 에너지를 절약하는 녹색 환경보호를 실현해야 한다. 기술적 프로세스 부분에서 에너지 효율을 높이고, 비 화석 에너지의 이용률을 확대하고, 생태 효과를 종합적으로 고려해 폐기물과 폐기 가스를 충분히 이용하는 등 다양한 방법을 통해 에너지 소모를 줄이는 목표를 실현할 수 있다. 이를 위해서는 많은 전문적인 논증이 필요하다. 그보다 더 중요한 것은 단일한 목표를 가진 환경보호에 대한 생각을 전환해 환경보호에 대한 투자 자원을 더 집약적이고 합리적으로 이용해야 한다.

사고를 전환해 에너지 절약과 배출 감축이라는 환경보호 목표를 업무의 중점으로 삼는다. 전통적인 높은 투자 - 에너지 다소비 모델의 환경보호를 전환해 전체적으로 에너지 절약이 환경 보호보다 지속 가능한 발전 추세에 더욱 부합하도록 만들어야 한다. 에너지 절약과 배출 감축을 종합적으로 고려하고 다각도의 환경보호 사업 실적 평가에 대한 메커니즘을 채택해야 효율적인 에너지 이용, 이산화탄소 배출 감축과 비 화석 에너지 이용 등의 각종 환경보호 목표를 실현할 수 있게 된다.

제4장

조화로운 도시화

조화로운 도시화

중국의 도시화는 기나긴 대규모의 영향력이 큰 과정이다. 규모적인 면에서 2010년 초 중국의 도시인구수는 EU의 배를 초과했고, 2030년에는 경제협력개발기구(OECD)의 도시 인구수와 대체적으로 비슷해지고, OECD 전체 고소득 회원국의 도시 인구수를 훨씬 상회할 것으로 예상된다. 농촌에서 도시까지의 문명전환으로 꼽히는 산업 문명의 발전 모델은 낮은 생산력을 가지고 피동적으로 자연에 순응하는 농업 문명의 발전 모델을 타파해 도시의 부 확장과 인구 수용력이 사회 경제 발전의 수요를 지탱 가능하도록 만들었다. 1978년 OECD 전체 고소득 국가의 도시인구는 6억 1천만 명이고, 중국은 1억 8천만 명인 것으로 집계됐다. 35년 후 전자는 8억 6천만 명, 후자는 7억 2천만 명으로 늘어나 순증가 규모는 각각 2억 5천만 명과 5억 4천만 명에 이를 것이다. 중국의 도시화 수준이 OECD의 평균 수준에 이르거나 근접하려면 중국은 4억 정도의 신규 도시 인구가 있어야 한다. 선진국의 도시화 과정이 세계 경제와 환경에 미치는 충격은 크다. 중국 도시화의 인구 규모와 시간 과정은 경제 글로벌화를 배경으로 확대되어 중국의 경제와 사회 및 환경에 큰 영향을 미쳤을 뿐 아니라 세계의 지속 가능한 발전에도 깊은 영향을 미쳤다. 도시화 발전모델이 더욱 조정되거나 전환되지 않는다면 중국의 도시화 과정은 제약을 받게 되고, 거대한 사회적 리스크와 자원 환경의 리스크에 직면하게 될 것이다.

중국의 환경관리와 생태건설

제1절 도시화 과정

세계적으로 산업 문명 발전 모델에서의 도시화는 기술과 투자의 제약보다는 인적 발전과 자원 환경의 제약을 더 많이 받는다. 이러한 거시적 차원의 이해는 중국에서 그 특징이 더욱 두드러진다. 중국의 도시화는 생활을 더 아름답게 하기 위해 도시와 농촌 주민의 사회 복지, 경제 전환과 업그레이드, 발전 방식의 전환, 나아가 에너지 안보와 기후 안보, 환경 안보 등 제반 분야와 관련된 환경의 지속 가능을 요구한다. 따라서 협의의 기술 차원을 넘어선 정책적 고려가 필요하고, 사회경제와 자원 환경을 전반적으로 생각하는 거시적인 차원으로 중국의 도시화 과정을 분석하고 이해해야 한다.

1. 도시화의 이원화 특징

중국의 도시화는 1949년 신중국 출범 당시 11%에서 개혁개방 초기에는 17%로 30년간 6%가 성장했다. 1960년대 초의 마이너스 성장과 문화대혁명으로 인해 수천만 명의 도시 중·고등학교 졸업생들이 일자리 부족으로 도시를 떠났다. 도시와 농촌의 소득 수준과 사회 서비스, 발전 기회 등의 차이로 인해 중국 정부는 호적관리라는 행정수단을 통해 도시인구의 과속 성장을 통제하기 위한 차원에서 도농 이원화 제도를 마련했다. 개혁개방 후 호적 제도가 개방되지는 않았지만 인구의 자유로운 유동에 대한 규제가 점차 완화되면서, '땅은 떠나도 고향은 떠나지 않던 것'에서 농업 인구의 대규모 이전까지, 도시화 과정이 지속적이고, 안정적으로 빠르게 추진되어 2010년대에 들어 중국의 도시화 수준은 50%를 돌파했고, 연간 1%로 속도와 규모가 높아졌다. 2014년 발표된 〈국가신형도시화계획 2014-2020〉은 2020년에 들어서면 도시화 수준을 60%로 높일 것이라고 제기했다. 이 과정이 지속되어 2030년 전후가 되면 중등 선진국의 70% 정도의 수준에 달하고, 신규 도시인구는 약 3억 명에 이를 것으로 각종 예측에서도 전망했다. 도농 이원화 호적 제도의 제약으로 인해 통계적 의미의 도시인구 7억 2,000만 가운데 약 2억 6,000만 명의 농업 이동 인구가 아직도 거주지 호적 인구의 시민화를 실현하지 못했다.

개혁개방 후 30년 동안은 외수 주도형의 산업화가 견인하는 피동적인 도시화였다면, 2010년대는 시민화로 내수가 향상되면서 내수가 산업화를 견인하는 능동적인 도시화라고 할 수 있다. 2030년이 되면 신규 도시 인구와 시민화 인구 규모는 5억 6,000만 명에 달해 EU 28개국 전체 인구보다 많고, 도시 인프라와 사회 서비스가 필요한 신규 인구는 연간 평균 2,500만 명을 초과할 것으로 전망된다. 대규모의 지속적인 도시화와 시민화 과정은 중국의 경제 성장과 업그레이드를 위한 거대하면서도 지속적인 동력 원천을 구축하게 된다.

유엔개발계획UNDP과 세계은행WB 데이터에 따르면 인간개발지수 HDI가 상위권에 속하는 국가들의 평균 도시화 수준은 80%를 웃돌았고, 중상위 수준 국가는 74%, 중저위 수준은 약 44%였고, 전준위 수준 국가는 34%였다. 2013년 중국의 HDI 순위는 중등 선진국 수준에 해당하는 91위에 머물렀다. 하지만 베이징과 상하이는 이미 HDI 상위권 반열에 들었다. 도시화와 HDI는 직접적인 연관성이 있다. 민족 부흥의 중국 꿈을 실현하고, 도시화의 질과 수준을 높이는 것은 현실적으로도 중대하고, 도전적인 미래 발전을 위한 전략적인 임무이다.

도시화는 어느 정도 화석 에너지에 의존해 건설되고 운행되었다. 2010년, OECD 회원국의 총인구는 약 12억 3천만 명이고 도시 거주 인구는 약 10억 명, 에너지 소비 총량은 54억 1,000만 톤(석유환산톤: Ton of

Oil Equivalent)에 달했다. 개혁개방 초기 에너지 소비가 5억 톤 미만에서 2000년 10억 톤, 2010년 24억 7,000만 톤으로 껑충 뛴 것은 도시화 과정에서의 에너지 소비 성장 속도와 발자취를 반영한다. 2030년이 되면 중국 인구는 14억 명에 달하고, 그 중 도시 거주 인구가 10억 명에 이를 것으로 예상된다. 2010년 OECD 회원국의 도시인구 1인당 평균 에너지 소모량에 따라 2030년 중국의 14억 인구가 필요로 하는 에너지 총량은 60억 톤에 달할 것으로 추산된다. UN 산하 '기후변화에 관한 정부간 패널(IPCC) 제5차 평가보고서(AR5)'에서는 이산화탄소 배출에 따른 기온상승 효과가 더욱 뚜렷해지기 때문에 탄소를 대폭 감축해야 한다고 지적했다. 2010년대에 들어서 중국의 탄소 총 배출량은 세계의 1/4이상을 차지했고, 1인당 평균 배출량도 EU의 평균 수준에 근접했다. 전국을 뒤덮은 스모그의 주요 원인은 화석연료의 연소로 인한 것이다. 에너지 안보, 기후 안보, 환경 안보를 막론하고 중국의 도시화는 지금도 그렇지만 미래에도 저탄소의 길을 걸어야만 한다.

2. 조화로운 도시화가 내포하는 의미

중국의 환경과 부존자원은 소모가 심하고 배출량이 높은 지금의 조방형 도시화 발전 방식을 지탱하기는 부족하다. 토지, 에너지, 수자원의 부족과 환경 악화 등 제반적인 도전들은 도시화의 규모와 수준, 공간 구도와 방법을 선택하는 데 있어 여러 가지 제약요인으로 작용했다. 물이 없는 고비사막에 도시를 건설할 수 없다. 현대와 같은 에너지 서비스가 없으면 소도시나 대도시가 정상적으로 운영될 수 없다. 에너지 절약과 감축에 의존하는 것만으로는 도시의 지속 가능한 발전 능력을 근본적으로 향상시킬 수 없으므로 전략적 차원과 거시적 측면에서 문명 발전의 규칙을 총체적으로 전환하는 것이 필요하다.

  첫째, 공간과 규모의 구도적인 조화가 필요하다. 1990년대 이후 중국의 도시화 과정 중, 인구의 이동은 베이징, 상하이, 광저우 등 메가시티(인구 1천만 명 이상이 거주하는 도시)와 지역 중심도시로 확대되었고, 규모가 클수록 팽창 속도가 빨라져 메가시티로 발전하는 도시화 '분극화' 현상이 나타났다. 이들 도시에서 나타나고 있는 갈수록 심각해지는 '도시병'은 거대도시의 과도한 분극화 확장을 유발했고, 도시발전 규모의 비경제화를 초래해 도시발전의 경계를 제약한 것이 유명무실하게 되었음을 보여준다. 베이징, 상하이, 광저우 등 거대 도시와 메가시티의 인구규모, 부지, 용수, 에너지의 사용량과 부동산 가격이 환경 수용력과 사회적 수용력을 초과하면서 전국의 대규모 금융자본을 흡수했고, 소도시 발전에 필요한 많은 자원을 강제로 점거함으로써 중국의 도농간, 동부와 중서부 사이, 대·중·소 도시 사이의 불균형한 발전 상태를 심화시켰다. 이미 과부하된 메가시티는 관할지역 범위 외의 전국 또는 지역 인구의 고등 교육, 문화, 의료 등의 서비스를 떠안아야 했고, 이는 도시 교통체증과 환경의 질 악화, 심각한 수원 부족과 과도한 에너지 소모를 초래했다. 환경보호 공보 데이터에 따르면 2013년 중국 정부가 새로운 표준[01]을 사용해 징진지(京津冀: 베이징, 톈진, 허베이의 약칭), 창강삼각지, 주강삼각지 등 중점지역 및 직할시, 성 정부 소재 도시와 중앙 직속 중점 계발 도시 74개 도시의 SO$_2$, NO$_2$, PM10, PM2.5의 연평균 수치를 모니터링 한 결과 남해, 동해 및 칭짱靑藏고원에 위치한 하이커우海口와 저우산舟山, 라싸拉薩 등 규모가 작은 3개 도시의 공기 질만이 기준에 달했고, 95.9%의 도시가 기준을 초과한

---

01   〈환경공기질 표준〉(GB3095-2012).

것으로 나타났다. 징진지 지역에서 PM2.5가 심각한 기준 초과되었던 날이 가장 많았고, 비중은 66.6%였다. PM10과 O_3로 각각 25.2%와 7.6%였다. 지나치게 큰 도시 규모에 미흡한 계획으로 인해 교통체증이 유발되어 베이징, 상하이, 톈진, 선양, 시안, 청두의 출퇴근 시간이 평균 1시간 늘어나게 되었고, 특히 베이징은 무려 1.32시간[02] 이상이 늘어났다. UBS 그룹이 2014년 런던, 뉴욕, 도쿄, 베이징, 상하이 등 메가시티를 대상으로 자동차 속도 조사를 실시한 결과, 런던 도심의 차량 평균 속도가 시속 29km로 도로교통 상황이 가장 나은 것으로 나타났다. 그 다음은 뉴욕과 싱가포르로 시속 24.9km였다. 중국 도시의 평균 주행 속도가 가장 낮았는데 그 중 베이징의 평균 속도는 시속 12.1km로 최저치를 기록했다. 그 다음은 상하이(시속 16.3km), 광저우(시속 17.2km), 청두(시속 18.0km), 홍콩(시속 20.0km), 우한(시속 20.4km) 순이었다. 공간과 규모가 조화롭게 이루어진 도시화를 해야 도시 사회 서비스의 현지화를 촉진할 수 있고, 도시 자원의 과도한 분극화로 인해 야기되는 도시병을 줄이고 해소할 수 있다.

둘째, 자연의 법칙을 따라야 한다. 도시화 발전이 자연의 법칙을 따르고, 생태 균형의 원리에 부합해야 하며, 현지의 환경용량과 기후용량 및 자원 수용력과 맞아야 한다는 것은 과학적인 발전관의 요구이고, 도시화가 저탄소 요건에 맞는지를 판단하는 기준이다. 황허 상류와 중류의 일부 가뭄 지역과 반가뭄 지역은 심각한 수자원 부족으로 황허의 물과 지하수를 대량으로 끌어와 산수 경관, 습지공원, 인공 녹지를 조성했다. 표면적으로는 친환경적이고 생태적인 것으로 보이지만, 실질적으로는 고탄소 개발이다. 그 이유는 도시의 황량한 산과 땅의 녹화 문제를 해결하기 위해

02   2012년 베이징대학 사회조사연구센터와 자오핀닷컴(Zhaopin.com/智聯招聘)의 조사.

물을 마구 끌어오는 등, 거대한 에너지 소모에 의존한 녹화를 실현하고 유지했기 때문이다. 이는 자연의 법칙에 맞지 않을 뿐 아니라 저탄소 개발이 아니다. 많은 대도시들이 경쟁적으로 '세계 최고층 빌딩'을 지었다. 창사는 높이 838m의 '하늘 도시'를 건설했다. 표면적으로는 토지의 집약적인 이용으로 보이지만 실제로는 빌딩을 세우고, 유지하는 데 드는 에너지 소모와 환경에 미치는 영향은 적당한 높이의 건물을 세우는 것을 훨씬 능가한다. 조화로운 도시화를 위해 현지의 장단점에 대한 깊은 분석을 통해 현지의 특징과 기존 자원을 이용해 현지의 생태 용량과 자원 수용력의 레드라인에 맞는 현지 산업을 발전시키는 것이 필요하다.

셋째, 인본을 중심으로 해야 한다. 이윤추구의 산업화와 도시화는 지속 가능한 고용을 배척하고, 환경을 오염시키며, 농업 이전 인구의 시민화를 제약하고, 도농 소득 격차를 확대했다. 도시가 형태적으로 공간적으로 확장되었지만 사람 중심, 국민을 위한 행복 증진의 취지를 구현하지 못했을 뿐 아니라 도시의 건강한 발전을 저해했다. 제11차 5개년 계획 기간 동안, 중국의 산업 에너지 소모는 표준석탄 2005년 15억 9,500만 톤에서 2010년 24억 톤으로 늘어나 사회 전체 소모량에서 73%의 비중을 차지했다. 철강, 비철금속, 건축재료, 석유화학, 화학공업과 전력 등 6대 고소모 에너지 산업의 에너지 소모가 총 산업 에너지 소모에서 차지하는 비중은 71.3%에서 77%로 상승했다. 선진국의 산업 소모량은 전체 소모량의 30% 가량이고, 생활의 질을 구현하는 교통과 건축은 각각 30%와 40%를 차지한다. 중국은 급속한 산업화와 도시화 단계에서 에너지 소비가 필요한 구조에 처해 있다. 이는 중국의 도시화 과정이 느리고 어렵다는 것을 반영하고, 생활의 질을 향상시키는 조화로운 도시화가 시급함을 방증한다. 도시화는 중국 현대화 건설을 위한 역사적인 임무이고, 내수 확대의 최대 잠재력이다. 서비스 산업의 대대적인 발전을 통한 산업구조 전환으로 투자 주도에서 소비 주도로 바꾸고, 도시화의 질과 품질의 향상을 추진함으로써 산업화와 GDP 지표만을 단순하게 추구하는 것을 방지해 인간과 자연, 인간과 사회의 조화를 이루는 도시화 과정을 관철할 수 있다.

넷째, 녹색 마을과 전원이 있는 자치 도시화를 해야 한다. 지난 30년간 중국의 대규모 공업, 대도시 건설 위주의 도시화로 인해 많은 산수와 전원, 저탄소, 생태와 조화를 이룬 소도시와 마을이 자취를 감추게 만들었다. 유한한 대도시의 공간에서 인구와 경제, 오염 물질 배출의 밀도가 높고 강도가 커지면서 객관적으로 자연과의 조화에는 어려움이 있긴 하지만, 유적지를 보존하고, 녹지를 늘리며, 옥상에 녹화를 하는 방법을 통해 살기에 편리한 환경을 만들 수 있다. 도시화 수준이 70%에 이르지만 아직도 4억 명의 인구가 농촌에서 생활하고 있다. 이들도 동등한 사회 서비스를 누려야 한다. 녹색 지역 자치 도시화는 농촌이 자발적으로 참여하는 도시화가 되어야 현지의 농민 문제를 더 잘 해결할 수 있다. 농촌은 분산식 에너지 응용, 저비용 높은 복지의 녹색산업, 소규모의 유기적으로 다양한 농장 등의 경제모델을 가지고 있는 장점이 있다. 녹색 지역 자치 도시화는 현지에서 소화하고 공급을 실현할 수 있는 진정한 저탄소의 환경보호, 에너지 절감과 순환을 하는 조화로운 도시화의 모델이다. 마을과 조화를 이룬 도시화를 통해 농촌을 사람들이 바라는 도시로 바꿀 수 있다.

3. 도시화의 전환과 발전

조화로운 도시화로 전환하고 발전하려면 시민화, 에너지 절약, 재생에너지, 경기 진작 등 기술적인 측면의 선택을 고려해야 한다. 하지만 기술적인 선택은 전략적인 방법을 기반으로 해야 하고, 근본적으로 생태 문명의 패러다임 하에서의 전환과 발전을 지향해야 한다.

산업 구조의 고도화와 업그레이드 추진에 힘써야 한다. 산업화가 주도하는 특징을 가진 중국의 도시화에서 공업이 대체적으로 도시의 기틀과 주체가 되어 있기 때문에 조화로운 도시화를 위해서 산업구조의 저탄소 전환을 고려해야 한다. 중국 도시의 저탄소 발전은 저장량 업그레이드와 개조뿐 아니라 증가량을 최적화하고 조절하는 문제도 있다. 첫째, 저탄소형 신흥 산업을 대대적으로 발전시켜 산업 증가량의 저탄소화를 실현해야 한다. 도시의 조화로운 발전에서 저탄소는 강한 구속력을 가지는 어려움이 있다. 우선, 산업 증가량에서 에너지를 과다하게 소비하고, 폐기물 등을 과도하게 배출하는 업종이 지나치게 팽창하는 것을 규제하고, 저탄소의 특징을 지닌 신흥 산업, 특히 에너지 절약 환경보호, 차세대 정보기술, 바이오, 첨단 장비 제조, 신에너지, 신소재 및 신재생에너지 차량 등 전략적인 신흥 산업을 대대적으로 발전시켜 이산화탄소의 배출을 근본적으로 줄여야 한다. 둘째, 고탄소형 전통산업을 개선하고 향상시켜 산업의 저탄소화를 실현해야 한다. 중국은 '과다한 에너지 소모와 오염 물질 배출, 저효율의 심한 오염'을 일으키는 전통 산업이 여전히 주도적인 위치를 차지하고 있다. 따라서 전통산업을 개선하고 향상시키는 것이 도시의 저탄소 발전을 실현하는 데 중요한 역할을 한다. 기존 산업에 대한 조정과 개조, 전환과 업그레이드는 도시의 산업 구조를 최적화하고 저탄소 경제모델로의 발전을 추진하는 또 다른 중요한 방법이다. 마지막으로 현대 서비스업 발전을 가속화하고 3차 산업 구조의 저탄소화를 추진해야 한다. 통계에 따르면 전국 공업의 평균 탄소 배출 강도가 서비스업의 약 5배인 것으로 나타났다. 따라서 도시 경제에서 서비스업의 비중을 높이고 공업이 차지하는 비중을 낮추어 배출량이 많은 2차 산업에 지나치게 의존하는 도시 발전을 줄이는 것은 도시화 과정에서 산업구조의 업그레이드를 실현하고, 저탄소 경제발전을 촉진하는 효과적인 방법이다.

소비와 생활 패턴을 전환해야 한다. 도시화의 조화로운 발전은 도시의 주체인 주민의 생태 문명 전환이 필요한데 이는 소비와 생활 패턴, 사고방식과 지역 발전의 권익 등과 관련이 있다. 도시 주민의 소비와 생활에 대한 수요와 생각은 의식주, 이동, 사용, 의료, 교육, 수명, 여가 등 9개 분야를 포함한다. 이 가운데 의식주와 사용, 이동 5개 부분의 물질적 측면의 소비는 자원과 환경에 대한 양적 의존도가 비교적 높고, 나머지 정신적인 차원의 소비는 자원과 환경에 대한 질적 요구가 비교적 높다. 도시화로의 전환과 발전은 생활 소비 패턴의 전환을 통한 이성적인 물질 소비를 유도하고, 건강, 퀄리티가 자원 환경 수용력과 서로 적응해 생활에서 정신적인 수요가 자연생태와 조화를 이루도록 해야 한다.

집약적이고 스마트한 녹색 발전을 강화한다. 집약적인 자원 이용 모델과 조밀한 도시 형태는 조화로운 저탄소 도시 건설의 기본적인 수요이다. 집약화된 토지이용을 통해 자원의 점용과 낭비를 줄이고, 토지 기능의 혼합적인 사용, 도시 활력 회복 및 공공 교통 정책의 추진과 지역사회의 생태화 조치를 실현함으로써 자연 자원에 대한 간섭과 점용을 줄이고, 자연 생태 요소들이 도시에 남아 도시 개발 과정에서 서로 융합되면서 조화로운 발전을 보장한다. 스마트한 기술 설비는 조화로운 저탄소 도시 건설을 위한 강력한 기술적인 버팀목이 된다. 사물인터넷(IoT)과 인터넷을 통해 도시 자원을 통합하는 스마트화 사업은 빠른 계산 분석 처리를 통해 트워크 내의 사람과 장비, 인프라, 특히 교통, 에너지, 상업, 안전, 의료 등 공공 산업을 실시간으로 관리하고 통제할 수 있다. 친환경 빌딩(그린빌딩)은 자원을 최대한 절약하고, 환경을 보호하며, 오염을 줄일 수 있다. 또한 건강하고 사용에 적합하며 고효율적인 업무 및 생활 공간을 제공할 수 있다. 녹색 교통은 공해가 적고, 도시 환경의 다양화에 도움이 되는 교통 운송시스템을 구축함으로써 건설 및 유지 보수 비용과 에너지 소비를 절감한다. 미시적 차원의 친환경 빌딩 설계와 중간Meso 레벨의 녹색교통 설계는 메크로 레벨에서 조화로운 저탄소 도시 설계의 중요한 주안점이 된다. 따라서 집약적이고 스마트한 녹색 설계는 도시화 과정에서 천연 자원, 거주 조건, 교통 상황, 업무 환경 및 휴식 공간 등 제반 문제를 과학적으로 해결하는 것을 가능하게 해 자원을 최대한 절약하고, 환경을 보호하고, 오염을 줄일 수 있어 조화로운 저탄소 도시화를 원활하게 순조롭게 추진할 수 있게 한다.

과학적인 계획에서 조화로운 요소를 정층설계에 포함시켜야 한다. 중국의 부존자원과 기후용량의 기본 구도는 중국이 미국처럼 공간은 확장하고, 낮은 밀도의 계획과 발전 방식을 추진할 수 없도록 만들었다. 사실, 상대적으로 느슨한 환경용량 제약에 의해 형성된 미국의 도시 발전은 전형적인 높은 에너지 소모, 고탄소 배출 모델을 만들면서 미국식 고탄소 잠금효과Lock-in Effect를 정착시켰다. 고탄소 잠금효과를 방지하기 위해 합리적인 도시화 개발 계획을 세우고, 생태 문명의 개념과 원칙을 도시화 계획과 개발 과정에 통합시켜야 하며, 기후용량과 탄소의 예산 제약을 고려해야 한다. 합리적인 도시화 개발 계획은 생태적 수용력을 준수하고, 탄소 예산 제한을 집행해 자연 회복능력을 가진 저탄소 연성Ductile 도시를 건설하는 것이다. 저탄소 연성 도시는 도시 정비와 계획 설계에서 온실가스 감축과 기후 재해 리스크 대처 등을 고려해 적응 관리 개념을 채택해 생태적 무결성과 지속 가능한 도시 건설의 목표를 달성하는 것을 가리킨다. 저탄소 연성 도시는 전통적인 도시 관리 모델과 이념을 전환해 목표와 정책, 수단 등에 대해 협동 관리를 해야 한다.

대중 참여 제도 건설을 강화한다. 조화로운 도시화의 핵심은 인간과 자연의 조화이다. 시민들의 광범위하고, 자발적인 참여와 권위 있는 참여가 필수적이다. 조화로운 도시화 전환은 도시 주민의 생각과 행동의 조정과 변화를 필요로 한다. 폭넓은 참여가 없으면 아무리 좋은 이념이라고 해도 폭넓게 수용되고 인정받을 수 없으며, 광범위한 행동은 더더욱 바랄 수 없다. 이런 참여는 피동적이 아니라 능동적이어야 한다. 조화로운 전환에 대한 생각과 행동을 시민들이 자각하고 동기부여를 받아 자발적으로 폭넓게 참여하게 된다면 전환 행동과의 조화를 촉진할 수 있다.

제2절 지속 가능하고 살기 좋은 도시

대규모 인구의 클러스터식의 발전은 중국 특색의 도시화 과정에서 두드러지는 특징으로 특정 자연 자원 구도와 생태 용량에서 사회와 경제 및 환경을 발전시킨 필연적인 결과이다. 이러한 대규모의 클러스터식 도시 발전은 지속 가능성과 주거 수준 향상에 도움이 되었다. 하지만 사회와 경제, 환경의 지속 가능한 발전과 주거의 질에 심각한 도전이 되기도 했다. 거대도시의 사회적 지배구조에서 지속 가능하고 살기 좋은 주거에 대한 전반적인 질과 수준을 개선하고 향상시키기 위한 혁신이 시급하다.

세계적으로 백만 명 이상의 인구를 가진 도시(거대도시)는 그리 많지 않다. 천만 명을 넘는 도시도 손에 꼽을 정도다. 2천만 명 이상의 도시는 중국에서만 나타나고 있고, 5천만~1억 명 규모의 도시들은 창강삼각지, 주강삼각지, 환보하이環渤海 지역에 있다. 거대도시가 중국 도시화 과정의 특징과 결과가 될 수 있었던 이유는 합리적인 근거와 내부 역학적 메커니즘이 있었기 때문이다. 중국의 지형, 특히 강수량 패턴으로 형성된 후환융 胡煥庸 인구 분계선은 중국 서북의 환경용량은 유한하고 인구 수용력이 비교적 낮은 반면, 동남부에는 고산 구릉 지대가 있기는 하지만 환경용량이 상대적으로 충분하고, 인구 수용력이 비교적 높다는 것을 나타낸다. 중국의 거대한 인구 기반과 고도로 집중된 사회 경제 활동, 고도의 인구 집중은 사회, 경제, 환경 발전을 위한 필연적인 선택이 되었다.

경제학적 의미에서 볼 때, 거대도시의 발전은 불완전한 경쟁으로 수익을 늘리는 비교 우위를 가진다. 비대칭적으로 정보를 독점하고 자원을 점유할 수 있는 도시들이 경쟁 우위를 가지게 되면서, 이러한 도시들이 확장되어 규모의 경제를 더욱 강조하게 만든다. 우리가 살기 좋다고 말하는 것은 안정된 생활을 누리며 즐겁게 일하는 자연 생태 환경을 가지는 것에 지나지 않는다. 도시 상하수도, 도로 교통, 주택건설 등 실물 인프라는 편한 삶을 위한 물질적인 토대를 제공하고, 도시의 교육, 문화, 의료, 상업과 스포츠 등 사회 서비스 인프라는 살기 좋은 거주를 위해 기본적인 사회 서비스를 보장한다. 그리고 도시 경제의 운영은 많은 안정적인 취업 기회를 제공하고, 미적이고 인문학적 역사의 의미를 담고 있는 도시의 풍경과 자연 속에서 사람들이 편안하고 즐겁게 살 수 있도록 한다. 이것이 사람들이 도시를 동경하는 이유이다. 왜냐하면 도시가 살기 좋은 이점을 가지고 있기 때문이다.

도시의 규모 효과는 지속 가능한 장점을 가지고 있다. 첫째, 자연자원을 집약적으로 이용할 수 있다. 한정된 도시 공간에서 고밀도의 생산과 집약된 소비 활동으로 토지, 물, 에너지의 이용 효율이 높아 경제적인 수익이 크다. 가령 에너지 소모량이 많은 난방은 대도시에서 집중적으로 난방을 할 수 있을 뿐 아니라 열에너지를 공급하고 여열도 이용할 수 있어

중국의 환경관리와 생태건설

단위면적당 도시의 난방 비용과 에너지 소모가 모두 소도시나 농촌보다 훨씬 우수하다. 둘째, 거래비용을 줄일 수 있다. 도시, 특히 거대도시는 정보가 집중되고 만들어지고 전파되는 중심으로써 빠르고 정확하고 권위 있는 정보가 있고, 정보 획득 비용이 낮다. 거대도시는 지리적 공간이 상대적으로 협소하기 때문에 사회 교제와 문화 전파, 화물 운송, 교통 등을 비교적 짧은 거리에서 적은 비용으로 빠른 속도로 실현할 수 있다. 셋째, 규모 효과를 높일 수 있다. 규모가 비교적 큰 병원이나 학교, 상업시설은 서비스를 이용할 일정한 수의 인구가 필요하다. 지역 도서관은 규모가 그리 크지 않기 때문에 제공하는 서비스의 내용과 수준이 제한적일 수밖에 없다. 큰 체육관과 문예 예술단체들이 대부분 대도시, 특히 거대도시에 집중되어 있는 이유를 설명하는 대목이기도 하다. 도시의 생활 쓰레기 소각장 건설도 일정 규모의 인구와 소비가 있어야만 충분한 양의 원료를 생산할 수 있다. 넷째, 기술 혁신이다. 정보량이 크고 과학기술과 시장이 발달했기 때문에 도시는 과학기술 혁신의 원천이자 중심이다. 따라서 어떤 의미에서 도시는 지속 가능한 발전을 촉진하는 데 긍정적인 역할을 한다고 할 수 있다.

도시는 삶을 더 낫게 하지만, 다양한 '도시병'의 출현과 악화는 많은 도시인들을 곤혹스럽게 하면서 스스로 반성을 하고, 전원생활을 동경하게 만든다. 도시, 특히 거대도시는 자연의 산물이 아니며, 전통적인 농업 사회가 지탱할 수 있는 것도 아니다. 역사적으로 최초의 인구 100만 명 이상의 거대도시였던 당나라의 수도 장안長安이 지속적으로 번영을 구가할 수 없었던 이유에 전쟁과 정치적인 것도 있었지만, 그보다 더 중요한 것은 자원과 환경 수용력이 장안의 주거와 지속 가능한 물질적인 버팀목이 되지 못했기 때문이다. 산업혁명에 의해 추진된 산업화 과정은 도시 규모 확장의 기술적인 병목 현상을 해소했지만, 도시 규모의 확장이 기술 실현 공간보다 크거나 자연 총량의 엄격한 제한을 초과하게 되면 '도시병'이 필연적으로 발생하게 되는데 이를 관리하지 않는다면 더 심각해질 수밖에 없다.

살기 좋은 도시가 직면한 도전은 리스크 방어 능력이 취약하다는 것이다. 도시의 규모가 클수록 점유하는 지역과 공간도 커지고, 인구밀도도 높아지며, 매몰 비용의 규모도 거대해지고, 도시 시스템 요소의 연관성이 강해지면서 도시의 사회, 경제, 환경의 취약성은 도시 규모가 확장됨에 따라 계속 증대된다. 최근 강도가 심해진 잦은 폭우로 도시는 배를 타고 다녀야 할 정도로 물바다로 변하고, 교실에 물이 차는 등, 물과 전기가 끊어지고 먹을 것이 없어도 집 밖을 나갈 수 없는데 어떻게 편안히 살 수 있겠는가? 10년, 20년에 한 번 있는 일이고 이미 지나간 일이라 해도 그때를 생각하면 아직도 가슴이 철렁 내려앉는다. 태풍이나 지진 등 자연적인 이유 혹은 기술적인 이유로 전기가 끊어져 고층 빌딩에서 엘리베이터가 작동하지 않으면 사람들은 빌딩을 쳐다보며 한숨을 쉴 수밖에 없다. 둘째, 환경오염이다. 대자연은 푸른 하늘, 녹지, 맑은 물이란 생활환경을 주었지만 우리의 생산과 생활로 인해 도시의 생태환경은 민둥성이 땅에 스모그와 수질오염이 발생하고, 수자원이 고갈되었을 뿐 아니라 쓰레기로 뒤덮이게 되었다. 셋째, 지나친 생활 공간의 압축이다. 자연의 일부인 인간에게는 일정한 생활공간이 필요하다. 빽빽하게 밀집된 고층 건물에 사는 사람들이 한 칸짜리 아파트를 구매할 수 있다고 해도 실제로는 빈털터리나 마찬가지다. 북향집은 1년 사계절 햇빛을 볼 수 없다. 지하철은 사람으로 붐비고, 심한 교통체증에 병원은 침상이 부족하며, 유치원은 정원 제한을 한다. 심한 경쟁으로 스트레스를 받는 삶에서 편안함을 얻을 수 없다. 넷째, 빈부격차 확대이다. 도시에는 먼저 부자가 된 사람이 있게 마련

중국의 환경관리와 생태건설

이다. 슈퍼 리치 그룹들은 양질의 자원을 점유하고, 좋은 환경에서 호화로운 생활을 영위한다. 하지만 도시 주변에 사는 많은 취약계층은 최소한의 체면과 존엄이 부족한 생활을 한다. 양극 그룹의 공존은 제약을 받지 않기 때문에 필연적으로 조화로운 도시 사회의 형성을 어렵게 만든다.

도시의 살기 좋은 주거 역시 지속 가능에 대한 도전을 구성한다. 도시가 충분한 리스크 방어력을 갖추지 못해 재해로 인한 손실을 회복시킬 수 없다면 지속 가능하지 못한 것이다. 환경의 자정능력을 초과한 환경오염으로 인해 자연의 생산력이 퇴화되고 생물의 다양성이 사라지게 되면서 우리도 생존할 환경을 잃게 될 것이다. 빈부격차 확대는 사회 분배의 문제 같지만 실제로는 부정적인 지속 가능을 내포하고 있다. 부자가 자원을 낭비하고, 재생 불가능한 자원을 많이 소모해도 가난한 사람들은 환경을 보호하고, 효율을 높일 능력이 없기 때문에 지속 가능함에 대한 도전이 된다. 만약 상술한 도전이 점진적이고 단기적인 특징을 가지고 있다면, 일부 장기적이고 전략적인 도전은 도시의 생존과 운영에 더욱 영향을 미친다. 첫째, 에너지 안보이다. 도시는 산업화의 산물이다. 산업화의 에너지 기초는 광물연료이다. 화석 에너지의 매장량은 유한하고 재생 불가능하다. 중국의 에너지 소비는 개혁개방 전에는 연간 6억 톤에도 미치지 못했으나, 2012년에는 36억 톤을 초과해 미국을 제치고 세계 최대의 에너지 생산국과 소비국이 되었다. 반면 중국 화석 에너지의 확인된 매장량과 연간 채굴량을 비교하면 석유는 11년이 남았다. 석탄 매장량은 상대적으로 많은 편이지만 세계 평균 수준에는 훨씬 못 미치고, 사막과 가뭄 지대에 위치한 서북지역의 채굴 이용과 운송은 수자원 부족의 제약을 많이 받는다. 만일 화석 에너지를 다 소모한다면 공업 생산, 도시 교통, 건물 냉난방은 예측 가능한 단시간 내에 마비될 것이고, 재생 가능한 에너지가 생산하는 수량과 품질은 도시 사회와 경제의 정상적인 운영을 만족시키기 어려울 것이 뻔하다. 도시는 공간이 상대적으로 협소하기 때문에 태양 복사 면적과 에너지는 거대도시의 경제운영을 만족시킬 수 없다. 풍력에너지, 수력 에너지, 지열의 시간, 공간 비용 등 고유의 특징은 수량 뿐 아니라 통제에도 기술적인 어려움이 있다. 둘째, 기후변화에 관한 정부간 패널IPCC 제5차 평가보고서에 따르면 세계 지표면 온도가 0.85도 올랐고, 평균 해수면은 19㎝가 상승한 것으로 관측되었다. 평균 해수면이 지속적으로 상승한다면 거대도시가 집중된 중국 연해 지역은 위기에 직면할 것이다. 기후변화로 인한 온도 상승과 극단적인 기후변화는 인간의 거주 환경을 악화시켜 지속 가능성을 낮출 것이다.

도시의 경쟁과 규모 우위는 기술적인 병목 현상의 제약 속에서 도전으로 바뀌었다. 도시의 거주성과 지속 가능성은 도시 조화의 기본 요건이다. 우리는 지금 심각한 우환에 직면하고 있으며, 생존을 위협하는 미래에 대한 고민도 있다. 사회 관리의 혁신에 의존해야만 현재의 우환과 미래의 고민을 해결할 수 있다.

첫째, 도시 계획 및 건설의 과학성이다. 도시의 도로교통 시스템, 급수 및 배수 시스템, 전력 통신 보장 시스템 등 각종 시설의 서비스 효과는 도시 규모가 확대됨에 따라 비선형성을 띤다. 2013년 10월 5일 태풍 '피토'의 상륙으로 상하이는 '바다'로 변했고, 항저우 서호西湖는 물바다가 되었다. 닝보는 119억 위안의 경제 손실이 발생했고, 2명이 사망하고, 1명이 실종되는 인명 피해를 입었다. '피토'가 거대도시에 몰고 온 충격으로 도시 지표면이 경화되고, 자연 저수 공간이 완전히 점용되어 갈 곳을 잃은 홍수가 맹수로 돌변했다. 소도시의 기능적인 지역화는 도시들의 편리함을 향상시키는데 도움이 되었다. 거대도시도 비중에 따라 기능의 분류를 확대했지만 '베드 타운'만 양산해 교통체증을 유발했다. 둘째, 자원의 분산 분포이다. 중국의 중앙집권적인 등급관리체제는 권력이 집중된 도시일수록 자원의 독점 지위를 더 강하게 만들었고, 도시 규모 확장 동력도 더 강력해졌다. 지역 차원의 자원 배치의 분극화가 나타났고, 도시 내에서도 양질의 공공서비스 자원 역시 권력을 중심으로 분포되었다. 성 정부 소재지와 거대도시가 행정 권력을 이용해 경제 자원을 계속 독점한다면 '도시병'은 가중될 수밖에 없다. 셋째, 표준을 높여 엄격히 집행한다. 도시는 권력의 중심이다. 엄격한 표준과 법집행이 없다면 특권 계층은 계속 새로운 모습으로 기득권을 지키고 강화해 '도시병'을 안은 채로 표면적인 부분만 개선하게 될 것이다. 도시의 사회와 환경 관리에서 우리에게 부족한 것은 법률, 규정이나 표준이 아니라 정말로 부족한 것은 법률의 권위와 법률에 대한 경외심이다. 넷째, 공개의 투명성을 가지고, 대중이 참여하는 것이다. 법제의 규범 속에서 인터넷은 대중 참여의 단순화Delayering 관리를 하는 아주 좋은 사례이다. 폐쇄적인 운영과 계층적 관리는 비단 효율 부족 문제만 있는 것이 아니다. 가장 근본적인 문제는 대중들이 인정하고 받아들이지 않고, 비협조적이고 행동하지 않는 것이다. 다섯째, 과학기술 혁신에 의존해 관리와 기술 효율을 높여야 한다. 에너지 절약, 절수, 절전, 토지 절약, 재생 에너지 이용, 순환 경제, 저탄소 발전은 기술과 관리에 대한 혁신이 필요하다. 위조방지 기술도 혁신해야 한다. 가령 창사長沙에 건설하려는 838m의 세계 최고층 빌딩이 토지를 절약하는 것은 확실하지만, 물과 사람, 물건들을 838m까지 운반하고, 운영 및 유지하기 위해서는 많은 에너지 소모가 필요하기 때문에 에너지를 절약할 수 없다. 이렇게 고도로 집약된 폐쇄적인 공간에서 생활하고 일하는 사람은 이것이 자연의 산물임에도 불구하고 자연과 격리된 것처럼 느끼고 자연에서 멀리 떨어져 있는 공포감까지 느낄 수 있다. 우리가 필요로 하는 것은 실질적인 주거와 지속 가능한 혁신이다. 여섯째, 공평과 효율을 통일하는 것이다. 경제 자원이나 환경 자원은 모두 공평성과 효율의 문제가 존재한다. 부자는 많은 경제 자원뿐 아니라 양질의 환경 자원을 점용하고 있다. 시장 효율의 관점에서 보면 이런 배치는 합리적이다. 하지만 공평성의 부족은 이런 효율을 지속 가능하지 못하게 한다. 따라서 도시의 사회 관리는 강력한 소득 분배와 경제 활성화 수단을 도입해야 한다. 예를 들면 에너지, 수자원 소비의 누진세 제도를 보면, 자연 생태 수준과의 조화로운 소비에 대해서는 보조금을 지급하고, 기본적인 소비에 대해서는 시장가격에 따르지만 낭비와 사치에 대해서는 고액의 누진세를 적용한다.

제3절 농업 이동 인구의 시민화

중국의 산업화는 대규모의 농촌 인구를 도시로 이동시켰다. 하지만 도시 발전에 대한 사회 서비스가 도시로 이동한 농업 인구의 수요를 만족시키기에는 역부족이었다. 따라서 통계에 나타난 명목 도시화 수준과 도시 사회 서비스를 받는 실제 도시화 수준과의 큰 격차는 조화로운 도시화의 뛰어 넘을 수 없는 갭이 되었다. 2012년 거주기간이 6개월을 넘는 상주인구 도시화 비율은 52.6%에 달했다. 반면 도시 사회 서비스를 누릴 수 있는 정부가 인정하는 '호적'을 가진 인구의 도시화 비율은 35.3%에 그쳐 17.3%의 차이를 기록했고, 이 부분의 인구는 2억 3,400만 명[03]에 달했다. 2020년이 되면 명목 도시화 비율은 60%, '호적' 도시화 비율은 45%에 달

03　중국 정부 2014년 3월 발표한 〈국가신형도시화계획 2014-2020〉

할 것으로 전망된다. 국가신형도시화계획의 분석에 따르면 명목 도시화에서 호적 도시화로의 실현, 즉 '농업 이동 인구(농업에서 비농업부문으로 이동한 인구) 시민화'의 걸림돌인 비용을 사회 각 측이 분담해야 하는데 그 중에는 농업 이동 인구도 포함된다. 하지만 다른 측면에서 보면 농업 이동 인구가 도시로 온 이유는 수익이 있기 때문이다. 여기에는 농업 이동 인구 시민화의 비용과 수익 분석이라는 기본적인 문제가 있다.

농업 이동 인구의 시민화는 중국 경제 전환과 업그레이드에 있어서 역사적인 대규모 사회사업이다. 원칙적으로 모든 사업 프로젝트 결정을 하는 것과 마찬가지로 이 사업의 결정에 대해서도 필요한 비용 수익을 계산해야 한다. 사업 수익은 낮은데 비용이 지나치게 높아 득보다 실이 더 많다면, 행정 수단에 의존해 성급하게 서두르는 것은 실패할 것이 뻔하고 지속 가능할 수 없다. 반대로 수익이 비용보다 많다면 사회적으로 시행될 수 없거나 인위적인 장벽이 생기고, 작게는 경제 손실을 야기하게 되고, 크게는 사회 동요를 유발하거나 경제 및 사회의 발전 과정을 방해할 수도 있다. 오랫동안 농업 이동 인구의 시민화에 대한 분석에서 지나치게 비용 계산만을 강조하고, 경제 및 사회의 수익을 소홀히 하게 된다면 사회를 오도해 결과적으로 사회적 공정성이 심각하게 부족한 '호적' 제도를 유지하거나 강화시킬 수 있어 개혁의 방향이 개선되지 않고 후퇴하게 될 것이다. 수익을 보면 시민화의 소득 흐름이 비용보다 훨씬 크고 지속적이라는 것을 쉽게 알 수 있다. 농업 이동 인구의 시민화 비용과 수익을 정확하게 파악하고 계산해야만 건강하고, 질적이며, 지속 가능한 조화로운 도시화의 길을 걸을 수 있고, 중국의 꿈을 실현할 수 있다.

1. 누가 시민화가 필요한가

중국의 호적 제도에 따라 만일 주민의 이동이 명령이 아니라 자발적으로 이루어진 것이라면 이들 주민들은 거주지와 직장 유무에 관계없이 현지 주민과 동등한 공공서비스 권익을 누릴 수 있다. 하지만 다른 측면에서 중국 도시화 비율의 통계는 주민이 거주지에서 6개월 이상을 거주한 것을 근거로 계산한다. 이렇게 도시인구 중에서 도시 호적이 있는 시민, 도시 호적은 없지만 현지 시민 토지가 점용된 '도시 농민城中村民'에 해당하거나, 현지 시민 자격이 없는 '농민공', '유동인구', '농업 이동 인구'[04] 등 비호적 시민들로 형성된다. 비호적 시민은 선거권, 피선거권, 동등한 취업권, 자녀의무교육, 의료보험, 실업급여, 퇴직 양로 연금 등 호적 시민이 누리는 것과 같은 동등한 권익을 누릴 권리가 없다. 중국의 일부 도시, 특히 대도시는 비호적 시민의 주택 구입, 자녀의 입학, 사회보장 등에 대해 넘기 어려운 많은 문턱을 설치했다.

엄밀히 말하면 모든 현지 도시 호적이 없는 인구에게 시민화를 요구하지는 않는다. 민생에 주목한 공정한 사회 실현 역시 비호적 인구 전체의 현지 시민화를 강구하는 것은 아니다. 첫째, 시 관할 내에 있는 '도시 마을' 주민은 토지가 징발되었기 때문에 모든 것을 토지에 의탁한 생계 보장이 더 이상 존재하지 않는다. 이 그룹에 속하는 사람들은 시민화를 통해 자신의 사회보장을 실현해야 한다. 사회도 이 그룹의 시민화를 통해 사회 마찰

04 　중국공산당 제18차 전국대표대회 이전의 정부문건과 매체에서는 주로 '농민공'으로 불렀다. 이는 그들의 신분이 농민이고, 그들의 직업이 노동자 또는 유동인구라는 것을 나타낸다. 이들은 호적이 없고 정착할 수 없고 계속 이동하기 때문에 유동인구라고 불렀다. 후진타오는 중국공산당 제18차 전국대표대회 보고에서 최초로 '농업 이동 인구'라는 말로 이 거대하고 특수한 그룹을 묘사했다.

을 줄이고 사회 안정을 유지하는 것이 필요하다. 둘째, '농민공' 그룹은 선별을 강화해야 한다. 만일 이동성이 있는 산업 노동자가 안정적인 일과 고정된 주소지가 있고, 각종 지방 세금을 납부한다면 이들은 객관적으로 균등하게 도시의 사회 서비스를 차별 없이 받고, 시민의 정치와 경제, 사회적 권익을 가져야 한다. 하지만 경제적인 목적을 가진 계절성 노동자가 시민화의 의지가 없다면 이는 별도로 다루어야 한다. 가령 신장 면화 채집 시기에 몰려드는 많은 노동자들, 국외로 파견된 노동자들은 근무지에서 속지 시민이 되는 기대나 소망을 가지고 있지 않다. 도시에서 단기적으로 일하는 경우 시간은 6개월을 넘을 수 있다. 거주 시간이 길어질 가능성이 있는 곳이라 할지라도 그들은 단기 근무지에 귀속되어 있지 않다. 그들이 중요하게 여기는 것은 주로 경제 권익이고, 사회와 정치 권익은 그다지 중요하게 여기지 않는다. 셋째, '유동 인구'란 말을 그대로 풀이하면 근거지가 없거나 정착할 생각이나 소망이 없는 주민 그룹을 뜻한다. 외국인 노동자, 국제기구 상주 인원, 국내 다른 도시나 기관에 장기 파견된 기업 상주 인원 등은 모두 유동인구의 속성을 지닌다. 이들은 소재지에서 업무를 처리하기 때문에 현지 주민과 동등하거나 더 나은 사회보장서비스를 받을 수 있다. 하지만 그들은 파견지에 대한 선거권을 가지지는 않는다. 그들의 도시 사회 서비스에 대한 수요는 실제적으로는 일종의 구매다. 이는 농민공이 유동적인 그룹으로 불리는 것과는 선명한 대조를 이룬다. 농민공은 대부분 의탁할 곳이 없고, 경제와 사회, 정치 권익이 취약한 계층에 속하기 때문에 자신이 의지할 곳이 필요하지만 도시의 기본적인 사회 서비스를 구매할 능력이 없다. 따라서 이 그룹은 농민공의 신분으로 고찰해야 한다.

마지막으로 농업 이동 인구를 액면 그대로 풀이하면 농업 생산을 떠나 비농업 부문으로 이동한 그룹이다. 취업한 곳이 바뀌면서 생활 거주지도 변화가 생긴다. 그들은 농업 생산에 종사하지 않고, 농촌에서 벗어나 도시에 거주한다. 이동은 불가역성의 특성을 지니기 때문에 되돌아가지는 않을 것이다. 기존의 사회 경제와 정치 권익은 이미 사라졌지만, 현행 제도에서는 취업 지역과 거주 지역에서 각종 권익을 전부 누릴 권리가 없다. 이들이 필요로 하는 것은 도시 사회 서비스, 균등하게 일할 기회와 소재지의 각종 정치 권익을 포함한 현지 시민의 여러가지 기본적인 권익이다.

상기 분석을 통해 시민화가 진정으로 필요한 이들은 도시 관할지역 범위 내의 땅을 잃은 농민과 농업 이동 인구임을 알 수 있다. 농민공이나 유동인구가 앞의 두 가지 상황에 해당한다면 시민화가 필요하지만 그렇지 않다면 불필요하다.

2. 객관적 수익 인식

중국의 도시화 과정은 중국 경제 발전과 사회 진보를 위한 매개체이자 추진력이다. 경제적 사회적 변화와 생태 문명 건설에서 수익이 크고 지속적으로 이어지고 있다.

첫째, 업그레이드된 중국 경제에서 시민화는 성장의 원동력이다. 개혁개방 이전에 경제 발전의 자금은 농산물과 공산물의 협상 가격차, 즉 농산품은 실제가치보다 낮고, 공산물은 실제가치보다 높은 부등가 교환[05]에 의존했다. 농업이 공업을 보조하고, 농촌이 도시를 보조하는 것에 의존해 산업화와 도시화를 추진했다. 개혁개방 이후 급속한 산업화가 도시화를 견인했다. 주로 외수와 투자에 의존해 경제 성장을 추진했다. 외수와 투

---

05   바이두 백과(Baidu Baike) 참고, 2014년.

자의 발전 공간이 부족한 상황에서 경제 성장의 동력이 된 것은 시민화였다. 중국 정부가 2014년에 발표한 〈신형도시화계획 2014-2020〉은 6년간의 계획 기간 동안 시민화 인구는 1억 3,600만 명에 달하고, 연평균 신규 호적 인구는 2,300만 명이 될 것이라고 밝혔다. 또 도시 속 대규모 농촌 인구의 시민화 및 시민화로 수반된 도농 통합 수요는 중국의 경제 성장과 업그레이드를 위해 거대하고 지속적인 동력 원천을 구성한다고 지적했다. 과거 30년 동안 경제 성장과 도시화가 산업화를 이끌었다면, 향후 20년은 시민화가 산업화를 높여 도시화를 추진하게 될 것이다.

둘째, 거대한 사회적 수익이다. 중국 특색의 사회주의는 신분 차별을 없애는 것이지 신분 차별을 고착화하거나 강화하는 것이 아니다. 사회 기여도가 큰 사회적 그룹의 기본 이익은 사회 전체 이익에 없어서는 안 될 중요한 부분이다. 신분 차별을 이유로 거대한 사회적 약자 집단인 농업 이동 인구에 대한 심리적인 왜곡, 육체적인 상해 및 생존에 대한 압박과 발언권 부족은 긍정적인 사회 에너지가 될 수 없다. 부모가 도시로 일을 하러 떠나고 농촌에 남겨진 아이들도 중국의 미래의 꽃이다. 그가 누구이고 어디에 살던지 간에 병을 고칠 수 있는 병원과 양로권과 발언권을 가지는 것은 모두가 태어나면서 가지는 권리이다. 어떤 관점에서 볼 때 시민화의 사회적 수익은 경제 수익보다 높다. '무지의 베일Veil of ignorance' 뒤의 사회 최적의 선택은 사회 취약계층의 이익을 최대화[06] 하는 것이다.

셋째, 거대한 환경효과이다. 규모와 속도면에서도 도시화와 산업화로 야기된 자원 환경에 대한 압박은 전례가 없다. 2012년 겨울부터 2013년 봄까지 계속된 전국적인 스모그 현상은 "아름다운 중국 꿈은 푸른 하늘,

06   John Rawls, *Atherorg of Justice*, Oxford University Press, Oxford, 1972.

맑은 물, 녹지를 가꾸는 것인데 왜 아름다웠던 강산을 스모그, 수질오염, 민둥성이 토지로 피폐하게 만든 후에야 꿈을 일깨우고 과거를 회상하는가?"라는 반성을 하게 했다. 혹자는 시민이 농민보다 더 많은 에너지와 자원을 소모한다고 말하기도 한다. 도농 이원화 구조의 현실에서 이 주장은 통계 데이터의 뒷받침이 필요하다. 하지만 경제 기술의 발전과 인류 사회의 진보에 따라 모든 것이 집약된 도시가 분산된 농촌보다 더 자원을 절약하고, 친환경적이어야 한다. 오늘날 선진국의 실제 상황이 이를 방증한다.

상술한 분석을 통해 시민화는 거대한 경제와 사회, 환경적 효과와 이익을 가지고, 중국 경제 업그레이드를 보장하는 원동력이 되고, 조건이 되어야 함을 알 수 있다.

3. 과학 분석 비용

도시화의 가속, 시민화 갈등이 심각한 상황에서 일부 권위 있는 부서와 싱크탱크는 리서치를 통해 시민화에 필요한 비용을 추산했다. 중국발전기금회가 2010년 발표한 〈중국발전보고서〉가 도출한 시민화 비용은 1인당 10만 위안이었다. 2013년 초, 국무원발전연구센터가 계산한 농민공의 시민화에 드는 비용은 1인당 8만 위안이었다. 이들 데이터의 대략적인 계산은 근거가 있지만 이론과 방법적인 측면에서 많은 논의 거리와 개진할 점이 있다.

방법적인 측면을 보면, 비용 계산에서 사회 비용을 등한시했다. 농업 이동 인구에 대해 신분 차별이 있고, 자녀가 부모가 일하고 사는 곳에서 기본적인 의무교육을 받을 수 없고, 이들이 중등 및 고등학교 교육과 취업에서 균등한 기회를 배척당하는 것은 인간의 존엄성을 무시당하고 그 보장이 부족하다. 이런 문제는 차치하더라도 경제적으로도 계산 불가능한 많은 인적 자본 손실이 발생한다. 경제적인 측면에서 이들 계산에 대해 몇 가지 수정해야 할 부분이 있다. 우선, 사회 전체적인 시각에서 어떤 곳에 있든 인프라와 사회 보장에 대한 투자가 있어야 한다. 농촌의 현실에 대한 투자가 적다고 해서 없다는 것을 의미하진 않고, 과거와 현재에 투입이 적다고 미래에도 투입이 적을 것이라는 것을 의미하지는 않는다. 최근 국가는 지역에 따라 차이는 있지만 도시 주민의 최저생활보장과 사회보장 등에 대한 사회적 재정을 마련했다. 만일 그렇다면 시민화의 비용은 증분원가Incremental Cost에 계상되는 것일 뿐, 전부원가계산absorption costing에 넣어서는 안 된다. 둘째, 시민화는 자산의 이전에 따라 지급한다. 도시 확대에 필요한 토지는 농민이 제공한다. 토지 치환이 근거가 있다고 한다면 최소 시민화는 별도의 토지 비용 계산이 불필요하다. 이 부분의 토지 자산 이전 지급transfer payment은 방법적으로 공제가 필요하다.

거시 경제적인 측면에서 시민화 비용은 일종의 투자다. 도시 인프라 건설은 투자로, 투자의 승수 효과를 일으키고 취업을 확대시키고 소득을 증가시킨다. 교육, 의료, 양로 등을 포함하는 도시의 기본적 사회 서비스는 비용이기도 하지만 더 나아가 취업기회이고 생활의 질과도 관련이 있다. 상술한 상황에서 볼 때 비용 계산은 과학적으로 분석해 단편적인 확대를 막아야 한다.

4. 이익구도 타파

시민화의 수익이 비용보다 훨씬 크다는 것은 논쟁의 여지가 없는 사실이다. 만일 체제의 보장을 받는 기득권의 이익 구도의 속박을 벗어나지 못한다면 시민화 과정은 추진되기 어렵다. 도농 이원화 호적 구도는 체제 안과 체제 밖으로 파생되었다. 국유기업과 민영기업 등 다중 이원화 구조는 권리의 강자와 이익의 기득권 그룹이 이 구도를 유지하고 강화하게 만들었다. 반면에 권리에서 소외된 계층과 피해 그룹은 이런 기존 구도를 바꿀 힘이 없다. 우리의 도시는 많은 자원을 낭비해 오늘 짓고 내일 부수고 모레 다시 짓고 다시 부수는 낭비의 악순환을 반복하면서도 유치원, 초등학교를 짓고 병원을 설립하는 데는 종종 자금 부족에 허덕인다. 도시는 행정수단을 통해 저렴하게 혹은 무상으로 농민의 토지를 획득할 수 있다. 하지만 토지 수익의 상승은 대대손손 토지를 생계수단으로 삼는 농민과는 무관하다. 농민공은 거주지에서 규정에 따라 세금을 납부한다. 농민공이 소재하는 기업에 도시 건설비[07], 교육비 부가세[08]를 내면 그 자녀들은 의무교육의 권리를 누려야 한다. 농민공의 임금에는 노동력의 단순 재생산 비용을 포함해야 하고, 기본적인 의식주와 이동, 노약자, 병자, 장애인, 임산부의 생존 보장을 포함해야 할 뿐만 아니라 노동력 재생산, 즉 후대 부양의 비용을 포함해야 한다. 일부 도시의 의사결정자들이 '비용'을 믿는다고 말하면서 권리나 수익을 등한시한다. 이러한 것들이 바로 기득권의 이익 구도를 인정하고 보호하는 것을 보여주는 대목이다. 하지만 고수익을 바라면서 투자는 아까워하거나 눈앞의 이익에만 집착하는 식의 불완전한

---

07 1985년 2월 8일, 국무원은 〈중화인민공화국 도시유지건설세 잠정조례〉(이하 〈조례〉)를 발표했다. 〈조례〉는 1985년부터 시행됐다. 1994년 세제개혁 시 해당 조세 종류를 보류하고 일부분을 조정해 행정범위와 변경 징수방법을 보다 더 확대했다. 일반적으로 말하면 도시 규모가 클수록 필요로 하는 건설과 유지보호 자금이 많아진다. 도시유지건설세는 납세자의 소재지가 도시 시내지역에 있을 경우 세율은 7%, 납세자의 소재지가 현성, 건제진에 있을 경우는 5%, 납세자의 소재지가 도시 시내지역이 아닐 경우 1%로 규정했다.

08 상품세(후에 '소비세'로 변경), 증치세(부가가치세), 영업세를 납부하는 기관과 개인은 〈국무원의 농촌학교 설립 경비조달에 관한 통지〉[국발(1984)174호]의 규정과 농촌교육사업비 부가세의 기관을 제외하고 모두 교육비 부가세를 납부해야 한다. 세율은 기관과 개인이 실제 납부하는 상품세, 증치세, 영업세의 세액을 징수 근거로 하여 교육비 부가세율은 3%이고, 상품세, 증치세, 영업세와 동시와 납부한다.

도시화는 조화롭지 않기 때문에 지속 가능하지 못해 중국의 꿈을 실현할 수 없다는 것은 확실하다.

선진국의 도시화 과정에서의 기회 균등과 기본적인 보장을 실천하는 것은 본받을 만한 점이 있다. 미국 유학 후 미국에 남아 일하는 중국인들은 대학교와 국가 연구소 기관에서 일하는 일부 소수를 제외하고 다수가 자연스럽게 민영기업에서 일하거나 창업을 한다. 이는 체제 내외의 구분[09]이 거의 없다. 1945년 일본의 도시화 비율은 27.8%에 불과했지만 25년 후에는 72.1%로 올랐다. 일본의 도시화 비율도 높은 수준이라고는 할 수 없다. '품팔이꾼 노동자'의 주택문제를 해결하기 위해 일본은 '공단 주택'과 '공영주택' 등 공공자금을 이용한 공용 주택을 건설했다. 1960년대 초 추진한 '지방 분산'계획은 인력, 재력, 물력을 대도시에서 지방으로 유턴하게 만들어 부근 지역의 취업과 현지 도시화(란젠중藍建中, 2013)를 실현시켰다. 싱가포르는 독립 후 1980년대 초까지 산업화와 도시화가 빠르게 진행되었다. 20년 만에 주택개발청은 싱가포르 국민 80%에게 아파트를 제공했다. 1990년대 무려 90%에 육박하는 인구가 주택개발청이 제공한 주택에서 거주했다(Chin, 2004). 국토면적이 좁고 인구 밀도가 높은 싱가포르는 정부 독점과 사유화의 주택정책을 통해 국민에게 주택을 보장했을 뿐만 아니라 싱가포르의 발전을 위해서도 동력을 제공했다(Wong and Xavier, 2004).

이익 구도를 깨기 위해서는 입법과 법집행이 필요하다. 우리의 도시가 기득권층의 이익 최대화를 목표로 하고, 농업 이동 인구들의 이익을 등

---

09   2013년 1월 5일, 〈헤이룽장 조간(黑龍江晨報)〉 보도: 하얼빈시는 전국에 환경미화원을 공개 모집했다. 총 29명의 연구생이 지원했고, 이 가운데 7명이 경쟁을 통해 채용되었다.

한시한다면 국가와 사회 이익은 최대화가 될 수 없다. 기존의 이익 구도를 깨려면 농업 이동 인구에게 발언할 수 있는 지위와 발언권을 주어야 한다. 국가 최고 권력기관인 전국인민대표대회는 21세기에 접어들면서 농민공 대표를 선출했지만 그 수는 극히 적었다. 2013년 열린 제12차 전국인민 대표대회에 농민공 대표는 31명에 불과해 2억 6,000만 명 농민공의 경제와 사회 권익[10]을 구현하기 어려웠다. 개혁개방 전에는 단순한 도농 이원 이익 구도였지만, 개혁개방 후의 이익 구도는 도농 호적, 시(진) 지역 내부 도농 호적, 성(진)구 호적과 비호적의 다중적인 이원구도를 보이고 있다. 하지만 본질적으로는 도농 이원구도였다. 지금의 이익 구도를 깨려면 먼저 법률적으로 시민화의 사회 비용과 이익을 제대로 이해하고 확인해 개혁과 발전의 수익을 산업화함으로써 도시화에 대해 공헌하는 모든 시민에게 혜택이 돌아가도록 해야 한다. 기존 시민이나 새로 유입된 시민이 어쩌면 농업 이동 인구에서 유입된 현지 호적이 없는 시민일 수도 있다. 비용을 따져야 하지만 수익도 계산해야 한다. 둘째, 입법형식으로 사회와 경제 자원의 배치를 분산화, 시장화 해야 한다. 1선 도시와 성 정부 소재지 도시로 농업 이동 인구가 많이 유입되어 심각한 도시병과 함께 무거운 부담을 견딜 수 없게 된 중심에는 행정 권력의 집중이 초래한 경제와 사회 자원의 독점이라는 이유가 있었다. 중국 최고의 교육, 의료, 문화, 스포츠 등 사회서비스 자원을 1선 도시와 성 정부 소재지 도시에서 3·4선 도시와 중소도시로 차례로 분산 이동해 그 도시의 발전 활력을 늘리고 취업기회를 높이고, 대도시의 인구와 교통에 대한 압박을 줄이고, 사회 공공 자원

10   농민공 인민대표대회 대표는 5년 전 3명에서 제12회 31명으로 늘어 2억 6,000만 명의 농민 공을 대표했다. 야오쉐칭(姚雪晴, Yao Xue Qing): 〈31명의 농민공 인민대표대회 대표에 초점: 그들 뒤에는 2억 6,000만 농민공이 있다〉, 〈인민일보〉 2013년 3월 12일.

의 균등화 배치를 추진할 필요가 있다. 마지막으로 법집행이다. 가장 중요한 것일 수도 있다. 하지만 선택적 법집행이어서는 안 된다. 중국의 법률시스템은 상당히 발달했다고 할 수 있다. 노동법, 의무 교육법, 사회보장 등이 모두 명문으로 규정되어 있다. 하지만 일부 도시와 의사결정자들이 선택적으로 법을 집행하거나 일부 법률을 회피해 법률이 효과적으로 시행되지 못하고 있다. 만약 비축한 국유 토지가 국유라고 한다면 그 수익은 시민화의 보장성 주택(保障房: 정부가 보장하는 저가 주택) 건설에 사용되어 대량의 자금 부족을 메울 수 있다. 헌법은 공민에게 선택권과 피선거권을 부여했고, 이런 권리는 일하고 거주하는 곳에서 실현되어야 한다.

제4절 도시 계획 구도

신형 도시화는 생태 문명 건설의 매개체이고, 생태 문명은 도시화의 '신형' 여부를 검증하는 효과적인 척도다. 도시화 과정 중 도시병이 대두되면서 생태 문명 건설의 결함을 드러냈다. 시진핑 국가주석은 도시병 해결을 언급하면서 도시 계획이 도시발전 과정에서 중요한 견인 역할을 해야 한다고 강조하고, 과학적인 계획은 최대의 효과를 낼 수 있고, 잘못된 계획으로 많은 낭비가 있을 수 있기 때문에 계획을 번복하는 것은 금기해야 한다고 지적했다. 생태 문명의 신형도시화에서 도시가 조화롭게 발전할 수 있는 지의 관건은 과학적인 계획에 있다.

도시 공간의 기능이 맞아야 한다. 도시화의 공간 구도는 자연 형성과 산업 투자에 기인하며, 이 모든 것들은 과학적인 계획이라는 의미를 가진다. 산업화 과정의 확대와 지속적인 기술 수준 향상은 사람들이 도시 공간 배치와 규모 구도 계획을 인공적으로 조성해 자연을 바꿀 수 있게 했다. 대규모 투자는 새로운 도시를 빠르게 구축할 수 있고, 산업 확장은 수십에서 수천만 ㎢에 이르는 토지를 공장이 밀집한 산업단지로 변화시킬 수 있다. 이익 지향적인 산업 문명은 자본의 축적과 이윤의 최대화를 추구하고, 생태 문명의 천인합일天人合一, 자연 존중, 인본 중심의 기본 요소를 무시하면서, 도시화 계획의 중심을 도시가 아닌 산업으로 삼았고, 민생이 아닌 이윤과 세금으로 만들어 산업화가 주도하는 도시화로 구도의 불균형을 야기했다.

전체적으로 중국 도시화의 공간 배치는 동부 및 중서부 지역, 대도시, 중소 도시의 규모 패턴, 도시의 기능 분할 패턴을 포함한다. 개혁개방 후 중국 경제는 세계 경제 통합 과정에 끊임없이 융합했고, 대규모의 산업화 투자는 도시화 과정을 강력하게 추진함으로써 중국 도시화의 지역 구도는 현재의 동부에 밀집해 띠를 이루고, 중부의 점이 모여 덩어리를 이루고, 서부로 분산 확대되는 추세를 보이고 있다. 동부 연해 지역은 노동집약적 수출지향형 경제라는 지역적 우위가 있고, 산업 규모의 확장으로 많은 산업 노동자를 받아들여 동부지역 산업을 주도하는 도시화 지대를 구축했다. 외지 인구가 과도하게 유입되었지만 도시 인프라와 사회 서비스 기능이 미비해 수많은 농업 이동 인구는 동부 취업 지역에서 현지 시민화를 실현하기 어려웠다. 중서부는 상당 부분의 핵심 산업, 특히 20세기 중엽 정부가 주도한 '3선' 기업은 시장경제의 추세에 따라 동부로 이전했고, 국내 인재와 자금도 경제가 발달한 동남쪽의 연해 도시로 대거 집중되었다. 중부지역은 성 정부 소재지 도시의 '경제 수위율'을 높이기 위해 규모를 확충했다. 서부 지역의 에너지 광물 자원의 대규모 개발과 외지 수출은 서부 도시의 확장을 이끌었다.

규모 구조적인 관점에서 보면 대도시는 강한 팽창력을 가지고 있고,

중소 도시 개발은 공간적인 압박을 받고 있으며, 소도시는 발전의 동력이 부족하다. 대도시의 인구가 도시인구에서 차지하는 비중은 개혁개방 이전의 24%에서 현재의 43%로 늘어났다. 반면 같은 기간 소도시의 인구 비중은 65%에서 45%로 줄어들었다. 도시 기능 구역 설정에서 규모 산업 단지의 주도를 강조하고 기능의 유기적인 조합을 등한시하여 기능의 분배가 균형을 잃게 되었다. 수 ㎢ 심지어 수백 ㎢에 이르는 산업 단지들이 도시 공공 서비스 시스템으로부터 멀리 떨어진 곳에 조성되고 있다. 주민 지역사회 주택 건설도 대규모로 이루어지고, 도시 공공 서비스 시스템과 무관하게 상업적으로 개발되고 있고, 산업과 도시의 융합 및 공공 서비스의 부대시설 건설을 무시하고 배척하기까지 했다.

도시화 체계의 구조적인 불균형으로 인해 주기적인 철새형 인구 이동을 초래했다. 명절 특히 설 기간 동안에는 동부에서 중서부로, 대도시에서 중소도시와 농촌으로 대규모 인구 이동이 이루어진다. 도시의 대형 주택 단지 지역에서 일터와 사회 서비스가 집중된 산업단지와 옛 시가지로 출퇴근하는 인파로 인해 도시 간 교통과 시내 교통은 무거운 부담을 떠안아야 했다. 산업단지와 인구가 대도시에 고도로 집중되고, 대규모 양질의 토지를 점용하면서 녹지공간이 축소되었고, 집값은 고공행진을 했다. 중소 도시들은 저렴한 자원을 이용해 높은 에너지 소비와 오염 배출이 많은 산업 투자를 유치하면서 도시 환경의 자정 능력을 초과하게 되었고, 자원 부족과 수자원 오염, 스모그 등이 발생하고 있다. 도시병이 생기고 가중되는 가장 근본적인 이유는 중국 도시화의 공간 구도에 대한 불균형 때문이다.

투자 주도형, 이익 주도형의 도시화 계획은 중국 도시를 '세계 공장'의 매개체로 만들었다. 생태 문명 이념으로 산업 문명을 개선하고 향상시키고, 과학적으로 계획해 자연과 민생과 융합하는 새로운 도시화 건설을 실현해야 한다.

이것은 우리에게 개발의 경계를 기술할 것을 요구한다. 산업 문명 속의 도시 계획에서 기술, 자금, 이익은 기본적인 요소로 도시 개발을 위한 경계를 설정할 필요가 없다. 이윤이 있는 한 도시의 경계는 계속 확장될 수 있다. 생태 문명의 새로운 도시화는 도시 계획과 개발의 공간적 경계와 일치하며, 자연과의 융합을 강조하고, 명확한 도시 개발 경계의 구분을 요구한다.

실제로 중국 도시 지역 구도의 형성은 객관적으로 도시화 체계 발전이 자연 환경에 의해 제한되고, 경계에 엄격한 제약이 있다는 것을 보여준다. 전체적인 공간 구도는 자원 환경의 기본 구도와 어느 정도 대응해야 한다. 동부의 생태 시스템은 자연 생산력이 높은 편이고, 서부 생태 환경은 비교적 취약하다. 하지만 중국의 미래 도시화 과정은 이미 도시에서 일하고 생활하는 2억 명 이상의 농업 이동 인구를 흡수하고, 거의 3억 명에 가까운 새로운 농업 이동 인구를 수용할 필요가 있다. 현재의 공간 구도가 자원 환경의 수용력과 조화를 이루지 못하는 상황에서 어떻게 하면 중국의 도시화 속도와 규모를 자원 환경 수용력에 맞출 수 있을 것인가?

첫째, 경작지의 경계선을 엄수해 식량 안보를 보장해야 한다. 도시화는 표면 구조를 바꾸어 토지 이용을 되돌리기 어렵게 만든다. 동부의 단위면적당 토지 생산력은 서부의 수배 내지 수백 배이다. 만일 동부의 도시화가 점용 토지를 무질서하게 확장한다면, 서부 경작지의 생산성은 균형을 실현하기 어렵다. 13억 인구의 먹거리를 세계 식량 시장에 의존할 수만은 없다. 따라서 동부의 메갈로폴리스(메트로폴리스가 띠 모양으로 연결되어 있는 거대한 도시 집중 지대)는 식량 생산 공간, 녹색 생존 공간이 있어야 한다. 맑고 아름다운 산수와 '어미지향'(魚米之鄕: 창강 중하류 평원과 주장 삼각주 평원. 계절풍의 영향으로 강수량이 풍부하고 기후가 알맞아 물산이 풍부함)이 다시 옛 모습을 찾으면 공허한 경작지 경계선만으로는 불충분하다. 좋은 농지를 점유하는 것은 돈을 벌기 위한 것이다. 좋은 농지를 보호하기 위한 비교 우위의 보장이 있어야 한다. 도시 확산이 좋은 땅을 차지하면서 표면적으로는 경제적 이득이 있는 것으로 보지만, 실질적으로 생태 문명의 관점에서 볼 때는 지속적이지 않기 때문에 득보다 실이 더 많다. 예를 들어 베이징의 경우 2,300만 인구의 기본적인 보장이 기본적으로 산업 기술에 의존하고 있다. 에너지는 '서기동수', 네이멍구와 산시에서 제공하고, 물 공급은 '남수북조'와 주변 지역에 의존하며, 채소는 전부 철도와 도로에 의존한다. 화석 에너지는 재생될 수 없다. 1,000여km 밖에 있는 수원은 자연적인 변동과 불확실성을 가지고 있다. 채소 생산, 저장 및 운송은 에너지 소비와 비용을 증가시킬 뿐만 아니라 식품 안전 리스크도 존재한다. 이런 의미에서 베이징의 도시 확장으로 채소와 식량을 생산하는 경작지가 점유되어 베이징 외곽의 경작지 레드 라인을 보호하는 데 부정적인 영향을 미친다. 왜냐하면 각종 필수품을 생산하고 저장 운송하기 위해서는 필연적으로 경지를 점유해야 하기 때문이다.

둘째, 환경용량을 계산해 생태 레드 라인을 정해야 한다. 서부지역은 높은 공간을 가지고 있지만 물과 열자원은 강한 용량 제한을 가진다. 서부대개발은 서부의 대규모 도시화, 서부의 고오염 산업 단지, 조경 정원 도시를 조성하는 것을 의미하지는 않는다. 수자원이 부족한 도시에서 용량을 초과해 지하수를 추출하고, 강물을 막아 물을 끌어가고, 비투과 시설에 투자하고, 인공호수와 습지 경관을 만들고, 골프장을 조성하는 것은 자연에 위배되고 지속 가능하지 않다. 또한 서부와 중부는 동부의 장벽이자 원천이기 때문에 서부와 중부의 생태 악화와 오염은 동부의 수용력을 감소시키거나 심지어 파괴시킬 수 있다. 이를 통해 중국의 '양횡삼종兩横三縱' 도시화 전략 구도는 불필요하고 불가능한 균형 배치임을 알 수 있다. 특히 서부 지역의 취약한 환경에서 기후용량을 초과해 대규모 도시를 집중적으로 확장해 도시와 경제 성장의 한계를 키울 수는 없다. 중서부 지역의 도시 개발의 강도는 자연을 존중하면서 생태 레드 라인의 강한 구속력을 강화해야 한다. 제한된 지역에 있는 도시의 높은 인구 밀도, 높은 경제적 강도, 높은 오염으로 인한 과부하는 주변의 환경용량에 의해 해결해야 한다. 도시의 개발 경계는 사실상 생태 레드 라인에 대한 구속을 말한다. 외부에 대한 도시의 의존도가 커질수록 취약성도 높아진다. 이른바 '작은 것이 아름답다'는 논리 기초는 바로 자연에 순응하고 자연과 조화를 이루는 데 있다.

마지막으로 도시를 대자연에 융합시켜야 모든 것이 순조롭다. 주민들이 산과 물을 보면서 고향에 살던 때의 추억을 기억하도록 하는 것은 삶의 질적인 표상이며, 더 중요하게는 자연의 요구에 순응함을 보여주는 것이다. 우리의 도시가 바람의 경로를 막고, 물길을 가로막는다면 대기의 자정 능력은 떨어져 수해(물 부족과 홍수)는 심해질 것이다. '숲보다 큰 나무는 바람이 쓰러뜨린다'는 말처럼 서로 경쟁적으로 고층 빌딩을 짓는 것은 위험을 초래하고 확대시킬 수 있다. 튼튼한 고층 건물을 짓기 위해서는 많은 자원이 소모되어야 하기 때문에 토지 용적률을 늘릴 수 있다고 해도 결국은 더 많은 환경자원 용량을 점용하고 낭비하게 된다. 토지용적률이 높을수록 좋은 것은 아니다. 건축물이 일정 높이를 초과하면 물품 운송, 용수 증가, 에너지 소모는 비선형 상승 곡선을 나타난다. 전력공급 시스템과 설비가 고장이 나면 고층 빌딩의 위험과 취약성은 비선형 확대의 규칙으로 나타난다. 초고층 건축물의 소방 안전은 이미 역부족인 상황이 나타났다.

공공 자원의 균형적인 배치를 요구한다. 생태 문명은 조화를 모색한다. 한편 조화의 기본 법칙은 모든 요소와 성분들이 상호 의존하며 비례를 이루는 것이다. 생태 문명적인 신형 도시화는 지역사회와 공공서비스 시설 없이 수십 ㎢ 면적의 산업단지를 조성할 수 없고, 반경 10여 km에 취업할 곳이 없는 지역에 수 ㎢의 베드 타운을 만들 수는 없다. 산업 문명 속의 도시 계획은 투자와 기술 수단을 이용한 각종 교통시설들이 인구를 이동을 요구한다. 한편 생태 문명의 과학적인 계획은 산업과 도시의 일체화, 직장과 주거의 융합, 자원 균형 및 각종 요소의 비율을 매칭해 근거리에 인구가 정착하도록 한다.

사회 공공 자원이 집약된 도시는 주민에게 필요한 여러 가지 사회서비스를 제공한다. 공공 자원이 과도하게 집중되어 독점 지위를 점유한 도시의 규모와 경계를 효과적으로 통제하지 못한다면 중소도시의 주거와 발전 공간은 필연적으로 압박을 받을 수밖에 없다.

중국은 양질의 교육과 의료보건자원, 문화 스포츠 자원이 대부분 1선 도시, 직할시, 성 정부 소재지 도시에 집중되어 있다. 대도시가 갈수록 커질 수밖에 없는 이유는 사회 공공 자원이 대도시에 고도로 집중되고 독점되고 있는 것과 직접적인 상관관계가 있다. 2012년 베이징에는 91개의 일반 대학이 있었고, 한 해 전문대학의 재학생 수는 57만 7,000명에 달했다. 그 중 52개 대학과 117개 과학연구기관의 대학원생은 20만 9,000명에 달했다. 대도시는 양질의 공공서비스 자원이 집중되어 있을 뿐만 아니라 양질의 인프라와 경제 자원을 집약적으로 통제한다. 교통 허브는 대도시에 대부분 집중되어 있지만 대부분이 중소도시와 공유하지 않는다. 이러한 양질의 자원도 도시지역에 집중되어 있다. 베이징 둥단東單 지역의 경우 셰허協和, 퉁런당同仁堂, 베이징 산쟈三甲 국가급 병원이 집중되어 있다. 하이뎬海淀 중관춘中關村 지역에는 중국과학원, 연구소와 일부 부서 및 위원회, 연구소, 국가급 과학연구기관을 비롯한 국내 유명 대학이 집중되어 있다.

　　외국의 경우에는 금융 서비스업이 집중되어 있는 것을 제외하고, 다른 공공 자원과 산업은 상대적으로 분산되어 있다. 옥스퍼드나 캠브리지 같은 영국의 유명 대학은 런던에 있지 않다. 캠브리지의 병원은 도시에 있지 않다. 하지만 도시 지역에는 지역 단지 내에 일반 개업의가 운영하는 작은 진료소가 분포되어 있다. 10개의 미국 캘리포니아 주립대학 캠퍼스는 LA나 샌프란시스코가 아닌 캘리포니아 남북에 분포되어 있다. 사립인 스탠포드 대학교도 대도시 주변에 있지 않다. 네덜란드 수도는 암스테르담이지만 정부와 왕실, 최고 법원 등은 헤이그에 있다. 남아프리카공화국은 지리적 공간이 완전히 격리된 수도 3곳에 흩어져 있다. 행정 수도(중앙정부 소재지)는 프리토리아에, 사법 수도(최고법원 소재지)는 블룸폰테인에, 입법 수도는(의회 소재지)인 케이프타운에 있다.

　　중국의 대도시병을 해결하려면 사회 공공 자원의 균형적인 배치가 필수적이다. 첫째, 행정과 양질의 교육과 의료, 문화 자원이 과도하게 집중되지 않도록 해야 하고, 규모가 비경제적이 되지 않도록 방지해야 한다. 브라질은 수도를 연해에서 내륙으로 이전했고, 한국도 행정수도를 서울에서 이전했다. 이는 지역의 고품질 자원의 공간 배치를 최적화하기 위한 조치다. 베이징셔우강北京首鋼의 이전은 산업 구도를 조정함으로써 친환경 발전의 수요를 촉진할 수 있다. 이러한 이전은 제조업 외에도 양질의 3차 산업 자원으로 확장되어야 한다. 둘째, 도시 인프라는 소유가 아닌 모두가 함께 공유하는 지역 공공성을 가져야 한다. 예를 들면 수도 제2공항을 탕산唐山이나 바오딩保定에 짓는다면 도시간 철도 연결로 '도시 통합

Urban Integration'을 실현할 수 있어 베이징의 자원 환경과 인구로 인한 압박을 대폭 감소시킬 수 있고, 베이징 주변의 구조 조정과 환경의 질을 개선하는 데에도 도움이 된다. 대도시의 철도 교통이 주변 중소도시를 관통하게 되면 도시 기능을 효과적으로 분담하고, 도시 시스템의 공간적 분열을 방지할 수 있다. 소프트웨어와 하드웨어 시설의 연결은 지역 분할을 해결해 도시 통합을 실현할 수 있다. 셋째, 도시 공간은 산업과 도시가 하나가 되고, 기능의 융합을 이루어야 한다. 직장과 주거의 분리와 기능 분담을 방지하는데 자원 낭비를 초래하게 된다. 넷째, '도시 시가지(urban built-up area, 建成區)의 인구 밀도를 높인다'는 의미를 과학적으로 이해해야 한다. 중국의 도시 건설에서 도심 지역의 양극화 현상이 두드러지고 있다. 거의 모든 대도시들이 베이징의 원형을 모방했다. 도시 중심 지역과 오래된 도시 지역의 인구 밀도는 2만이 넘는다. 반면 개발 단지, 신시가지 지역의 인구 밀도는 매우 낮다. 총체적으로 도시 시가지의 인구밀도를 높인다는 것은 구시가지 지역과 도심지역의 인구를 분산시키는 것이다. 그렇게 하지 않는다면 도심지역의 교통 체증, 급수 부족, 심각한 오염, 집값의 고공 행진 등 도시의 고질적인 문제가 나타나게 된다. 이러한 고질적인 문제를 근본적으로 바꾸지 않는다면 원천적으로 해결하기 어렵다.

생태 문명 이념에 맞게 과학적으로 배치하는 것은 새로운 도시화의 특징으로 이를 보장할 수 있다. 자연을 알고 순응해 대자연과의 마찰을 줄이면, 먼 곳에서 물을 끌어오거나 심층 지하수를 지나치게 끌어올리는 등의 대자연에 맞서는 자원 소모를 줄일 수 있고, 사회의 환경 비용을 절약할 수 있다. 과학적인 배치와 계획적인 도시화를 구현하기 위해서는 환경 수용력을 기반으로 정한 생태 레드 라인과 대도시 발전 경계선을 엄격히 집행해야 한다. 정부는 법을 집행하는 곳이 되어야 하지 위법하는 곳이 되어서는 안 된다. 이를 위해서 도시 발전 심사평가 제도를 개선하고, 자연 자원 자산 부채, 생태 효익, 고용 보장, 주민 보건 등 지표를 포함시키고, 경제 성장 속도가 가중되는 것을 약화시켜야 한다. 정책 수단에서 자원 소비 누진세와 생태 보상 등의 경제 수단을 통해 사회 공공 자원의 균형적인 배치와 지역 인프라 자원의 공유를 유도하고 지지함으로써 양질의 공공 자원이 과도하게 집중된 고질적인 문제를 단계적으로 해결해야 한다.

중국과 같이 자연 자원의 차이가 크고 생태 환경이 극도로 취약한 땅에서 13억 인구의 신형 도시화를 실현하면서 친환경적이고 살기 좋은 기본적인 요구를 충족시키기 위해 자원과 환경을 엄격히 제약하고, 심각한 사회 경제 발전의 도전에 직면한 경우는 인류 역사상 선례가 없었다. 미시적 측면의 기술 효율은 자원과 환경의 압박을 완화하는 데 도움이 된다. 하지만 더 중요한 것은 생태 문명 건설을 강화하고 자연을 존중하고 순응하면서 자원과 환경 수용력과의 조화를 이루는 과학적이고 합리적인 거시적인 구도를 건설하는 것이고, 시장과 정부의 역할 분담과 이행을 통해 사회 공공 자원을 균형적으로 배치해 건장하고 친환경적인 중국의 도시화 과정을 보장하는 것이다.

제5절 균형적이고 조화로운 발전… 옌자오진의 사례[11]

천안문에서 30km 거리에 있는 허베이 쌴허三河시 옌자오燕郊진은 50만 명의 인구를 가지고 있다. 인구와 산업 부분에서 옌자오는 시장에

---

11   2013년 12월, 필자는 허베이 쌴허 옌자오 리서치를 하면서 옌자오가 보편성을 가지고 있음을 느꼈다. 천훙보(陳洪波), 리칭(李慶) 동지가 필자와 함께 리서치에 참여했다.

의한 통합 초기 틀을 갖추었지만, 체제상 지역 분할에 대한 행정 사고와 관리 포맷, 교통, 전력, 상하수도 등 하드웨어 인프라와 교육, 의료, 사회 보험 등 소프트웨어 서비스 시설 등 다방면의 연결 부족으로 인해 베이징의 인구와 산업이 효과적으로 완화되지 못했다.

엔자오는 베이징과 인접해 있는 장점과 베이징에 속하지 않는다는 단점을 가지고 있다. 이러한 특징으로 인해 엔자오는 베이징 도시 경계의 외연에서 발전하면서 베이징으로부터 독립된 도시가 되었다. 베이징의 인구와 산업 이전을 받아들인 쌴허시는 베이징시와 차별이 없고, 장애가 없는 빈틈없는 연결을 모색하면서 베이징으로부터 30분 경제권에 들어가는 것을 추진했다. 베이징과의 인프라 건설을 연계했고, 교통 분야에서는 지역 내부의 도로 교통 건설에 주안점을 두고, 베이징의 대중교통을 엔자오로 유입해 베이징-쌴허의 대중교통을 융합했다. 베이징 경전철을 엔자오로 연결했고, 베이징-하얼빈 고속도로 출구가 입체 교차하는 전반적인 준비 작업을 시작했다. 전력 공급 부분에서 베이징의 LAN을 도입해 베이징, 허베이 전력 공급 시스템을 형성했다. 수자원 공급에서는 베이징 가오베이뎬高碑店 오수처리공장의 중수이中水 전력 공급 공장을 유입해 사용했다. 베이징 열에너지 공급회사가 4억 위안 이상을 투자해 열 공급 네트워크를 개조하면서 발전소의 열원을 이용해 엔자오에 난방을 실시했다.

베이징으로부터 독립된 도시인 엔자오는 베이징의 산업 이전을 받아들이는 매개체로써 특색 있는 브랜드 단지를 건설했다. 산업 이전의 매개체로써 산업 단지의 기능을 발휘해 베이징과 차별화된 발전 전략으로 베이징의 산업 이전을 받아들였다. 쌴허 국가농업과학기술단지를 중심으로 현대 도시 농업 과학기술의 성과를 보급하고, 레저 관광, 명품 관광 농업 기지를 건설해 도시농업 클러스터 지역을 형성했다. 과학기술 성과 인큐베이팅 산업 단지를 마련해 과학기술 성과에 대한 인큐베이터 기능을 완비했다. 옌자오는 베이징 중관춘으로부터 81개의 첨단 프로젝트 인큐베이터를 도입했다. 이 가운데 24개의 프로젝트는 이미 마무리되었다. 옌자오에 위치한 싼허 단지의 경제 총량은 현 전체의 70% 이상을 차지하고, 재정 기여도는 현 전체의 80% 이상을 차지한다. 산업적인 지원 외에도 살기 좋고, 일하기 좋은 생태환경을 만들었다. '푸른 산과 맑은 물에 녹음이 우거진 교통이 발달한 도로 건설'을 목표로 베이징의 기준에 따라 생태환경 건설을 활발하게 추진했다. Greenway pergola, 접점 녹화, 공원녹지, 봉산육림(封山育林: 개간, 방목, 벌채 등을 금지하여 산림 자원을 보호하고 육성) 4대 사업을 시행해 '평원의 산림 도시'를 건설했다. 차오바이허潮白河 상류의 생태 수자원을 보충하고 수상 공원을 조성하는 사업을 시작했고, 차오바이허, 싱푸幸福 수로의 종합 정비를 통해 동서 구역의 수계 건설을 추진하면서 도시 녹화 보급률과 녹지율은 각각 43.3%, 38.6%를 차지하고, 1인당 공공 녹지 면적은 12.3㎡에 달했다. 23개의 시멘트, 분탄 기업의 생산라인 53개를 철거해 1,557만 톤의 과잉생산능력을 도태시켰다. 명령 금지 수속이 미비한 콘크리트 혼합 공장 30곳의 과잉생산능력 1,260만 입방을 도태시켰다. 광산, 시멘트 등 관련 산업을 점진적으로 중단함으로써 공기 질이 2급 이상인 날이 298일에 달하게 되었다.

옌자오의 발전은 베이징의 기능과 자원 환경 및 인구에 대한 압박을 완화하는 데 어느 정도 역할을 했다. 옌자오진 지역의 상주인구는 50만 명(호적인구 23만 명)에 달했고, 그 중 15만 명이 베이징으로 출근하고, 10여만 명이 옌자오 현지에서 취업하고 있다. 2015년 계획 인구는 60만 명이었다. 물론 호적 이외의 인구는 대부분 직간접적으로 수용한 베이징 인구다. 사실상 옌자오는 베이징의 확장이지만 체제적으로는 베이징의 위성

도시가 되는 것을 허용하지 않는다. 매일 쌘허에서 베이징으로 출퇴근 하는 약 40만 명의 이동 인구는 빠른 철도교통이 없어 대중교통과 자가용에 의존해야 하기 때문에 피크타임에는 교통 체증이 극도에 달하게 되면서 시간적인 부담과 막대한 자원 및 환경 비용을 유발했고, 심지어 사회의 안정과 안전에도 압박이 되기도 했다. 교육, 의료와 사회보장의 차이가 베이징에서 옌자오로 이사를 하는 것을 가로막는다. 옌자오진은 의료 건강, 양로 산업 발전을 위해 많은 사업을 실시하면서 베이징의 인구들이 쌘허로 거주지를 옮기기를 희망했지만 사회보장 정책이 맞물리지 않고, 의료보험 청구 비중과 범위가 통일되지 않아 실제로 그 효과는 이상적이지 못했다. 베이징 호적을 가지고 있거나 장기간 베이징에서 일을 하는 사람들은 행정 지역이 나누어지는 쌘허로의 이주를 원하지 않았다. 옌자오는 도시화의 가속화와 조직 규범의 제약으로 인해 교육, 보건, 공안 등 공공 서비스에 대한 자원 배분이 상대적으로 낙후되는 상황이 나타났다. 교육 자원의 불균형으로 일부 학교의 학급이 지나치게 많아졌고, 전체적인 의료 보건 자원과 높은 수준의 의료 보건 인재가 상대적으로 부족했고, 정치와 법률의 특별 편성이 적었으며 사회 치안에 대한 압박이 비교적 컸다.

옌자오진은 중국의 행정관리 등급에서 가장 낮은 '과급科給(중국의 행정등급은, 국가급国家级, 성부급省部级, 사청국급司厅局级, 현처급县处级, 향진과급乡镇科级 5개로 나뉨)이다. 옌자오진의 인구와 경제 규모는 이미 대도시 수준에 이르렀지만 행정 등급이 맞지 않아 '성부급省部级'과 대화를 하기가 어렵다. 옌자오는 '작지만', 작은 것 속에 '큰 것'이 있다. 국가관리시스템과 관리 능력의 현대화 추진을 위해서는 전면적인 개혁과 심화가 필요하다. 징진지에서 솔선해서 협동 발전을 실현하고, 정부 역할을 한정하고 규범화하며, 시장 자원 특히 인구와 산업 분배에서 결정적인 역할을 발휘할 수 있는지 여부는 중국의 도시권 형태와 구조에 대해 강한 시범적인 의미를 가진다.

옌자오진이 베이징의 일부가 아니라면, 베이징의 기능적 포지셔닝을 실행하고 강화하기 위해 베이징시의 경계를 엄격히 제한하고, 과학적이고 합리적인 개발, 높은 품질의 개발과 지속 가능한 발전의 길을 걷도록 추진해야 한다. 베이징의 기능을 넘어서는 오프 사이드 개발을 막기 위해서는 베이징의 기능적 포지셔닝을 강화하고, 국가 정치, 문화, 국제 교류와 과학기술 혁신 센터로서의 핵심 기능을 부각시켜야 한다. 베이징에는 91개 대학, 백만 명에 가까운 교수와 학생이 있다. 이런 거대 규모의 양질의 고등교육은 수도의 핵심 기능이 아니다. 철도 교통을 발전시키면 베이징에 대한 인구와 자원의 압박이 줄어들어 징진지 도시 통합이 현실이 될 수 있다.

독립적인 도시로써 옌자오진 자체도 도시 발전의 포지셔닝과 기능이 있어야 한다. 옌자오진은 수도 경제권에 있는 것이지 수도의 외곽지역이 아니다. 옌자오진과 베이징, 톈진과 허베이 기타 도시에서의 산업 발전, 인프라 건설과 사회 보장 부분에 대한 통합 과정은 더욱 중요하다. 베이징 주변의 도시가 베이징을 무한 확장하는 공간이 되어서는 안 된다. 서로 독립적이나 상호 보완적인 기능을 완비해야 한다. 베이징과 주변 도시는 산업의 분업과 협력이 필요하다. 합리적으로 산업의 단계적인 분업을 형성해 베이징의 기업이 주변 지역으로 이전하는 것을 격려해야 한다. 베이징에 거주하지 않고도 사회 공공 서비스를 균등하게 누릴 수 있어야 한다. 환경관리와 생태 보호 측면에서 효과적이고 장기적인 방어를 함께 실현해야 한다.

제5장

자원 관련과 생태 안보

자원 관련과 생태 안보

어떤 지역의 자원과 환경의 용력은 중요하게 제약하고 지탱하는 어떤 요소가 있다. 하지만, 생태 용량 혹은 수용력은 여러가지 자연 요소들이 함께 작용하면서 얻어지는 것이다. 이런 요소들이 상호 연관되어 영향을 주면서 중국 경제와 사회의 발전을 지탱하고 있다. 중국의 생태 문명 건설은 생태 시스템의 특성을 따르고, 자원의 관련 특성에 주의를 기울이며, 자원의 단기적인 나무판 효과Buckets effect를 약화시켜 생태 레드 라인을 구분했다. 이런 것들이 중국의 전체적인 생태 문명 전환을 추진하는 데 도움이 되었다.

중국의 환경관리와 생태건설

제1절 자원의 연관

'사소한 것이 큰 것에 영향을 줄 수 있다'는 말이 있는데 이는 시스템의 각각의 부분들 사이에서 그리고 부분과 전체 사이에서 연관이 있음을 형용하는 말이다. 생태계 시스템 속성은 그 시스템의 구성 요소와 기능에 관한 것을 말하며, 자원의 연관은 각종 요소들, 각각의 시스템 사이의 상호영향을 강조한다.

자원의 연관은 국제 정치적 관점에서 많이 토론되었다. 예를 들어 Andrew-Speed[01]는 자원의 연관을 주로 안보의 관점에서 시장과 전략, 국지적인 연쇄적 영향 세 가지 측면과 연관된다고 생각했다. 글로벌화와 과학기술의 발달로 인해 한 지방의 자원 시장 변동이 다른 지역의 자원 생활과 공급에 영향을 줄 수 있다. 한 국가의 정책은 다른 국가 또는 지역의 자원 안보에 영향을 줄 수 있다. 한 나라의 에너지원 정책은 다른 나라의 다른 종류의 에너지에 영향을 줄 수 있다. 예를 들어 유럽에서 바이오 연료와 같은 물질 에너지를 더 개발하겠다는 정책을 내놓으면 아프리카 국가의 식량공급에 영향을 줄 수 있다. 국경을 넘는 하천의 경우, 상류 국가의 수자원 이용에 대한 결정과 행위가 하류 하천의 수자원 안전에 큰 영향을 준다. 한 국가의 석유 정책과 수자원 정책이 모두 서로 관련이 있는 것은 아니지만, 서로에게 영향을 줄 수 있다. 토지는 화석 에너지, 풍력, 태양 에너지, 바이오 에너지의 기초이며 수자원은 에너지, 광물, 식물의 기초가 된다. 세일 가스 개발은 물과 직접적인 관련이 있다.

---

01   philip Andrew-Speed, 독일 마샬기금 대서양횡단 학회(Trans Atlantic Academy). 2012년 자원관련 안보 베이징 심포지엄에서 발언, 2012년 9월 15일.

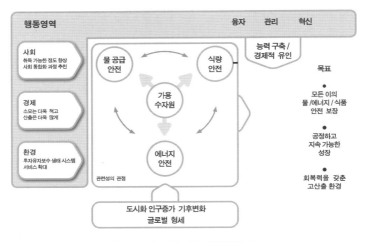

[그림 5-1] 자원 관련 안전의 의미

　　많은 자원 관계에 대한 토론은 발전의 관점에서 출발한다. 2000년 UN이 제정한 천년발전목표MDGs는 빈곤 퇴치에 필요한 자연 자원에 치중했지만 자연 자원 사이의 관련에 대한 관심은 부족했다. 예를 들면, MDG에서는 물 안보의 범위를 안전한 음용수와 깨끗한 물 확보로 정하고, 인류의 기타 용수와 생태 시스템 용수는 포함하지 않았다. 에너지 안보는 깨끗하고, 믿을 만하고 부담할 수 있는 에너지 서비스를 확보해 취사, 난방, 조명 통신 및 생산에 사용되는 것으로 정의하고, 에너지 생산과 소비에 관련된 토지, 물과 식량 문제는 고려하지 않았다. 식량 안보와 관련, UN식량농업기구(FAO)는 충분하고 안전하며 영양가 있는 음식으로 음식에 대한 수요와 활력을 충족시키고, 건강한 삶을 선호하는 것도 음식과 관련이 있다고 정의했다. 천년발전목표 이행 과정에서 각각의 목표들 사이에 밀접한 연관이 있음이 발견되었다. '포스트 2015 개발 의제'와 '지

중국의 환경관리와 생태건설

속 가능한 발전 목표'(SDGs)가 제정한 UN 실천 과정에서 자원 연관성의 중요함이 부각되고, 중요한 위치를 차지했다. 일부 싱크 탱크도 상응하는 업무를 전개[02]했다. 지속 가능한 발전 목표의 실현을 위해 UN의 지속 가능한 발전 리우 정상회의의 수권을 받아 설립된 공개 업무팀Open Working Group이 제출한 목표 초안은 원칙적으로 단일 요소를 고려했지만, 생태계의 보호와 복원을 명확하게 하는 물과 관련된 요소[03]들에 대해서 특정한 목표를 제시했다.

물, 에너지, 토지와 식량은 긴밀한 관계를 가지면서 상호 독립적이지 않고, 서로를 제한한다는 것을 이해할 수 있다. 식량을 생산하기 위해서는 물, 토지, 에너지 등 자원 요소가 필요하고, 이들이 상호 의존하고 함께 작용해야만 식량 생산이 가능하다. 물은 있는데 땅이 없으면 곡식을 생산할 수 없다. 가뭄으로 물이 부족한 황무지나, 사막처럼 땅만 있고 물이 없는 곳은 작은 풀 하나도 자라지 못하는 불모지이기 때문에 식량을 생산할 수 없다. 전통적인 농업은 상업 에너지를 사용하지 않아 에너지 서비스가 식량생산에서 그다지 큰 관계가 없는 것 같다. 하지만 현대 농업생산에서 농업 기계 설비, 관개 배수, 농약 및 비료의 상업 에너지의 소모는 필수적이다. 특히 화석 에너지가 고갈되는 현재 상황에서 태양광 발전이 일조 자원을 점용하고, 농작물이 광합성 작용을 할 수 없어 식량을 생산하지 못하게 되었다. 토지와 수자원은 바이오매스 에너지 생산에 이용되어 식량과 직접적인 경쟁 관계를 형성한다. 바이오디젤을 생산하려면 대량의 토지 자원과 수자원이 필

---

02   예를 들어 SEI, 2011, Understanding the Nexus, Background Paper Prepared for Bonn Conference on Water, Energy and Food Security Nexus: Solutions for the Green Economy, Nov 2011, pp.16-18.

03   UN OWG(Open Working Group)on Sustainable Development Goals, July, 2014.

요하다. 추산에 따르면 1L의 연료를 만들기 위해 소모되는 대두를 기르는 데 필요한 물의 양은 10톤에 달하고, 사탕수수는 2톤이 필요한데 이를 위해서는 0.5톤의 물이 소비된다.[04] 식량 생산에 쓰이는 물 1톤당 생산하는 열량은 겨우 3000Kcal 정도로 가치량도 1달러[05](표 5-1)에 한참 부족하다.

[표 5-1] 각 농작물에 사용되는 물의 생산률 범위

	소맥	감자	토마토	사과
kcal/㎥	660-4,000	3,000-7,000	1,000-4,000	520-2,600
달러/㎥	0.04-1.2	0.3-0.7	0.75-3.0	0.8-4.0

각종 자연자원이 연관된다는 특성은 자연적 변동에서 상호 영향을 주는 것에서 나타난다. 예를 들면 바람과 비가 알맞으면 에너지에 대한 수요는 줄고, 식량 생산량이 높아진다. 가뭄이나 폭풍우 또는 홍수가 발생하면 관개 배수를 위해 많은 현대적인 에너지 서비스를 소비해야 한다. 이런 전도성은 안보 문제가 일련의 문제로 이어질 수 있음을 말해준다. 물의 안전 문제에서 물이 없으면 가뭄을 발생하고 토지 자원이 효력을 상실해 토지 자원과 식량안보에 영향을 미칠 것이다. 이렇게 관련성을 통해 전달될 수 있다. 중국 자원의 연관성 문제에 대해 좀 더 고찰해 볼 수 있다. 현재의 개발 단계와 인구를 고려했을 때, 중국은 여러 가지 안보 요소들이 병존한다. 즉, 자원 관련 안보는 단일 요소의 안보 문제가 아닌 전체와 각 부

04   Hoogeveen, J., Faures, J-M. and Van de Giessen, N., *Increased Biofuel Production in the Coming*, 2009.

05   Molden D., Oweis T., steduto P., Bindraban P., Hanjra M. A., Kijne J. (2010), *Improving Agricultural Water Productivity: between Optimism and Caution, Agric WatMgmt97, pp.528-535.*

분 사이에 연관된 안보 문제여야 한다. 중국은 1인당 생태 또는 자연의 자원 점유량이 낮고 총량이 부족하기 때문에 양적인 제약을 받는다. 양적인 제약 뿐만 아니라 질적인 제약도 있다. 환경오염, 수질악화, 토양의 심각한 중금속 오염은 30년, 50년이 지나도 사라지지 않을 수 있다. 물과 토지 모두 질적으로 악화되었다. 중금속으로 오염된 물과 토지에서 생산된 식량에는 독성이 있기 때문에 식용할 수 없다. 따라서 생산량이 더 증가해도 안전한 식량의 공급을 보장하는 것에 대한 문제가 존재하게 된다. 그렇기 때문에 질적인 안전도 중요하다.

　연관성 안보란 실제로 자원과 관련된 안보로 각종 자원 요소들 사이에 취사 선택과 수요 및 균형의 문제가 존재한다. 우리는 에너지 안보를 보장하기 위해 에너지 작물을 재배해 바이오 디젤과 바이오 연료를 생산할 수 있고, 현재의 과학기술력과 수준으로 상업적 생산이 가능하다고 말한다. 하지만 에너지 안보가 확보된다면 바이오매스 에너지 생산을 위해 토지와 물이 필요하기 때문에 식량 안보 리스크가 존재하게 된다. 따라서 식량 안보와 에너지 안보 사이에서 비교하고 취사 선택해야 하는 문제가 존재한다. 생태 안보, 에너지 안보, 식량 안보 역시 비교하고 취사선택해야 하는 문제가 존재한다.

　에너지 안보를 보장하기 위한 석탄 채굴로 지하수계Ground-Water System가 파괴되었다. 지하수는 오랜 세월을 거쳐 형성된 것이기 때문에 30년, 100년이 지나도 회복할 수 없다. 이러한 상황에서 생태계 전체와 식량 생산이 심각하게 제한되고 방해를 받는다. 석탄을 생산하는 중국의 일부 성省들은 화석 에너지의 비과학적인 개발과 과도한 채굴로 인해 석탄 갱도 지역의 지하수계가 훼손되었고, 이로 인해 생태 시스템과 곡물 생산의 안정성에 큰 영향을 미쳤다.

중국의 자원 안보는 글로벌적인 의미를 가진다. 자원의 상화 연관성으로 인해 중국의 생태 자원의 저장량과 변동이 전 세계에 영향을 끼칠 수 있음을 알 수 있다. 우선, 중국 경제는 대외 의존도는 매우 높다. 중국의 많은 1차 산업자원들 예를 들어 석유, 철광석, 벌크 농산품 등의 대외의존도가 비교적 높다. 2010년대로 들어서면서 중국의 석유 대외 의존도는 60%를 넘었고, 철광석 연간 수입량은 8억 톤에 달했고, 식용유의 원료인 대두는 기본적으로 모두 해외 수입에 의존했다. 따라서 높은 대외 의존도와 많은 자원 제품 수입은 세계 자원 시장에게는 기회가 되고, 중국의 생태 균형을 뒷받침하지만 이는 자원 안보의 취약성과 리스크를 의미하기도 한다.

예를 들어, 중국의 실제 대두 수입량이 2010년보다 2011년에 4%가 감소했지만, 지불 가격은 거의 20%가 증가했다. 원유는 2억 6,000만 톤을 수입해 2010년에 비해 6%가 늘었지만 지불한 비용은 45.3%가 증가했다. 미국은 원유 가격을 안정시킬 수 있다. 하지만 이런 능력이 없는 중국은 가격 결정권이 없어 수동적으로 수용할 수밖에 없다. 원유에서 가장 뚜렷하게 나타나고, 식량 생산도 마찬가지다. 이렇게 자원과 연관된 안보에 미치는 영향을 과소 평가해서는 안 된다.

자원 안보는 글로벌적인 속성을 가진다. 중국의 기후 안보 상황은 매우 심각하다. 기후용량의 공간 구조는 중국의 인구와 경제 분포에 영향을 주고, 이를 결정한다. 중국의 기후 변천과 현재의 지구온난화로 인한 기후변화는 중국 서북 지역의 기후용량을 더욱 위축시켜 기후 이민이 불가피하게 되었다. 2011년 산시陝西는 10년 기한 동안 인구 240만 명을 이전하는 계획을 시작했다. 많은 주민의 생존을 지탱하기에는 기후용량이 충분치 않기 때문에 사람들이 할 수 없이 다른 지방으로 이전하는 것이다.

중국의 환경관리와 생태건설

닝샤 지역의 기후 이민도 10여 년간 진행됐다. 현재의 극심한 기후 현상, 홍수와 가뭄, 해수면 상승 등이 경제가 가장 발달한 주장삼각주와 창장삼각주, 환보하이環渤海 지역 등 연안 저지대 지역의 경제에 영향을 미친다는 것은 말하지 않아도 알 수 있다.

세계 기후 안보는 국가 이익과 안보 갈등을 촉발한다. 각국은 심각한 온실 가스 배출에 대한 통제의 차이 때문에 국제 무역의 비교 우위의 변화가 발생해 국제 무역 마찰을 일으킬 수 있다. 예를 들면 EU의 항공 관세, 국경 조정 세금Border Adjustment Tax 문제 역시 에너지 안보와 연관되어 국내뿐 아니라 국제적으로도 기후 변화로 인한 안보 문제, 기후 이민과 기후 난민 문제가 존재하게 된다. 개발 도상국에 기후 난민이 있다면 그것은 분명히 세계 안전에 도전이 될 것이다. 물, 식량, 생물, 에너지 안보에서 한 지방의 안보는 관련된 전도 효과를 일으켜 국제적인 안보 문제를 야기할 가능성이 있다.

식량, 석유, 광석을 포함한 벌크 자원의 장거리 운송은 교통 경로의 안전에 대한 우려를 유발한다. 2010년대 중국은 매년 3억 톤의 석유를 수입했고, 주로 해상 운송을 이용했다. 하지만 운항과 항해의 안전 문제도 심각하다. 해적, 해양 권익 분쟁, 지역의 군사충돌 모두 벌크 상품의 운송 안전에 큰 영향을 끼친다.

중국은 전 세계의 자원과 관련된 안보를 국가 안보 의사일정에 포함해 국제 협력을 모색하고, 상응하는 책임을 져야 한다. 첫째, 세계적으로 글로벌 거버넌스의 틀이 필요하다. 국제협력은 한 국가가 고려할 수 있는 것이 아니다. 관련 안보는 글로벌적인 것이기 때문에 다자-양자가 협상을 통해 국제 안보의 틀을 마련해야 한다. 책임 있는 개발도상국이자 대국인 중국은 기후 변화에 큰 중요성을 두고, 국제 무역과 생태 안보 등 중대한 자원과 관련된 안보에 대해 수동적으로 참여하는 것이 아니라, 적극적으로 발언권을 모색하고, 국제 법의 틀 안에서 자원 관련 안보를 보장하고 구현할 수 있도록 노력하고 있다.

국가 외에도 지역적 측면의 협력에서 양자 협력과 다자 협력은 필수불가결하다. 지역의 양자 대화 및 교류와 협력은 자원과 연관된 안보에서 매우 중요한 역할을 한다. 중국의 개발은 두 종류의 자원과 두 종류의 시장을 필요로 하기 때문에 국제 안보를 다룰 전략을 갖는 것이 필요하다. 자원과 관련된 국제적인 정치 안보는 사실 국가의 경제적 이익을 보장하기 위한 것이기 때문에 경제적 담론의 지위가 특히 중요하다. 중국은 세계 최대의 철광석 수입국이지만 제품의 가격결정권은 거의 없다. 이는 또한 중국 기업들, 특히 국영 기업들이 국제 시장 거래에서 역량을 강화하고, 자원과 연관된 경제 안보를 업그레이드할 필요가 있음을 의미한다.

품질은 국내 반응에서 매우 중요하기 때문에 품질 안전 관리를 강화해야 한다. 외계종들의 침략과 오염 물질 배출을 감독해야 하고, 토양의 중금속 오염도 가능한 한 빨리 체계적으로 관리해야 한다.

제2절 생태 기능 포지셔닝

중국의 지형과 기후 특징이 중국 특유의 자연생태 시스템을 구성했다. 중국은 서고동저의 지형을 가지고 있어 수계水系가 대부분 서북고원에서 동남의 바다로 흐른다. 계절풍 기후의 특성은 계절성 강수량을 강하게 하고, 공간적이고 시간적인 분포가 고르지 않아, 여름에는 태풍이 많아 강수량이 집중되지만, 겨울엔 북쪽 차가운 기단이 넓은 지역에 영향을 주어 낮은 온도와 희박한 강우량을 가진다. 취약한 생태와 수용력이 낮은 서북고원 지역의 산지는 공업 및 농업 생산, 도시화 및 거주 환경으로 적합하지 않다. 취약 지역에 대한 생태 보호는 곧, 상호 연관된 공간 생태 시스템에 대한 보호이다. 자연을 존중하고 순응하면서 공간 시스템의 연관성을 고려해 생태자원을 개발하고 이용해야 한다.

산업화와 도시화가 급속하게 추진되고, 연해에서 내륙으로 산업이 이전하고, 내륙의 도시화가 규모의 발전을 이루고 있는 상황에서 중부와 서부의 취약한 생태 환경은 심각한 위협에 직면해 있어, 각 지역의 자원 환경 수용력과 기존의 개발 강도와 발전 잠재력에 따라 인구분포, 경제 구도, 국토 이용과 도시화 구조를 종합적으로 계획해 각 지역의 주체기능을 정하고 이 명확한 개발 방향에 따른 정확한 정책을 정비하고, 개발의 정도를 통제하고, 개발의 순서를 규범화함으로써 인구, 경제, 자원 환경이 서로 협조하는 국토 공간 개발 구도를 형성해 나가야하는 것이 필요하다.

주체기능이란 생태 공간 자원의 다양한 잠재 기능 가운데 생태 시스템의 시각으로 고려한 것으로 주요 기능 또는 주체기능을 가지는 것을 가리킨다. 예를 들면 제품 공급의 관점에서 공산품과 서비스 제품 제공을 주요 기능으로 하거나, 농산품 제공을 주요 기능으로 하거나, 생태적 생산물이나 서비스 제공을 주요 기능으로 하는 것으로 구분된다. 만일 한 지역이 전체 생태 안보와 관련이 되면, 이 지역의 주요 기능은 생태 생산물을 제공하는 것이 되고, 농산품과 서비스 제품 및 공산품의 제공은 종속적인 기능이 된다. 그렇지 않으면, 생태 생산물의 생산 능력을 손상시킬 수도 있다. 예를 들면 초원의 주 기능은 생태 생산물을 제공하는 것인데, 과다한 방목으로 초원이 사막화가 될 수 있다. 농업 개발 여건이 좋은 지역에서는 농산품 제공을 주요 기능으로 한다. 그렇지 않으면 대량의 경작지가 농산품의 생산 능력에 손해를 줄 수 있다. 때문에 국토 공간에 따라 주요 기능을 구별하고, 주요 기능의 포지셔닝에 따라 주요 내용과 개발 과제를 결정해야 한다. 따라서 생태 공간의 주체기능구역의 구분은 자연을 존중하고 순응하는 지역 발전 패러다임으로 전환하는 효율적인 방법[06]이다. 2007년, 중국은 공간 자원 이용과 보호 구도의 주체기능 구분[07]을 시작했다.

전국의 주체기능 지역 계획에 따라 생태자원의 공간 기능은 개발 방식에 따라 최적화 개발지역, 중점개발지역, 개발 제한지역 및 개발 금지구역으로 나눈다. 개발 내용에 따라 도시화 지역, 농산품 주요 생산지역 및 중점 생태기능구역(그림 5-2)으로 나눈다. 각 성들은 내부적으로 이들 구역을 더 세분화했다. 개발방식은 주로 다양한 지역의 자원 환경 수용력, 기존의 개발 집약도와 미래 개발 잠재력을 기반으로 대규모의 고 집약적 산업화와 도시화를 위한 방법 혹은 적절성 여부를 기준으로 구분한다. 상품은 주로 주요 제품을 제공하는 유형을 기준으로 나눈다. 도시화 지역은 산업과 서비스 상품 제공을 주요 기능으로 하는 지역으로 농산물과 생태 생산물도 제공한다. 농산물의 주요 생산 지역은 농산품 제공을 주요 기능으로 하는 지역으로 생태 생산물, 서비스제품과 일부 공산품을 제공한다. 중점 생태 기능 지역은 생태 생산물과 서비스 제공을 주요 기능으로 하는 지역으로 특정 농산물, 서비스 상품과 공산품을 제공한다.

---

06   왕성윈(王聖雲), 마런펑(馬仁鋒), 선위팡(沈玉芳): 〈중국구역발전 패러다임 전환이 주체기능구역 계획이론과 호응〉, 〈지역연구와 개발〉 2012년 12월 10일.

07   〈국무원의 전국주체기능구역 계획 편제에 관한 의견〉 (국발(2007)21호)

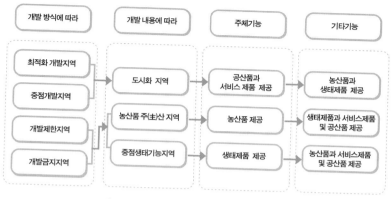

[그림 5-2] 중국주체기능구역 분류 및 기능

자료 출처: 국가주체기능구역 계획

국가주체기능구역 계획에 따라 전국의 국토 공간의 개발 강도는 3.91%, 도시 공간은 10만 6,500㎢ 이내로 통제하며, 농촌 주거지역 점유 면적은 16만㎢ 이하까지 줄이고, 다양한 건축 형태에 의해 점유된 경작지의 신규 면적 확대는 3만㎢ 이내로 통제한다. 농경지 보유량은 120만 3,300㎢(18.05억묘) 이상이어야 하고, 그 중 기본 농지는 104만㎢(15.6억묘)보다 적을 수 없다. 임지 보유량은 312만㎢까지 늘어났고, 삼림 복개율은 23%까지 상승했으며 삼림 축적량은 150억㎥ 이상에 달한다. 초원이 국토 공간 면적에서 차지하는 비율은 40% 이상을 유지한다. 도시화 규모 확장으로 인한 토지 점용으로 농촌 택지와 농경지 모두가 줄어들게 되며, 도시와 산업 용지로 전환되었음을 알 수 있다(표 5-2).

[표 5-2] 전국 육지 토지 공간 개발계획 지표

지표	2008년	2020년	변화	
개발강도 (%)	3.48	3.91	0.43	12.36%
도시공간 (만㎢)	8.21	10.65	2.44	29.72%
농촌주거지역(만㎢)	16.53	16	-0.53	-3.21%
경작지 보유량(만㎢)	121.72	120.33	-1.39	-1.14%
임지보유량(만㎢)	303.78	312	8.22	2.71%
삼림복개율(%)	20.36	23	2.64	12.97%

비고: 국가주체기능구역 계획 지표에 따라 계산

생태 병풍 기능이 있는 서부와 산지는 대부분 개발 금지구역으로 설정하고, 국가급자연보호구, 세계문화자연유산, 국가급 풍경명승구, 국가삼림공원과 국가지질공원 등 법으로 각종 자연문화보호구역을 설립했다. 성급개발 금지구역은 성급 및 이하의 각종 자연 문화자원 보호구역, 중요 수원지 및 기타 성급 인민정부가 수요에 따라 확정한 개발 금지구역을 포함한다.

제3절 경작지 생태 환원

경작지 생태 환원은 1990년대 들어 무리한 대규모 토지 이용으로 인한 토지 황폐화를 막기 위해 중국 정부가 도입한 중요한 행정조치로 퇴경환림, 퇴경환초(退耕還草: 경작지의 초원 환원)와 퇴경환수(退耕還水: 경작지를 수자원으로 환원) 3개 분야가 있다. 퇴경환림은 주로 삼림 벌채로 인해 훼손된 산간 지역, 특히 가파른 경사면(경사도 25° 이상)을 대상으로 한다. 이 밖에 일부 삼림 벌채로 황무지를 개간한 반습윤semi-humid 생태 취약 지역이 포함된다. 중국은 오랫동안 곡물 생산을 주요 연결 고리로 많은 임지, 습지, 초원을 파괴해 자연 생태 시스템의 불균형을 초래했다. 1999년부터 시작된 퇴경환림 사업은 지금까지도 가장 강력한 정책으로 많은 자금을 투입해 광범위하게 실시되고 있고, 대중의 참여도가 가장 높은 중국의 생태건설 사업이면서 강력한 농촌 강화와 농촌 우대 사업이다. 지금까지 4,300여 억 위안이 넘는 사업자금을 투입한 세계 최대의 생태건설 사업이다. 사업 건설 목표와 임무[08]는 다음과 같다. 2010년까지 퇴경지 1,467만ha에 조림을 하고, 민둥산과 황무지 1,733만ha의 조림(1999~2000년 퇴경환림 시범지역 임무)을 완성한다. 비탈진 경작지를 삼림으로 만들어, 심각하게 사막화된 농경지를 기본적으로 복원했고, 사업 지역의 숲과 들 복개율이 4.5%가 증가했으며 프로젝트 관리 지역의 생태 현황도 대폭 개선되었다.

1999년~2004년 중국은 총 1,916만 5,500ha의 퇴경환림을 계획했다. 그 중 788만 6,200ha의 퇴경지를 조림하고, 민둥산과 황무지의 조림 면적은 1,127만 9,300ha였다. 각지는 기본적으로 국가가 계획한 임무를 달성했고, 초과 달성을 한 성들도 있다. 모든 단계에 대한 검사와 검수 결과, 전체적으로 프로젝트가 질적으로 양호한 것으로 나타났다.

2000년~2004년 중앙의 누적 투자액은 748억 300만 위안으로 식수조림 보조비는 143억 7,400만 위안, 전기 프로젝트 비용은 1억 2,100만

<hr />

08　〈국무원 퇴경환림환초 시범업무를 더 잘하는 것에 관한 약간의 원견〉〈국발(2000)24호〉, 〈국무원 퇴경환림 정책 조치 완비에 관한 약간의 의견〉〈국발(2002)10호〉와 〈퇴경환림조례〉의 규정에 따라 국가임업주관부처가 심층 조사 연구를 실시하고, 각 성(구, 시), 유관부서 및 전문가 의견을 폭넓게 수렴해 국무원 서부지역개발지도팀이 제2차 전체회의에서 확정한 1,467만 ha의 규모의 2001-2010년 퇴경환림 계획에 따라 국가임업국이 국가발개위, 재정부, 구무원 서부개발협회, 국가식량국과 함께 〈퇴경환림사업계획〉(2001-2010)을 편제했원. http://baike.baidu.com/view/2886872.htm?fr=aladdin.

위안, 생활보조비 62억 8,500만 위안, 식량 보조금이 540억 2,300만 위안이었다. 토양과 수자원 유실, 토지 사막화에 대한 관리가 가속화되면서 생태 상황이 현저하게 개선됐다. 퇴경환림 사업의 시행으로 중국의 삼림 녹화 면적은 매년 400만~500만ha 였던 것에서 3년 연속 667만ha 이상 늘어났다. 2002년, 2003년과 2004년 퇴경환림 사업을 통한 삼림 녹화 면적은 각각 전국의 총 삼림 녹화 면적의 58%, 68%와 54%를 차지했으며, 서부 일부 성은 90% 이상을 차지했다. 퇴경환림은 사람과 자연의 관계를 조절했고, 농민이 넓은 경작지에 적은 수확을 얻었던 과거의 습관을 개선했다. 사업 시행으로 토양과 수자원 유실과 토지 사막화에 대한 관리에 박차를 가해 생태 상황이 현저하게 개선되었다. 창장수리위원회의 모니터링 보고서에 따르면 2003년 창장 상류의 이창宜昌 스테이션의 연간 유사량(流砂量: sediment discharge)이 80%가 감소했고, 주요 지류의 유사량은 여러 해의 평균치보다 적었다. 춘탄寸灘 이하 각 스테이션의 평균 유사량도 50~79%가 감소했다. 퇴경환림이 창장의 유사량을 줄인 중요한 요인이다. 쓰촨성은 1999년~2004년 80만 5,300ha에 대한 퇴경환림을 시행해 2억 6,700만 톤의 토양 침식을 줄였고, 연평균 5,300만 톤이 감소해 전 성의 삼림의 연간 퇴적물 총량의 1/4을 차지했다. 창장의 지류인 민장岷江, 부장涪江의 1㎥당 유사 농도流砂濃度(유수流水 속에 포함되어 있는 부유토사浮遊土砂의 농도. sediment concentration)가 각각 60%와 80%가 감소했다. 이를 통해 중국의 생태건설이 '파괴와 복원이 팽팽하게 대치'하는 중요한 단계로 들어서는데 퇴경환림 사업이 큰 기여를 했음을 알 수 있다.

다른 선진국에서도 유사한 사업을 한 적이 있다. 미국은 1985년 〈식품안전법〉(Food Security Act, 1985)을 통해 보존휴경제도(Conservation Reserve Program, CRP)를 시행했다. 정부의 보조금을 받아 10~15년간 휴경하면서 식생을 복원하는 것에 자발적으로 참여하는 것이 핵심이다. 수질 개선과 토양의 유실을 통제하고, 생물의 다양성을 높이기 위해 주로 토양과 수자원이 유실되고 환경에 민감한 농지를 타깃으로 했다. 보조금은 농민이 정부에 요구 금액을 제시하면, 정부가 전문 평가를 거친 후, 토지임대료를 포함해 에이커 당 44달러를 지급하고, 잔디와 나무 심는 비용의 50%를 분담했다. 2002년까지 CRP를 실시한 농지 면적은 1,360만 ha에 이른다. 그 중 55%의 토지가 제2기[09]에 들어갔다.

1988년 유럽공동체도 휴경 프로젝트를 시작했다. 농업 정책인 가격 보장으로 많은 고가의 농산품 과잉 현상이 발생했고, 이를 해소하기 위해 자원보존 계획을 실시하여 농업의 생태 환경과 야생 동식물에 대한 피해를 줄이는 것이 목적이었다.[10] 1992년에는 휴경을 강제 의무화[11]시켜, 농지의 15%를 휴경할 것을 규정했다. 1996년에는 이 비율을 대략 940만 에이커인 10%까지 축소했다. 휴경 농지의 토양 화학성분이 개선되고, 생물 다양성이 제고되었다. 그러나 EU는 2007년에 휴경 프로젝트를 중단했고, 2008년에는 도시의 곡물 공급 부족을 줄이고, 곡물 가격을 억제하며 바이오 연료 생산을 충족시키기 위해 더 이상 보조금을 지급하지 않았다.[12]

---

09   샹칭(向青): 〈미국환경보호 휴경프로젝트 방법과 노하우〉, 〈임업경제〉 2006년 제1기, 제
      73-78p.

10   'Commission Regulation(EEC) No.1272/88 of 29 April 1988 Laying Down Detailed
      Rules for Applying the Set-aside Incentive Scheme for Arable Land', *EUR Lex*, European
      Commission, 29 April 1988.

11   Set aside, Dinan, Desmond(20 Feb 2014), *Origins and Evolution of the European Union*,
      OUP Oxfod, p.210, ISBN 978-0199570829

12   영국〈데일리텔레그래프〉보도, 2006-2007년, 식량가격이 2배 뛰었다. 톤당 밀의 가격이
      200파운드에 달해 빵 등 식품가격이 상승했다. Waterfield, Bruno(27 September 2007),
      'Setaside Subsidy Halted to Cut Grain Prices', *The Daily Telegraph*(London)

미국, EU와 중국 모두 '퇴경' 프로젝트가 있었지만, 저마다의 전제조건, 출발점과 효과에는 큰 차이가 있었다. 우선, 전제 조건을 보면 EU와 미국의 휴경 농지는 가장 양질은 아니지만 모두 농업 생산에 적합한 토지였고, 중국은 25° 이상 비탈진 농지, 가뭄으로 물이 부족한 초원과 호수 습지였다. 비탈진 토지와 초지는 생산량이 낮고, 토양의 황폐화가 빨라 근본적으로 농경에 적합하지 않았다. 식량과 가경지의 부족으로 인해 한계를 초과하게 되면서 개간한 토지자원들이다. 따라서 구미의 휴경은 경지를 번갈아 쉬게 하면서 경작지를 비축한 것으로 언제든지 경작을 할 수 있다. 그러나 중국의 퇴경은 휴경 후 지력이 다소 회복되었다고 해도 지형과 기후조건 때문에 여전히 농경에 적합하지 않다.

둘째, 구미의 휴경 목적은 주로 농산품 과잉과 보조금을 줄이기 위한 것이고, 생태와 환경보호가 중요한 이유이지만 부차적이다. 이것이 바로 EU가 휴경을 중단하고, 미국이 제2기의 기간을 1기와 같이 10년~15년이 아니고, 겨우 5년만 연장한 이유이기도 하다. 중국은 그렇지 않다. 유한한 경작지로 늘 식량이 부족한 농산품 생산 과잉 현상은 없었다. 개혁개방 이전에는 농산품에 대한 보조금이 없었을 뿐 아니라, 공산품과 농산품 '셰레(협상가격차)'를 통해 농산품 수익을 차지했다.

셋째, 구미의 휴경은 자발성과 시장성을 띤다. 휴경에 자발적으로 참여했고, 보조금은 기회비용을 대체로 보완할 수 있다. 중국은 강제성과 계획성을 띤다. 구미의 휴경은 농민의 참여와 중단이 자유롭지만, 중국은 참여는 가능하지만 자유롭게 그만둘 수 없다. 구미의 보조금은 대부분 금전적인 보조이고, 중국의 보조금은 생계보장적인 식량과 생활비를 보조는 것이다.

넷째, EU의 휴경은 경작을 정지하는 것일 뿐이고, 토지 용도의 전환

　중국의 환경관리와 생태건설

을 장려하지 않고 휴경지 위에 풀과 나무를 심는 것을 지원하지 않는다. 미국의 휴경은 식수를 장려한다. 보조금은 있지만 비용의 절반만을 보조할 뿐이다. 중국의 퇴경은 단순한 퇴경이 아니라 풀과 나무를 심어 토지를 보호해야 하는 것이다.

다섯째, 가장 큰 차이는 지속 가능한 수익에 있다. 중국의 퇴경지의 환경은 극도로 취약하기 때문에 일단 경작을 그만두면 생태복원과 환경적 이익이 구미의 휴경지보다 훨씬 더 높다. 그리고 중국의 퇴경지는 토지 용도를 변경했기 때문에 농지에서 임지 또는 초지로 변경되고, 다시 경작지로 전환되기 때문에 높은 경제 비용이 들어가고, 제도적 어려움도 훨씬 크다.

제4절 나무통 효과Buckets Effect

나무통 효과는 '짧은 나무판short slab' 효과라고도 한다. 이 이론은 나무통에 물을 가득 채우려면 모든 나무판 조각이 고르고 부서진 곳이 없어야 한다는 것이다. 만약 나무판이 하나라도 고르지 않거나 나무판 하부에 구멍이 있으면 물을 가득 채울 수가 없다. 다시 말해 나무통에 얼마만큼의 물을 채울 수 있느냐는 가장 긴 나무판에 달린 것이 아니라 가장 짧은 나무판에 달려 있다는 것이다.

자원의 관련성에도 '짧은 나무판' 효과가 있다고 한다면 중국의 자연자원에서 취약 부분인 '짧은 나무판'은 어디인가? 토지인가? 에너지인가? 아니면 수자원인가? 토지는 공간적 개념으로 물과 에너지의 제약을 받는다. 식량 생산과 수요 측면에서 중국은 식량 부족의 어려움을 겪어왔다. 중국은 세계 경작지의 7%를 가지고 세계 인구의 20%를 먹여 살렸다. 이는 성과라기보다는 어쩔 수 없는 선택이었다는 말이 더 적합한 표현이다. 경작지가 부족한 이유는 물이 부족하기 때문이다. 만일 건조와 반건조 기후 지역, 사막과 반사막 지역에 충분한 양의 물이 있다면 경작지가 부족하지 않을 것이다. 따라서 물은 자원 연관에서 가장 큰 제약이 되는 요소이다. 에너지 안보는 총체적으로는 생활의 질과 관련된 문제다. 만일 에너지가 없으면 현대 생활방식이 유지되기 어렵지만, 물이 없다면 생존 자체를 유지할 수 없다. 따라서 물의 안전은 생존에 대한 안보이고, 에너지 안보는 생활의 질에 대한 안보라고 할 수 있다. 혹자는 에너지만 있으면 해수를 담수로 만들 수 있기 때문에 담수를 끊임없이 제공할 수 있다고 주장하기도 한다. 하지만 문제는 이 명제가 성립되지 않는다는 데에 있다. 왜냐하면 해수를 담수로 만들어 인간의 생산과 생활에 사용할 수 있는 충분한 양의 에너지가 있을 수 없기 때문이다. 그러므로 수자원의 안보가 중국의 자원 관련 안보의 취약부분임을 인정해야 한다. 왜냐하면 중국의 1인당 평균 수자원 점유량이 낮고, 시간과 공간적 분포가 고르지 않으며, 수자원 오염이 심각하고 홍수와 침수로 인한 재해와 가뭄으로 인해 매년 큰 피해를 입기 때문이다.

개발도상국인 중국은 많은 기본적인 전략적 자원의 1인당 평균 점유량이 세계 순위에서 뒤쪽에 있을 정도로 낮다. 30년 가까이 중국 경제는 고속 발전의 황금 시기를 구가했다. 1인당 평균 소득이 1978년의 175위에서 2012년에는 110위로 올라서긴 했지만, 국내 GDP는 2012년 세계 2위의 발전수준에 비해 조화롭지 못하고 불균형적이다(표 5-3). 유엔식량농업기구(FAO)는 식량의 1인당 평균 점유량 400kg은 식량 안보를 가늠하는 중요한 지표라고 정의한다. 중국의 식량은 2010년대에 이르러 1인당 평균 생산량이 겨우 이 기준을 넘어섰고, 소비구조의 변화에 따라 1인당 식량 소비량은 식량 생산량보다 낮아졌다. 석유자원의 양을 비교해 보면 2010년대에 접어들면서 중국의 석유 수입 의존도는 50%를 초과했고, 조사된 매장량과 예측 가능한 매장량은 매우 제한적이다. 그 밖에 수자원과 경작지 면적의 1인당 평균량도 매우 낮다. 중국은 발전 단계와 인구 기반과 같은 여러가지 안보 요소의 제한을 받고 있다. 엄격한 수량의 제약 조건이 안보의 최대 리스크를 형성한다.

[표 5-3] 중국 1인당 평균 국민총소득(GNI)

연도	1978	1990	2000	2009	2010	2012
GDP	10	11	6	3	2	2
1인당 GNI	175(188)	178(200)	141(207)	124(213)	120(215)	110(213)

주: 괄호 안의 숫자는 리서치 대상 전체 국가 수

자료 출처: 1978-2010년 데이터는 중국 국가통계국 〈국제통계연감(2012)〉; 2011, 2012년 데이터 출처: 세계은행http://data.worldbank.org.cn/indicator/NY.GNP.PCAP.CD.

수자원 안전과 토양 안전은 식량 안보의 전제조건이다. 광산 자원과 에너지 안보는 수자원에 외부적인 영향을 미친다. 이를 통해 수자원이 모든 종류의 자원에서 중요한 연관성이 있는 자원이라는 것을 알 수 있다. 중국은 1인당 평균 수자원 점유량이 낮고, 공급은 부족하며, 시간과 공간 분포가 고르지 않고, 수질 오염이 심각해 식수에 대한 우려가 있다. 가뭄과 홍수로 인한 재해는 심각한 경제적, 사회적, 환경적 손실을 초래했다. 세계 지역별 강수 자원 분포 통계(표 5-4)에 따르면 중국의 연평균 강수량은 세계 평균치의 1/4에 불과하다. 하지만 인구가 많기 때문에 1인당 평균 강수 자원은 세계 1인당 평균 수준의 1/4에 불과하며, 아프리카 1인당 평균 수준의 1/5, 호주의 약 1/40 수준이다. 수자원은 중국 자원 관련 안보에서 취약부분임이 틀림없다.

수자원의 중요성은 모두가 인정하고, 많은 수자원 개발이 이루어지고 있지만 이용률이 낮은 현상은 좀처럼 개선되지 않고 있다. 끊임없이 빈번하게 발생하는 극단적인 날씨로 인해 수자원의 '짧은 나무판' 효과는 날로 심각해지고 있다. 2012년 7월 21일 강한 폭우로 인해 베이징시에서 1만 6,000㎢에 이르는 면적이 수해를 입었고, 77명이 사망하고, 61억 위안의 경제 손실을 야기했다.

물의 '짧은 나무판' 효과는 다음 네 가지에서 나타난다. 첫째는 총량 부족이다. 둘째는 공간적 불균형인데 서북과 화북 지역의 물 부족 상황이 심각하다. 셋째는 시간 불균형으로 봄과 겨울에는 강수량이 턱없이 부족하고, 여름에는 집중 폭우로 인한 침수 재해를 초래한다. 넷째는 수질오염이다.

생태 문명 건설의 기본 원칙은 자연에 순응하는 것이다. 총량 부족과 시간적 공간적 구도는 부존자원의 특징이기 때문에 이를 인정하고, 적응해야 한다. 중국의 치수治水와 수리水利는 천 년의 역사를 가지고 있다. 역사적으로 황허 중류와 하류의 황토물 범람 구역은 홍수와 가뭄이 잦았다. 창강 중류의 곡창 지대는 해마다 홍수로 골머리를 앓았다. 신중국 출범 후 창강과 황허에 대한 관리가 가장 중요한 현안으로 대두됐다. 강의 수로를 넓히고 물을 저장하고, 강의 제방을 쌓아 황허가 다시 범람하지 않도록 함으로써 중원 대지는 곡창 지대가 되었다. 창강의 범람과 홍수 방지는 이미 역사가 되었다. 싼샤三峽댐의 생태 환경에 대한 영향에 대해 의견이 분분한데 이는 많은 이들이 창강 홍수의 심각한 재해를 경험하지 않았기 때문이다. 필자의 고향인 싼샤댐 아래 평원 지역인 창강 주변은 해마다 홍수가 발생했다. 마을 주민들은 홍수를 피하기 위해 높은 곳에 집을 지었다. 마을 사람들은 홍수가 나면 쉽게 대피할 수 있도록 집에 작은 배를 준비해 두고 있었다. 겨울 농한기가 되면 여름에 흙을 담아 홍수를 막는 데 쓸 가마니를 엮었다. 여름이 되면 홍수를 대비하기 위해 모든 청장년 남성들이 24시간 강둑을 순찰했다. 큰 홍수가 나면 천지가 망망대해로 변해 한 톨의 식량도 수확할 수 없는 마당에 산업과 도시 건설은 엄두조차 내지 못했다. 1954년 우한시에 홍수가 덮쳐 3만여 명이 목숨을 잃었다. 1998년의 창강과 형강荊江의 홍수를 막기 위해 비용에 개의치 않고 전 국민이 나섰다. 2006년 싼샤댐이 준공되면서 형강은 위험에서 벗어났다. 창강 유역의 지형과 강수의 시공간적 특징으로 인해 높은 산과 깊은 골을 가진 지형에 순응해 건설된 싼샤댐은 산업 문명 기술의 수단이자 산물이었고, 그 효과는 생태 문명의 의미를 지닌다. 댐 지역에 밀집된 인구들이 높은 산과 가파른 경사에도 불구하고, 산림을 파괴해 전답을 만들거나 땔감을 얻는 행위로 인해 토양과 수자원의 심각한 유실을 초래했다. 싼샤 수력 발전소는 바이오매스 에너지를 대체해 생산과 생활과 에너지를 공급할 수 있어 생태 복원 효과가 뛰어나다.

[표 5-4] 세계 강수 자원 비교[13]

국가	강수량 (㎜)	강수 자원량 (조)	인구 (만 명)	면적 (만㎢)	1인당 평균 강수 자원량(㎥/인)
세계	813	108.83	696,973.9	13,379	15,614.8
아시아	827	26.83	421,334.5	3,242	6,366.9
남아시아	1,062	4.76	162,132.0	448	2,932.8
동아시아	634	7.45	158,064.5	1,176	4,715.8
북미주	637	13.87	46,222.8	2,178	30,004.7
남미주	1,596	28.27	39,644.1	1,771	71,299.4
유럽	577	13.27	74,038.8	2,301	17,920.3
아프리카	678	20.36	104,430.6	3,005	19,496.2
대양주	586	4.73	2,930.7	807	161,497.3
중국	626	6.01	138,465.6	960	4,342.9
중국 대만	2,429	0.09	2,336.1	3.6	3,722.1
미국	715	7.03	31,579.1	983	22,261.6
러시아	460	7.87	14,270.3	1,710	55,114.5
캐나다	537	5.36	3,467.5	998	154,635.9
인도	1,083	3.56	125,835.1	329	2,829.1
일본	1,668	0.63	12,643.5	38	4,986.0
브라질	1,782	15.17	19,836.1	851	76,496.9

중국 역사에서 전쟁과 기근은 대부분 극단적인 기상재해, 특히 심각한 가뭄과 관계가 있다. 물 부족을 해결하려면 관개 문제를 해결해야 한다. 기원전 256년 건설된 청두 두장옌都江堰 관개 시설은 자연에 순응하고 이를 이용한 상징적이고 역사적인 사업이다. 중국은 인구밀도가 높고, 가뭄의 영향을 받는 면적이 넓고, 인구가 많기 때문에 수리에 대한 투자와

13　중국 데이터는 중국기상국 제공, 기타 국가는 FAO 제공, 2014, AQUASTAT database, Food and Agriculture Organization of the United Nations, http://www.fao.org/nr/water/aquastat/data/query/index.html? lang=en.

건설의 중점을 홍수 방지와 관개시스템에 두고 있다.

　　개혁개방 전인 1978년까지 전국적으로 다양한 규모의 댐을 85,000 곳을 건설했다. 이 가운데 저수량이 1억㎥ 이상인 대형 댐은 311개, 저수량이 1,000만-1억 ㎥인 중형 댐은 2,205개, 저수량이 10만-1,000만㎥인 소형 댐은 8,200여개로 댐 전체의 저수량은 4,000억㎥ 를 초과했다. 산업화, 도시화 과정이 가속화됨에 따라 관개와 도시 공업용수는 대폭 증가했고, 대형 및 중형 댐의 수도 급속히 늘어났다. 2011년 대형 댐은 567개로 늘었고 저수량은 5,602억㎥에 달했으며, 중형 댐은 3,346개, 저수량은 954억㎥에 달해 식량 생산과 도시생활을 위한 공업용수를 효과적으로 보장했다. 1978년 강과 하천의 제방 길이는 16만 5,000㎞에 달했고, 2011년에 이르러서는 30만㎞로 늘어나 4,262만 5천ha의 농경지와 5억 7,200만 명의 인구를 보호했다.

　　신흥 개도국인 중국의 발전 방향과 발전 속도는 글로벌 경제와 정치, 환경에 많은 영향을 준다. 중국의 성공적인 자원 안보 문제 관리 노하우와 최적의 사례는 세계, 특히 개도국들의 자원 안보 관리에 시범적인 효과가 있다. 중국은 도시의 70% 이상, 인구의 50% 이상이 기상과 지진, 해양 등 자연재해가 심각한 지역에 분포해 있다. 빈곤인구의 80%가 생태 민감 지역, 특히 수자원 부족 지대에 거주하고 있다. 빈곤지역 대다수는 세계 기후변화에 중요한 영향을 미치는 지역에 위치해 있다. 가뭄과 물 부족으로 어쩔 수 없이 이민하는 사례는 중국 역사에서 부지기수였다. 산업화 기술 능력이 높은 수준에 이른 지금도 이런 이민은 계속되고 있다. 중국 서북지역의 산시, 닝샤寧夏는 이민을 정부 계획[14]에 포함시키기까지 했다. 방글

14　　판자화(潘家华), 정앤(郑艳), 버쉬(薄旭): 〈새로운 경보를 울람: 기후이민〉, 〈세계지식〉 2011년 제9기.

라데시에도 대규모 기후 이민 문제가 존재하고, 이 때문에 방글라데시와 인도는 여러 차례 대규모의 민족 충돌이 발생했고, 인도는 이로 인해 세계에서 가장 긴 4천㎞에 달하는 국경에 담을 쌓기까지 했다. 중국이 기후 이민을 성공적으로 해결한 노하우는 방글라데시와 인도 양국의 기후 이민 문제로 발생하는 갈등 완화에도 교훈적인 의미가 있다(판쟈화 등, 2011).

제5절 생태 안보

중국공산당 제18차 전국대표대회는 생태 문명을 건설해 생태 안보의 구도를 건설하겠다고 명확히 제기했다. 중국공산당 제18기 중앙위원회 제3차 전체회의(18기 삼중전회)는 생태 문명 제도 건설 강화와 생태 레드라인의 획정을 더 강하게 요구하기로 결정했다. 생태 안보는 국가안보 시스템에서 중요한 요소로써 기본적인 지위를 가지기 때문에 국가안보 전략 계획에 포함시켜야 한다. 하지만 생태 안보가 무엇이고, 어떻게 이해해야 하고, 어떠한 것이 필요하며, 어떻게 실현하고 구축해야 하는지를 생각해 볼 필요가 있다.

'생태'란 인간과 자연 간의 동태적 균형관계를 가리키며, '안보'란 영유권, 국민경제, 사회발전, 국가 안정 등에 현실적으로나 잠재적으로 위협을 조성하는 요인을 없애거나 통제하는 것을 말한다. 따라서 '생태 안보'는 인간과 자연의 조화로운 관계가 자연적, 인위적, 시장 등 각종 요인의 영향으로 영유권, 국가 안정, 국민경제와 사회발전에 현실적이거나 잠재적인 위협을 일으키는 것을 없애거나 효과적으로 통제하는 것을 말한다.

인간과 자연의 관계는 대등성을 가지지 않는다. 인류사회의 생존과 발전, 복지의 모든 물질적인 기초는 자연에서 비롯되기 때문에 사람의 지위는 종속성을 가진다. 자연환경의 상태와 변화는 인류의 사회 경제 부분-여기서 말하는 것은 주권국가-에 대해 필연적으로 안보의 의미가 담겨있다. 자연환경은 주어지는 것이고, 다양한 특성을 가지고 있어 생존 안보의 정의도 광의와 협의로 나눌 수 있다. 광의적인 의미에서 생태 안보는 일종의 상태이다. 이런 상태에서 생태 시스템이나 자연환경의 상태와 변화가 국가안보에 현실적으로나 잠재적으로 위협을 구성하지 않거나, 혹은 이런 위협을 효과적으로 없애거나 통제할 수 있다. 이는 인간과 자연이 조화를 이룰 때 우리는 생태 안보를 확보하고, 각종 요인으로 인해 인간과 자연이 조화를 이루게 하지 못할 때 생태 안보를 확보하지 못함을 뜻한다. 생태 시스템이나 자연환경은 각종 요소로 이루어지고, 이들 요소들의 안보 집합이 생태 안보를 구성한다. 따라서 만약 불안한 요소가 있다면 생태 안보를 갖추지 못하게 된다. 단일한 생태 요소의 안보는 요소적 의미의 생태 안보라고 부르기도 한다. 주로 물 안보, 에너지 안보, 광산자원 안보, 환경 안보, 식량 안보, 기후 안보, 생태 시스템 안보를 포함한다. 광의의 생태 안보는 상술한 각종 요소의 안보를 모두 포함하고, 협의의 생태 안보는 대부분 생태 시스템의 안보를 가리키는데 몇몇 상황에서는 기후 안보를 포함하기도 한다.

생태 안보의 주요 특징은 다음과 같다.

관련 속성: 생태 안보는 각종 요소의 안보가 있을 수 있지만, 개개의 요소 간에는 밀접한 관련을 가지고, 서로 의존을 하기 때문에 사실상 상호 연결된 안보를 구성한다. 가령 물, 에너지, 식량, 기후변화, 생태 시스템, 환경 등은 모두 물에 의존하지만 물에 대해 반작용하기도 한다. 이런 관련 속성은 생태 안보가 가진 통합성의 표현이다.

시장 속성: 무기 장비 같은 전통적인 안보 요소는 자유시장에서 거래

할 수 없지만 식량, 화석 에너지, 광산자원 같은 생태 안보의 각종 요소들은 대부분 시장에서 자유 거래의 속성을 가질 수 있다. 공간적 속성이 아주 강한 물과 같은 요소도 농산물에 포함되어 광천수 같은 제품으로 직접 거래되기도 한다.

점진적 속성: 여러 상황에서 생태 요소 안보는 기후변화 같은 돌발적인 특성을 가지지 않는다. 석막화(돌이 많은 사막화)나 사막화는 하루 아침이나 1~2년 사이에 생기는 것이 아니라, 점진적으로 오랜 시간에 거쳐 형성된다.

주권 공간적 속성: 모든 생태 안보 요소는 명확한 지역성을 지니므로 그 주권 공간적 의미를 확실하게 가지고 있다.

글로벌화: 생태 안보는 한 지역, 한 국가와 관계가 있을 뿐 아니라 전 세계, 심지어 전 인류와 관계가 있다. 예를 들어 오존층이나 기후변화, 멸종위기 동식물 같은 경우 이들의 안보 속성은 국경을 초월한다.

생태 안보의 특수성과 다양성으로 인해 생태 안보의 의미는 전통적인 안보와는 그 의미가 명백하게 다르기 때문에 이를 깊이 인식하고 정확하게 파악해야 한다.

생태 안보에 영향을 주는 세 가지 요소가 있다. 첫째, 자연 요소이다. 생태는 인간과 자연의 관계이고, 자연의 규칙성이기 때문에 인간은 이를 인식하고 존중하고 순응해야만 한다. 가령 강수의 시공간 변화, 온도의 경년변화(secular change, 영년변화라고도 함), 계절 변화, 낮과 밤의 변화는 인간의 힘으로는 바꿀 수 없다. 만일 인간과 자연이 조화로운 상태를 이룬다면 생태 안보는 위협을 받지 않겠지만, 문제는 자연에는 변이가 있고 가뭄, 홍수와 같은 극단성이 있다는 데 있다. 인류사회는 안정적이고, 적절한 자연환경을 필요로 하기 때문에 세상이 아무리 빠르게 변한다고 해도 인류

사회는 피동적으로 적응할 수밖에 없다. 화석 에너지 같은 일부 자연자원은 오랜 지질 과정을 통해 형성된 것이므로 매장량이 제한적이어서 무한하게 공급될 수가 없다.

둘째, 시장 인자이다. 생태 요소 안보는 시장의 속성을 가지기 때문에 시장 안보의 영향이 매우 중요하다. 매장량이 유한한 화석 에너지가 특정 시간 동안 있다고 해도 수요를 만족시킬 수 있음을 의미하지 않기 때문에 가격을 살펴봐야 한다. 가격이 상식선에서 벗어나 터무니없이 높으면 살 수가 없기 때문에 수요를 만족시킬 수 없게 된다. 이때 우리는 식량이나 석유 안보를 확보하고 있다고 말할 수 없다. 일부 시장에서 식량은 있지만, 일반 서민의 구매력을 초과하는 수준으로 식량 가격을 올리기도 하는 이들이 있다. 따라서 식량 안보는 식량 생산이 아닌 시장 통제에서 얻을 수 있다. 설령 시장가격으로 살 수 있다 하더라도 최종 소비자에게 운반될 수 있는지의 문제가 아직 남아있다. 교통운수 시장이나 안전에 문제가 생기면 구매한 석유나 식량이 소비자의 손에 들어갈 수가 없다. 따라서 생태 안보에서 시장 인자는 유무의 문제가 아니라, 구매와 운반 여부의 문제와 관계가 있다.

셋째, 인위적 인자이다. 인위적 인자는 비주관적인 악의와 주관적 악의 두 가지로 나눌 수 있다. 온실가스 배출로 야기된 기후변화의 경우 배출은 비주관적인 악의이다. 일부 배출은 정상적인 기본 수요와 생존을 위한 배출이다. 자연이 자정 능력이 있지만, 그 능력을 벗어나면 비주관적인 악의는 사치와 낭비적인 배출과 같은 주관적 악의를 형성할 수 있다. 주관적이고 악의적인 인적 요인은 의도적으로 자연 시스템에 개입해 안전을 위협하거나 큰 손실을 야기한다. 예컨대 국제적으로 유가에 대한 고의적 인위적인 통제, 세계 식량 시장의 독점적 이익 추구, 중요한 천연 자원에 대한 전략적인 통제 등이 있다. 물론 중국도 남수북조나 싼샤댐 같이 자연자원을 이용한 라이프 라인 사업들도 다양한 생태계 안전을 주관적이고 고의적으로 파괴해 광범위하게 영향을 주었을 가능성도 있다.

생태 안보의 지위에 대한 인식이다. 중국은 인구가 많고 경제규모가 크며, 상대적으로 취약한 생태를 가지고, 광산 자원이 부족하고, 글로벌 시장 융합 정도가 높은 개도국이다. 이런 중국 경제의 정상적인 운행과 발전에서 에너지를 포함한 중요한 자연자원에 대한 대외 의존성이 매우 크다. 2013년 중국은 2억 9백만 톤의 원유를 생산했지만, 원유 2억 8,200만 톤, 정제유 3,959만 톤을 수입해 대외 의존도가 60%를 초과했다. 중국의 석탄자원이 풍부하다고는 하지만 최근 석탄 수입량이 급속하게 늘었다. 2013년 중국의 원탄 생산량은 36억 8천만 톤, 수입량은 3억 3천만 톤이었다. 조강 생산량은 7억 8천만 톤, 철광석 및 그 정광 수입량은 8억 2천만 톤이었다. 풍작으로 6억 톤에 달하는 식량을 생산했지만 총 수입한 양은 8,000만 톤을 이상에 이르렀다. 그 중 대두가 6,340만 톤, 곡물이 1,460만 톤, 식물성 식용유는 810만 톤[15]을 수입했다. 중국이 수입한 것은 자원 안보, 에너지 안보, 생태 안보였다. 중국의 철강 생산량은 수년간 계속 세계의 45% 가량을 차지했고, 어떤 금속은 소비량이 세계 60%를 차지하기도 했다(그림 5-3).

---

15   〈2013 국민경제와 사회발전통계 공보〉, 국가통계국, 2014년.

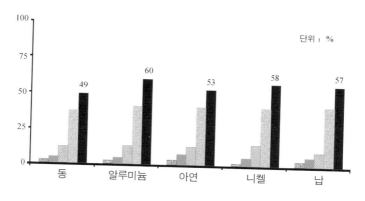

[그림 5-3] 중국 금속 소비의 세계 소비량 비중 변화(1980년-2020년)[16]

　　중국에서 화석 에너지 연소로 배출되는 이산화탄소의 1인당 평균 수
준은 1970년 세계 평균 수준의 1/4 미만에서 40년 후인 2010년에는 세계
평균 수준의 1/3을 초과했다. 21세기에 들어서 중국은 급속한 도시화와
산업화로 인해 에너지 소비가 급격히 증가하면서 온실가스 배출이 대폭
증가했고, 성장률도 빨라졌다. 21세기 새로 증가한 온실가스 배출 가운데
중국이 2/3을 차지했다. 2012년 세계 이산화탄소 배출량에서 중국이 차
지하는 비중은 26%를 초과했다.

　　글로벌 거버넌스 구조에서 중국의 세계시장에 대한 의존도가 높고,
시장 점유율이 크지만 발언권에 한계가 있어 자원에 대한 가격결정권[17]

16　　Data taken from Lennon, Jim(2012), "Base Metals Outlook: Drivers on the Supply and
　　　Demand Side", presentation, February 2012, Supp *Macquarie Commodities Research*, www.
　　　macquaries.com/dafiles/Internet/mgl/msg/iConference/documents/18_JimLennon_
　　　Presentaion.pdf.

17　　Bernice Lee, Felix Preston, Jaakko Kooroshy, Rob Bailey and Glada Lahn, 2012, *Resources
　　　Futures, A chatham House Report*, December 2012, The Royal Institute of International Affairs.

이 없다. 오랫동안 중국이 파는 것은 가격이 내려가고, 중국이 사는 것은 가격이 오르는 구조였다. 2013년 중국의 철강 재료 수출은 전년에 비해 11.9% 늘었지만 수출액은 3.4% 증가에 그쳤다. 컨테이너 수출 수량은 8.8%가 늘었지만 수출은 되려 6.4%가 하락했다. 중국이 세계 총량의 절반이 넘는 철광석을 수입함에도 불구하고 중국 수입상은 가격 결정자가 아닌 수용자이다.

　　중국 생태 환경 황폐화의 범위와 정도를 보면, 인구가 밀집되고 경제가 비교적 발전된 지역에서 스모그가 자주 나타난다. 스모그는 인간의 건강과 생활의 질에 심각한 영향을 미치는 수준에 이르렀다. 2012년 모니터링한 466개 시(현) 가운데 산성비가 내린 시(현)은 215개로 46.1%를 차지했다. 산성비가 내린 횟수가 25% 이상인 곳은 133곳으로 28.5%를 차지했고, 75% 이상인 곳은 12%인 56곳[18]이었다. 전국의 지표면 토양유실 면적은 294만 9,100㎢로 총 조사 면적의 31.12%를 차지했다. 그 중 수식(水蝕, water erosion) 면적은 129만 3,200㎢, 풍식작용(風蝕作用 wind erosion)으로 인한 면적은 165만 5,900㎢였다. 중국의 1인당 평균 수자원량은 2,100㎥로 세계 1인당 평균 수준의 28%에 불과하다. 이는 1인당 평균 경작지 면적보다도 12% 낮은 수준이다. 전국의 연간 평균 물 부족량은 500억㎥ 이상으로 도시의 2/3가 물이 부족하고, 3억 명에 가까운 농촌 인구가 식수 위협에 시달리고 있다. 또 많은 지방의 수자원은 과도 개발의 문제점을 안고 있다. 황허 유역의 개발 이용 정도는 이미 76%에 달했고, 화이허淮河 유역은 53%에 달했으며, 하이허海河 유역은 100%를 넘어서 이미 수용력을 초과해 여러 가지 생태 환경 문제를 야기했다. 심각한 수질

18　　국가환경보호부: 〈중국환경상황공보2013〉

　　　　　　　　　　　　　　중국의 환경관리와 생태건설

오염에 물 기능 지역의 수질 준수 비율은 46%에 그쳤다. 2010년 38.6%의 하상(河床, river bed, channel floor)이 3류 수질에도 미치지 못했고, 2/3의 호수는 부영양화eutrophication 현상이 나타났다.

제6장

저탄소 에너지 전환

**저탄소
에너지
전환**

산업 문명 발전의 패러다임에서 동력이 되는 연료는 화석 에너지이지만 그 저장량은 한계가 있다. 지속 가능한 발전의 생태 문명의 패러다임을 위해 지속 가능한 에너지를 모색해야 한다. 세계 에너지 소비의 기본적인 구도를 보면, 화석 에너지가 산업화와 도시화 과정에서 기본적으로 사용되었다. 하지만 미래 에너지의 수요는 화석 에너지의 가채매장량을 훨씬 뛰어넘게 된다. 재생 가능한 에너지로의 전환은 필연적인 일이다. 이런 전환은 혁명이다. 중국의 생태 문명 건설의 중점은 바로 이런 전환을 가속화하고 실현하는 것이다.

제1절 소비 구도

산업혁명 이전에 인류 사회와 경제의 발전은 기본적으로 농업 문명의 패턴에 따른 에너지 소비였으며, 재생 가능한 바이오매스 에너지를 분산적으로 소규모로 이용했고, 석탄은 대부분 주민 생활 에너지로 소량 이용되었다. 산업혁명으로 시작된 대규모 공업화 생산에서는 발열량이 낮고, 체적이 크고 수집이 어려운 생물 연료로는 산업화에 필요한 에너지를 제공할 수 없기 때문에 석탄 채굴과 이용의 규모가 끊임없이 확대되면서 생물 연료의 에너지 소비의 비율이 줄어들게 되었다. 산업사회로 진입해 인구 규모가 끊임없이 확대되는 과정에서 생물 연료는 많은 전통적인 농업 사회에서 기본적인 생활 에너지로 사용되었다. 유럽은 두 차례의 세계 대전을 겪으면서 공업 생산 능력과 규모의 제약을 받았다. 하지만, 2차 대전 이후 산업화 과정이 가속되면서 석탄 소비 비율은 전통적인 생물 연료를 초과했다. 또한, 자동차 산업의 급속한 발전으로 고효율의 석유 생산과 소비가 빠르게 증가했고, 1960년대 후반에는 세계 최대 상품 에너지가 되었다. 1970년대 세계 에너지 생산과 소비의 기본적인 구도는 석유, 석탄과 천연가스 3종류의 화석 에너지가 에너지 총 소비의 80%를 차지했고, 생물 연료, 수력 및 원자력 에너지가 20%에 가까웠으며, 풍력과 태양열 에너지 등 재생 가능한 기타 에너지는 아직 걸음마 단계에 머물러 있었다 (그림 6-1). 2012년 세계 에너지 소비구조에서 석탄이 29.9%, 석유가 33.1%, 천연가스가 23.9%, 원자력 에너지가 4.4%, 수력발전이 6.7%, 기타 재생 가능한 에너지가 2%를 차지했다. 세계의 평균 에너지 구조와 비교했을 때 중국의 에너지 구조는 저질의 고탄소 소비 구도로 혁신적인 변화가 필요하다. 특히 석탄 위주의 에너지 구조를 저탄소화로 전환해야 한다.

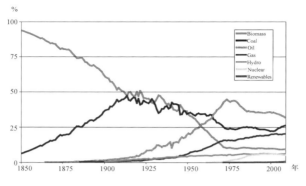

[그림 6-1] 세계 에너지 구조 변화(1850-2000)

자료 출처:《세계 에너지 평가보고 2013》

일반적으로 말해서 중국의 에너지 구조는 전체적으로 비슷한 경향을 가지고 있지만 자신만의 특징도 가지고 있다. 첫째, 화석 에너지의 대규모 사용이 선진국보다 늦었다. 이는 중국의 산업화와 도시화가 비교적 늦게 시작된 것과 관련이 있다. 둘째, 화석 에너지의 비중이 더 높아져 90% 이상에 달했는데, 주로 석탄 위주였고, 에너지 총 소비의 68% 정도를 차지했고, 석유는 20% 미만, 천연가스 소량으로 5%도 안 된다. 이는 석유와 천연가스가 부족하고 적은 중국의 자원 부존과 관련이 있다. 중국의 원자력 에너지는 뒤늦게 시작되었고, 규모도 제한적이다. 하지만 비교적 일찍 시작된 수력발전 개발은 큰 규모를 가지고, 소비 구도에서 차지하는 비중은 8%이다. 원자력 에너지는 1%를 기타 재생 가능한 에너지는 2% 미만을 차지하고 있다. 이로써 중국의 에너지 구조는 효율은 낮고, 탄소 배출량이 많고, 높은 오염을 야기하는 구도임을 알 수 있다. 급속한 도시화 추진과 농촌 주민의 생활방식의 변화로 전통적인 생물 연료를 직접 연소하는 방식은 급격하게 줄어 상업 에너지로 전환되는 곳은 거의 없다.

중국의 환경관리와 생태건설

비록 풍력 및 태양열 에너지 등 재생 가능한 에너지가 급속하게 발전하고 있지만, 생산되는 상품 에너지는 여전히 미비하다. 5개년 계획을 통한 끊임없는 노력으로 에너지 소비 구도는 긍정적인 변화를 보였다.[01] 2013년 중국의 첫 번째 에너지 소비 구조 조사에서 석탄의 점유율이 67.5%로 사상 최저치를 기록했으며, 석유는 17.8%로 1991년 이후 최저치를 기록했고, 천연가스는 5.1%로 10년 전보다 두 배가 늘었다. 비 화석 에너지(원자력 포함)는 9.6%에 달해 과거 10년의 증가 속도는 50%를 초과했다.

1949년 신중국 건립 후 에너지 소비 총량은 0.3억 톤이 부족했다. 30년 후인 개혁 개방 초기, 전국 에너지 소비 총량은 6억 톤에 달했다.[02] 2009년부터 중국의 총 에너지 소비량은 미국을 앞질러 세계 최대의 에너지 소비국이 되었다. 에너지의 생산 측면을 보면, 2013년 중국의 에너지 생산량은 세계 총 공급량의 18.9%를 차지했다. 하지만 동기 대비 2.3% 증가한 중국의 에너지 생산량은 과거 10년 평균 7.4% 성장보다는 훨씬 적은 수치이다. 에너지 소비 측면을 보면, 2013년 중국 에너지 소비량은 세계 총 소비의 22.4%인 37억 5,000만 톤이었다. 증가 속도를 보면 2013년 중국의 에너지 소비 성장 속도는 4.7%로 지난 10년의 평균 수준인 8.6%보다 낮은 수준을 보였다.

중국의 에너지 생산과 소비 상황에서 중대한 전환이 있었다. 첫째, 전통적인 생물 연료에서 화석 연료로 전환되었다. 개혁 개방 이전 농촌의 기본적인 생활용 에너지는 생물 연료였고, 1998년 중국의 농촌 생활용 에

---

01   《BP세계 에너지 통계연감》, 영국 석유공사 2014년.
02   저우펑지(周鳳起), 왕칭이(王慶一) 편저 : 《중국 에너지 50년》, 중국 전력출판사 2002년 출판 p.8.

너지의 57%가 여전히 비 상품의 전통적인 생물 연료가 이용되었다.[03] 이런 상황은 2014년에 근본적인 변화가 생겼다. 과거 농촌 주민들의 기본적인 생활 연료였던 농작물 줄기를 지금은 추수를 하고 나면 그 자리에서 불태워버리는데, 이것이 심각한 대기 오염을 유발해 계절성 스모그의 원인이 되기도 한다. 상품 에너지의 90% 이상 새로 증가된 부분이 화석 에너지이다. 하지만 중국의 에너지 생산과 소비 구조는 석탄에서 석유 천연가스로의 전환을 완전히 실현하지 못했다. 두 번째는 에너지 순 수출국에서 순 수입국으로 바뀐 것이다. 1991년 중국은 순수한 에너지 수출국으로 원래 석탄 수출은 2,000만 톤이고, 수입은 200만 톤 미만이었으며, 석유 제품 수출은 2,800만 톤, 수입은 약 1,000만 톤이었다. 그후, 중국 수입량이 수출량보다 많아졌다. 2013년까지 석유제품 수입은 3억 2천만 톤, 석탄은 3억 톤을 초과했다. 세 번째 중대한 전환은 에너지 효율이 제고된 것이다. 2000년 철강 톤당 에너지원은 0.8톤에 가깝고, kWh당 화력 전기 석탄 소모는 거의 400g에 근접했다. 현재 에너지 소비는 각각 20% 이상 줄어들어 세계 선진 수준에 가깝거나 초과했다.

제2절 에너지 수요

중국의 에너지 수요는 이미 세계 수위를 차지하고 있고 빠르게 성장하고 있다. 중국의 발전으로 에너지에 대한 수요가 상당히 긴 시간 동안 성장을 지속할 것이다. 중국의 에너지 자원의 특성 때문에 중국의 에너지

---

03   저우펑지(周鳳起), 왕칭이(王慶一) 편저 : 《중국 에너지 50년》, 중국 전력출판사 2002년 출판 p.401.

중국의 환경관리와 생태건설

와 환경 안보는 에너지 특히 화석 에너지 수요의 지나친 성장을 억제할 것을 요구한다. 중국 정부는 에너지 소비 총량을 통제하고, 에너지 공급과 환경 안보를 보장하기 위한 여러 가지 노력을 했다. 객관적으로 모든 노력이 탁월한 성과를 보였지만, 에너지 소비가 늘어나는 상황은 줄어들지 않았다. 그 원인은 발전 패러다임이 변하지 않는 상황에서 생산과 생활 방식이 변화되어 이상적인 효과를 보지 못했기 때문이다.

중국의 경제 성장에 따라 에너지와 전력에 대한 사회 수요가 빠르게 상승했고, 농촌 지역에서는 땔감을 얻기 위해 산림을 훼손하여 생태가 파괴되었다. 이러한 문제를 해결하기 위해 1980년대 중국 정부는 소규모 수력발전을 적극적으로 개발하고, 농촌 전기화 프로젝트를 실시해 풍부한 수력 자원을 갖춘 남부 지역의 전력 공급은 부분적으로 완화되었다. 아울러 전국 농촌 가구에 바이오가스를 대대적으로 보급하고 발전시켜, 생활 에너지를 제공했다. 하지만, 수력 전기는 해마다 달라지고, 계절적으로도 변동이 있었다. 소규모 수력발전은 중소 도시와 농촌 지역의 에너지 수요를 만족시키지 못했다. 바이오가스 역시 계절적인 불안정성과 생산 환경의 차이, 설비 관리 기술 부족 등의 이유로 경제가 비교적 발전된 지역에서도 농가 생활 공급 에너지로써 첫 번째 선택이 되는 경우는 비교적 적었다. 소형 수력발전과 바이오가스는 긍정적인 효과를 가지고 있지만 근본적으로 에너지 수요를 해결할 수는 없다. 공업화와 도시화 과정에서 에너지에 대한 수요는 현재의 기술 및 경제적 조건에서는 재생에너지로 만족을 얻기는 쉽지 않다는 것을 알 수 있다.

많은 인구를 보유하고, 비교적 큰 경제 규모를 가지고 있는 중국의 공업화와 도시화가 급속한 발전 단계로 들어선 후 세계의 에너지 총 소비량에서의 항상 큰 점유율을 차지해왔고, 끊임없이 증가해왔다. 개혁 개방 전인 1971년, 중국의 에너지 소비가 전 세계 소비에서 차지하는 비율은 약 8%였다. 21세기 들어 점유율은 대략 미국의 절반에 상당하는 11%까지 상승했다. 국제에너지기구IEA의 예측에 따르면, 2015년 이후 중국이 세계 에너지 소비 점유율의 20% 이상을 유지할 것이라고 밝혔다. 하지만 중국의 1인당 평균 수준은 세계 1인당 평균 수준의 1/3에 불과하다. 2010년대 초에 이르러 중국의 1인당 평균 소비 수준은 세계의 1인당 평균 수준과 대체로 비슷해졌다. 1971년 먼저 공업화를 이룬 선진국과 비교했을 때, 중국의 1인당 평균 소비는 미국의 1/16, 영국의 1/8, 일본의 1/5에도 미치지 못했다. 40여 년의 고속 발전을 통해 중국의 1인당 평균 에너지 소비는 대략 영국의 70%, 일본의 60%, 미국의 30%에 이르렀다. 선진국의 에너지 소비 변화를 보면 포스트 공업화 단계에 들어선 후 에너지 수요에 대한 증가가 둔화되고, 안정적인 가운데 줄어드는 추세를 보이는 것을 알 수 있다. 하지만, 고속 산업화 단계에서는 에너지 소비가 급속하게 증가한다. 1960년 일본의 1인당 평균 에너지 소비는 영국의 1/3이었지만 10년 만에 영국과 비슷한 수준을 가지게 되었으며, 2000년을 전후로 영국을 초과했지만 영국의 수준과 추세와 대체적으로 비슷했다. 미국의 1인당 평균 에너지 소비는 높은 수준으로 선진국인 영국과 일본보다 1배 이상이 많았다. 하지만 1980년대 이후, 미국의 1인당 평균 소비는 안정적인 가운데 줄어들었으며, 감소폭은 영국과 일본보다 높았다(그림 6-2).

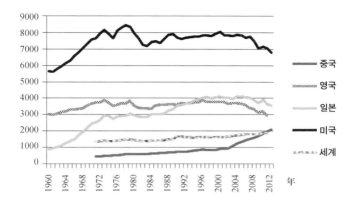

[그림 6-2] 일부 국가의 1인당 평균 에너지 소비 변화 추세(kgoe/c)

자료 출처: 세계은행 DB

공업 문명의 발전 패러다임에서 중국이 미국의 전철을 밟지 않는다고 해도 일본 혹은 영국의 에너지 구조를 참조했을 때, 중국의 에너지 수요는 아직 1/3이 더 증가해야 한다. 다시 말해 중국의 에너지 총 소비량은 향후 15년 좌우에 50억 톤을 초과할 것이다. 사실 IEA도 2030년 에너지 총 수요량은 약 55억 톤에 달할 것으로 예측했다. 그리고 이때 중국의 도시화 수준은 대략 68%-70%가 될 것이고, 서비스업이 국민경제에서 차지하는 비중은 61.1%, 공업의 점유율은 여전히 높은 34.6%[04]가 될 것이다. 반면, 영국과 일본의 도시화 비율은 각각 80%와 90%를 넘게 될 것이다. 국민경제에서 서비스업이 차지하는 비중도 각각 79%와 73%를 초과하게 될 것이다. 이런 미래 에너지 소비 수요에 대한 추산은 과언이 아니다. 1

04   세계은행 : 《2030년의 중국》.

천 명당 차량 보유량을 보면 현재 중국은 영국과 일본의 1/8에 지나지 않는다. 에너지 소비가 단지 1/3만 증가한 것을 감안하고, 연료 효율이 높아진 것을 고려하면 차량보유량은 1/2가 증가하게 될 것이며, 그때가 되면 중국의 자동차 보유 수준도 영국과 일본의 1/4에 이를 것이다. 영국과 일본을 기준으로 삼는다면, 2030년이 되어 중국의 1인당 에너지 소비가 영국 혹은 일본의 현재 수준에 도달하거나 넘어선다고 해도, 중국의 에너지 소비는 여전히 더 증가하게 될 것이다. 미국의 1인당 에너지 소비 수준을 참조했을 때 중국의 에너지 총 소비량은 포스트 공업화 단계로 들어가게 되면 에너지 총 소비량은 100억 톤을 초과해야 할 것이다.

중국은 미국의 에너지 소비 모델을 참조해서도 안 되고, 참조할 수도 없다. 그렇다면, 영국 혹은 일본의 소비 구조를 참조하면 에너지 수요가 만족될 수 있을 것인가? 첫째, 자원 부존 측면에서 에너지의 안전한 공급은 보장받을 수 없다. 2014년 42억 6천만 톤의 에너지 소비에서 에너지 자급률은 단지 80%로, 석유는 1/3이었다. 2030년 에너지 수요가 지금보다 1/3이 증가한다면, 매년 새로 증가하는 에너지 소비는 14억 2천만 톤이 될 것이다.[05] 중국의 석탄 생산량은 이미 안전한 생산 수준을 초과했고, 확인된 석유 매장량이 더 늘어날 가능성 또한 한계가 있다. 재생 가능한 에너지의 생산이 빠르게 증가한다고 해도, 새로 늘어나게 되는 에너지 수요는 주로 국제 시장의 공급에 의존하게 될 것이다. 자원의 연관 안보는 자원의 이용가능성, 가격 수용성과 운송의 안전성을 포함한다. 관련된 부분 가운데 하나라도 리스크가 발생한다면 에너지 안보는 보장받을 수 없다. 둘째, 환경과 생태 리스크이다. 화석 에너지의 연소는 광범위한 중국

---

05   국가통계국:《2014년 국민경제와 사회 발전 통계 공보》, 2015년 2월26일.

지역의 스모그 발생 주원인이다. 현재의 집진Dedusting기술은 PM10를 효과적으로 제거할 수 있지만, PM2.5의 배출은 끊임없이 증가하고 있다. 석탄 채굴로 인한 지표 식생과 지하수계에 대한 파괴로 인해 이들 지역의 생태 리스크가 더 심각해질 수 있다. 셋째, 에너지 투자에 필요한 거액의 자금 수요 역시 심각한 도전이 된다. 비교적 우수한 질에 원가가 낮은 에너지 자원이 이미 이용되고 있고, 새로 증가하는 에너지 생산과 공급은 한계 수준에서 필요한 투자는 끊임없이 늘어나게 될 것이다. 넷째, 온실가스 배출 감축의 국제적인 압박이 날로 증가하고 있다. 석탄 위주의 중국 에너지 자원과 소비 구조는 에너지 소비의 탄소집약도가 높은 것으로 표명된다. 사실 중국에서 화석 에너지 연소로 배출되는 이산화탄소량은 2005년 이미 미국을 제치고 세계 1위를 차지했다. 2013년 영국 석유회사의 세계 각국 화석 에너지 연소로 인한 이산화탄소 배출량 데이터 조사에 따르면 중국이 총량의 27%를 차지하고, 미국의 배출량보다 60%가 더 많은 것으로 나타났다. 중국의 1인당 배출량은 이미 7톤을 초과했다. 그에 반해 세계 평균은 5톤에도 미치지 않았다. 개발도상국이기는 하지만 책임감 있는 대국으로써 배출량 감축을 위한 공헌을 해야 한다.

당연히 원자력 에너지 역시 선택이 될 수 있다. 사실, 2011년 일본 후쿠시마 원전 사고가 발생하기 전 중국은 원자력 에너지를 2020년 전까지 2010년의 약 1,000만kW에서 8,000만kW까지 확대할 계획을 야심차게 구상한 바 있다. 원자력 에너지 개발이 다소 주춤해지긴 했지만 2020년까지 기계 설치도 4,000만kW에 이를 것으로 전망된다. 하지만 원자력 에너지 개발 역시 심각한 도전이 있다. 원료가 되는 우라늄광 역시 재생 불가능하고, 저장량에 한계가 있기 때문이다. 중국의 원자력 발전소는 대량의 우라늄을 수입해야 수요를 만족할 수 있다. 안전성 측면에서 투자와 기술로 안전성을 보장할 수 있지만, 원자력은 인간에 의해 운용되기 때문에 사고 위험을 배제할 수는 없다. 핵폐기물은 보관만 할 수 있고 완전하게 처리할 수 없다. 이를 보면 독일이 원자력 발전소를 점점 폐기하는 이유를 이해하기 어렵지 않다. 과도기적인 에너지 자원으로 원자력이 그 자리를 차지해야 하지만, 공업 문명의 속성은 그것이 생태 문명 발전 패러다임에서 영원히 지속되는 에너지가 될 수 없다는 것을 보여준다.

구미와 일본 등 선진국은 공업 문명의 발전 패러다임에 따라 화석 에너지를 이용해 성공적으로 공업화와 도시화 과정을 완성했다. 중국의 공업화와 도시화 과정 완성은 자원의 이용가능성과 환경 생태 리스크로 인해 공업 문명의 발전 패러다임에 따른 에너지 수요가 만족될 수 없다. 우리에게는 새로운 에너지 발전 패러다임과 완전히 새로운 에너지 혁명이 필요하다.

제3절 에너지 혁명

산업혁명은 인류 사회 발전 여정과 과정을 변화시켰다. 완전히 새로운 기술이 경쟁 우위를 형성하고, 거대한 시장 수요를 만들었으며, 엄청난 물질적인 풍요를 창조했다. 산업혁명은 새로운 기술 혁신이 이끌고 자발적으로 기술이 확산된 혁명으로써 기술 혁명 성과가 세계로 퍼져나갈 수 있었다. 지금까지 이미 여러 차례 산업혁명이 있었다. 전자기 기술, 인터넷 기술과 3D 프린터로 각각 귀결되는 제2차, 제3차, 제4차 산업혁명이 있었다.

어떤 산업혁명이건 동력의 기반이 전통적인 바이오매스가 아닌 화석 에너지와 기타 현대 에너지에 의한 것이라는 점이다. 바이오매스를 직접 연소해 현대 산업혁명의 기초 에너지로 사용하는 것은 상상할 수도 없다. 석탄은 증기 기기에 사용할 수 있지만, 열전기로 전환해야 TV와 인터넷을 사용할 수 있다. 가스와 석탄액화연료만 차량에 사용할 수 있다. 원자력발전 기술, 초임계CO_2발전 기술, 풍력발전, 태양광발전 기술 모두 기술 혁신이었지만 혁명적인 무언가는 없었다고 말할 수 있다.

온실효과가 주목을 받고, 이산화탄소 배출의 압박이 두드러지는 상황에서 저탄소 혁명의 개념이 인류의 관심을 받고 있다. 우리는 저탄소 기술이 이산화탄소 배출 없는 혁신적인 돌파구를 마련해 글로벌 기후 변화로 인한 도전을 와해할 수 있기를 바란다. 이런 혁명을 기대하지만 여전히 갈 길이 멀다는 것을 느끼고 있다. 기후변화 협상에서 저탄소의 혁명적인 기술적 돌파가 없어 선진국의 배출량 감축 목표는 예기한 것과는 큰 차이가 있었고, 개도국들도 발전이 우선임을 강조하고 있다. 저탄소 혁명은 사실 에너지 혁명이다. 사회 경제 발전과 사람들의 생활에 필요한 것은 탄소가 아닌 에너지이다. 탄소가 제로인 에너지 혁명을 할 수 있다면 생태 문명에서의 발전 패러다임 역시 지속 가능한 에너지 기반을 가질 수 있다.

제3차 혹은 제4차 산업혁명 시기에 처해있다고 한다면 기술은 AI, 로봇, 디지털 제조 및 3D프린트를 대표로 하고[06], 의존하는 에너지는 세일가스와 재생 가능한 에너지를 포함한 새로운 에너지[07]가 될 것이다. 사실, 세일가스 기술의 발전으로 미국 에너지 생산 구도에 근본적인 변화가

---

06   Washington Post(2012.1.11), *Why it's China'Sturn to Worry about manufacturing.*

07   황췬웨이(黄群慧) : 《뉴 노멀에서의 중국 경제 형세와 도전》, 중국사회과학원 공업경제연구소, 2014.

발생했다. 미국의 에너지 대외의존도가 크게 감소되거나 사라지게 되었을 뿐 아니라 석탄과 석유의 점유율이 대폭 줄어들며 미국의 에너지 구조에도 큰 변화가 일었다. 하지만, 재생 가능한 에너지의 생산과 소비는 거의 큰 변화가 발생하지 않았다.

이것은 셰일가스 혁명이 에너지 혁명을 의미하는 것일까 ? 현 상황의 미국에게 셰일가스가 돌파구를 마련해주었지만, 셰일가스도 화석 에너지로 재생이 불가능하며, 저장량에 한계가 있을 수밖에 없다는 것을 알아야 한다. 기타 화석 에너지의 채굴 및 사용과 마찬가지로 자연 자원에 대한 파괴와 환경오염으로 인해 '획기적인' 의미가 크게 줄어든다. 셰일가스의 생산량으로 다른 에너지를 대체해 주요 에너지가 되기에는 아직 부족하다. 기타 다른 에너지들이 여전히 중요한 지위를 차지하고 있고, 심지어는 지배적인 위치에 있다. 단기간이라 해도 셰일가스도 진정한 의미의 에너지 혁신이 될 수 없다는 것을 의미한다.

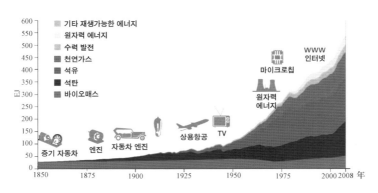

[그림 6-3] 에너지 소비와 기술 혁신

중국의 환경관리와 생태건설

중요한 것은 모든 기술 혁신이 에너지 효율을 높일 수 있고, 새로운 에너지 형식을 요구할 수 있다는 것이다. 예를 들어, 항공기는 석탄으로 움직일 수 없다(그림 6-3 참조). 인터넷은 전력으로만 구동할 수 있는데 전력은 화석 에너지가 전환되거나 재생 가능한 자원에서 만들어지는 것이다. 에너지 사용을 봤을 때, 새로운 기술의 사용으로 전통적인 에너지를 대체하거나 도태시킬 수 없다. 예를 들어 철강과 시멘트 생산도 석탄, 석유, 천연가스 등 화석 에너지가 필요하고, 1차 혹은 전환되어 만들어지는 2차 에너지가 필요하다.

의미상으로 산업혁명 이후 제조업 기술혁명이 여러 차례 있었지만, 진정한 의미의 에너지 혁명은 없었다. UN의 지속 가능 발전 목표(UN 2014)는 전체적으로 '모두가 부담할 수 있고, 믿을 수 있는 지속 가능한 현대 에너지 보유를 확보'를 강조했다. 구체적인 목표는 2030년까지 세계 에너지 시스템에서 재생 가능한 에너지의 비율을 실질적으로 확대할 것을 요구했지만, 구체적인 수치는 제시하지 않았고, 에너지 사용 효율을 높일 것을 제시하며, 2030년까지 세계적으로 에너지 사용 효율을 배로 높일 것을 요구했다. 기술적으로 재생 가능한 에너지, 에너지 효율과 첨단 청정 화석 연료 에너지 기술 등 청정 에너지에 대한 연구와 기술 개발 촉진을 위한 국제협력을 강화하고, 에너지 시설과 청정 에너지 기술 분야의 투자 촉진을 요구하고 있다. 산업혁명은 사실이고, 에너지 혁명은 현실이 되기는 어려운 것 같다. 따라서 지구 기후 변화가 극심한 상황에서 국제사회는 '에너지 혁명'을 공식적으로 추진할 엄두를 내지 못하고 있다.

세계 에너지 구조의 변화와 화석 에너지 고갈이라는 특징을 볼 때, 산업혁명 전에는 바이오매스 에너지가 주가 되는 재생 가능한 에너지 형태였다. 각국의 공업화 과정에서 화석 에너지가 바이오매스 에너지를 대신하면서 한 국가의 에너지 구조뿐만 아니라, 세계의 전체적인 에너지 구조에서 화석 에너지가 모두 주도하고 있다. 전통적인 바이오매스 에너지가 점점 새로운 고품질의 재생 가능한 에너지로 나타나고 있지만 그 비율은 극히 제한적이다. 300년을 거치면서 세계의 20% 정도의 인구만이 공업화를 완성했다. 세계 인구의 20%를 차지하는 중국의 급속한 대규모 공업화는 세계 에너지와 온실가스 배출 구도를 재구성해야 하는 상황에서 에너지와 기후 안보 우려를 안겨 주고 있다. 화석 에너지가 세계의 공업화 과정을 지탱할 수 있다면, 인류 사회는 반드시 포스트 공업화 사회에서 재생 가능한 에너지로 전환해야 한다. 저장량이 제한적인 화석 에너지가 현재 세계의 공업화를 지탱할 수 없다면 에너지 전환은 포스트 공업화에 완전히 들어간 단계가 아니라 빠르면 공업화 과정 후기에 이루어지거나 더 빠른 단계에서 이루어질 수 있다.

객관적으로 산업혁명 전의 에너지는 주로 바이오매스 에너지였으나, 태양 에너지, 수자원 에너지와 풍력 에너지도 포함한다. 네덜란드의 풍차가 바로 풍력 에너지를 이용한 것이다. 옷과 식량의 건조 처리는 모두 태양열 에너지를 사용한다. 중국 역사에서 물을 동력으로 하는 물방아는 대략 진晉나라 시대에 나타났다.[08] 이러한 것들은 모두 재생 가능한 에너지를 직접 이용한 것으로 현대적 에너지의 특성을 갖지 않는다. 생태 문명 발전 패러다임에서의 에너지는 단순하게 저효율의 자연 자원을 직접 이용할 수는 없다. 화석 에너지를 소진한 후 피동적인 전환이든 화석 에너지가 고갈되기 전 주동적인 에너지 전환이든 재생 가능한 에너지의 현대적인 고효율 이용은 필연적인 것이다. 우리에게는 에너지 혁명이 필요하지

---

08   http://b2museum.cdstm.cn/ancmach/machine/ja_21.html

만, 이런 혁명을 위한 기술적인 준비가 심각하게 부족하기 때문에 혁명을 저해하고 있다. 그렇다면 우리는 이런 혁명을 어떻게 이해하고, 어떤 인식을 가지고 추진해야 하는가?

첫째, 그것이 혁명인 이유는 재생 가능한 에너지를 단순하고 조방적으로 이용해서는 안 되고, 반드시 현대적 기술 전환을 통한 현대적인 에너지 형태와 서비스를 제공해야 하기 때문이다. 또한 고효율에 편리하게 사용할 수 있고, 수용 가능한 가격을 제시해야 한다. 예를 들어 과거의 수력 발전은 물의 낙차를 이용한 위치에너지로 가동되었지만 지금은 터빈을 통해 전자기로 전환한 전력을 이용한다.

둘째, 재생 가능한 에너지의 혁명은 자체 에너지 생산으로는 실현하기 어렵고 화석 에너지의 추진이 필요하다. 전환 과정에서 화석 에너지 연소로 만들어진 에너지로 수력 터빈을 제조하고, 콘크리트 댐을 건조하는 데 필요한 철근콘크리트 생산, 태양광 전지 발전에 사용되는 단결정 규소 생산 등등에 제공된다. 당연히 재생 가능한 에너지 혁명이 완성된 후이거나 화석 에너지가 고갈된 후 이런 추진은 필요 없다. 하지만, 공업 문명에서 생태 문명으로 전환하는 과정에서 산업 문명 하의 기술, 에너지 기반과 생산방식에 대해서도 긍정적인 효용이 발생할 것이다. 이 과정에서 화석 에너지와 원자력 에너지 이용 모두 긍정적인 효용이 발생할 것이다.

셋째, 재생 가능한 에너지 기술은 단일한 기술일 수 없다. 산업혁명이 의존한 기술들 대다수가 한 가지 기술이 발전하면서 다른 기술도 이끌었다. 재생 가능한 에너지 기술은 바이오매스 에너지, 풍력 에너지, 태양 에너지, 지열 에너지, 조력 에너지 등과 관계가 있고, 열 에너지, 전기 에너지 등 여러 형식으로 이용할 수 있다. 재생 가능한 에너지 분야에만 집중해 생산해서 얻을 수 있는 상품 수량이 사회 경제 발전의 수요를 만족시키기는 어렵다. 때문에 재생 가능한 에너지 분야의 혁명은 여러 가지 재생 가능한 에너지 분야의 기술 혁신이다.

넷째, 에너지 이용 기술 외에 에너지 저장 기술, 스마트그리드Smart Grid 기술 등 기타 관련 기술을 포함한다. 화석 에너지는 발열량이 높고, 그 물리적 성질이 저장 가능성을 결정한다. 하지만, 재생 가능한 에너지는 그와 달리 큰 변동성을 가진다. 풍력 에너지, 태양 에너지는 화석 에너지와 같이 저장 운송을 할 수 없기 때문에 전기에너지를 저장하는 기술이 필요하다. 바이오매스 에너지는 대량의 빛 에너지를 비축하고, 직접 비축할 수 있는 물리적 특성을 가지고 있지만, 바이오매스 에너지는 날씨에 따라 달라지기 때문에 단위 체적 당 발열량이 낮다. 수자원 에너지는 큰 댐을 건설해 저장할 수 있지만, 물의 양 역시 해마다 계절에 따른 차이가 있다. 스마트그리드 조절은 정확할 수 있기 때문에 '에너지 인터넷' 아이디어가 있다.

다섯째, 재생 가능한 에너지 혁명은 비 상품 에너지를 포함한 상품 에너지의 혁명이다. 태양광 건조는 비 상품 에너지이다. 태양열 온수기도 에너지를 직접 판매하는 것이 아니라 에너지를 전환하고 얻어 사용하는 설비이다. 에너지 서비스가 재생 가능한 에너지를 직접 얻어 전환할 수 있고, 시장을 통한 상품 에너지 서비스 구매 없이 에너지 서비스를 대체하거나 제공할 수 있다면 상품 에너지 서비스와 같은 가치를 가진다. 유사한 것으로는 태양광으로 지역 혹은 도로 조명을 밝히고, 휴대폰 혹은 컴퓨터를 충전하고, 분산형 가정 전력공급 시스템, 농촌 메탄은 소기marsh gas 등 등이 있다. 어떤 면에서 온실Greenhouse도 재생 가능한 에너지를 직접 얻는 설비이고 방식이다. 많은 연구와 분석에서 일부 비 상품 에너지를 에너지 효율로 보는데 사실 이는 잘못된 것이다.

여섯째, 재생 가능한 에너지 혁명은 에너지 소비의 혁명이다. 일반적으로 소비는 기술이 아닌 사회 행위로 여겨진다. 기술적인 측면에서 에너지 혁명을 이해해야 한다. 하지만 이런 기술이 소비자들에게 받아들여지지 않아 지각적인 소비 행위가 되지 못한다면 기술혁명은 성공하지 못할 것이다. 사람들은 불필요한 소비품 예를 들어 호화저택, 다이아몬드, 골동품 등은 거금을 들여 구매할 수 있어도, 호화저택에 태양열 에너지 설비를 설치하는 데 돈이 드는 것은 원하지 않는다. 시장과 자산의 시각에서 보면 시장 이성을 가지고 있다. 다이아몬드와 골동품은 희소성이 있어 시장 가치가 오를 여지가 있기 때문이다. 태양열은 희소성을 가지고 있지 않아 기술 진보로 인해 가치가 하락할 수 있고, 유지 보수와 혁신이 필요하다. 하지만 수많은 소비자가 온수와 조명, 휴대폰과 전동차를 충전하는 데 태양열과 태양광을 사용한다면 어떤 상황이 될 것인가? 에너지 절약이라고 말하는 사람도 있다. 사실 이런 에너지 서비스는 절약이 아니라, 효과적인 소비이고, 소비자가 상품 에너지 서비스에서 비 상품 에너지 서비스를 제공하는 설비에 소비를 한 것이다. 혼잡한 도시에서 호화 스포츠카는 보이는 화려함 이외에 거의 어떤 것도 보여주지 못한다. 만약 차주가 순전기자동차를 사용해 소비를 유도함으로써 소비 혁명을 이끌어 내어 에너지의 수와 품질 그리고 종류에 대한 요구에 변화가 생기면 당연히 혁명적이라고 하겠다. 스타일리시한 의상은 반짝 인기를 끌지만 그다지 부가가치를 보장하지 않는다. 하지만, 혁신 추진에 대한 에너지가 그리 크지 않다고 말할 수는 없다. 보온이 잘되는 집에서 창문을 열고 에어컨을 켜는 것은 에너지에 대한 수요와 소비가 기술과는 무관하다. 이른바 '리바운드 효과Rebound Effect'는 기술의 효율성 향상에 대한 소비자의 자연스러운 반응으로 기술의 실질적인 에너지 절약 효과를 크게 감소시킨다.

일곱째, 에너지 효율 기술에 대해 우리는 혁명적인 발전을 기대할 수 없다. 이유는 에너지 효율 기술 향상은 점진적인 과정이고, 실현 가능한 공간 제약도 있기 때문이다. 예를 들어 열전기전환기술이 초임계상황인 경우 더 업그레이드 될 여지가 점점 줄어든다. 에너지 전환 효율은 1보다 클 수 없다. 기술 자체에 불확실성 심지어는 역방향이 존재한다. 예를 들어 건축 보온재 기술은 상응하는 기준이 없는 상황에서 인화성 재질을 사용하게 되면 화재가 발생할 수 있다. 일부 순수한 상업 목적의 기술, 예를 들어 휴대폰의 세대교체로 여러 세대가 하나로 합쳐질 수 있다. 하지만, 상품 판매측이 이윤을 위해 끊임없이 새로운 모델과 설비와 부품을 출시하면서 많은 에너지를 소모해가면 생산했던 구형 휴대폰들은 새로운 쓰레기가 되고 있는 것이다.

여덟째, 가장 중요하다고 할 수 있는 에너지 혁명의 제도 환경과 제도 설계를 하는 것이다. 상술한 7항의 내용과 상응하는 혁명적인 발전이 성공할 수 있는 조건을 마련하고, 추진하기 위해서 제도적 준비가 필요하다. 효용주의 가치관을 신봉하고, 이윤극대화를 목표로 삼고, 물질적인 부의 축적을 척도로 하는 에너지 혁명은 돌파구를 마련할 수 없다. 반대로 자연을 존중하고, 자연과 조화를 이루면서 지속 가능한 능력을 기준으로 하는 기술을 지향하고, 가격 체계를 마련하면 소비의 선호는 에너지 혁명 실현을 추진하는 데 도움이 될 수 있다.

제4절 전환 실천

아직 성공을 이루지 못한 에너지 혁명을 위한 각자의 노력이 필요하다. 공업화와 도시화로 인한 환경오염과 자원 부족은 모두 화석 에너지 연소와 직접적인 관련이 있고, 화석 에너지는 단시간에 대규모의 대체가 가능하지 않는 상황에서 에너지 정책 추진 실현을 위해 각종 정책과 기술 내지는 슬로건이 필요하다. 예를 들어 자원 절약, 친환경, 에너지 절약, 녹색, 순환, 살기 좋은 거주환경, 저탄소, 스마트 등이 있다.

　이러한 모든 실천이 유효한지는 품질, 에너지 소모와 비용 세 가지 기준을 이용해 가늠할 수 있다. 저질 상품을 좋은 것으로 가장하고, 가짜와 위조품을 이용하고 부실 공사를 하면 '자원을 줄여' 저렴한 비용으로 높은 수익을 얻을 수는 있다. 하지만 품질을 보장할 수 없기 때문에 그로 인한 자원 소모와 자금 손실로 득보다 실이 더 많게 된다. 건축 비용을 줄이고자 질이 떨어지는 철강과 시멘트를 사용하게 되면, 건축 품질 표준 미달로 보강을 하거나 철거하고 다시 지어야 하기 때문에 더 많은 자원과 비용 그리고 에너지를 소모해야 한다. 자원 절약은 비용과 에너지가 결정을 한다. 비용을 따지지 않고, 에너지를 소모하면 자원을 절약할 수 있다. 건축, 철거, 재건축에 투자해 수익을 얻고 원가를 회수할 수 있기 때문에 부실공사는 더 높은 수익을 창출할 수 있다. 하지만 유일하게 회수할 수 없는 것은 소모한 화석 에너지다. 이런 의미에서 마지막 가치 기준인 절약이 전환의 성공 여부를 결정한다.

　마찬가지로 순환과 재생, 녹색, 스마트화는 산업혁명 발전 패러다임과 기술 조건에서 장애물이 존재하지 않는다. 우주 정거장에서 물은 완전히 순환된다. 공업 오수와 생활 폐수는 기존의 기술을 응용해 오수를 식수로 정화할 수 있다. 고비 사막에서 해수를 담수로 만들어 나무와 풀을 심을 수 있다. 투자만 있으면 자동화 스마트 시스템을 가질 수 있다. 이런 제약들은 표면적으로 자금 투입으로 보이지만 사실은 에너지의 투입이다. 자연이 우리들에게 제공하는 지속 이용 가능한 자원은 완전한 인공적인 순환과 해수의 담수화를 지탱하기에는 부족하기 때문이다. 스마트화 역시 에너지를 절약하지 않는다면 진정한 스마트화라고 할 수 없다. 때문에 우리가 녹색, 스마트화에서 에너지 문제를 고려하지 않을 수 없다.

중국의 제11차 5개년 계획 기간 동안 에너지 절약과 오염 물질 배출 감축을 강력하게 요구하며 2010년 에너지 강도 즉 단위당 GDP 에너지 소모량을 2005년을 기준으로 해서 20% 정도 낮추고, 주요 오염 물질 화학적 산소 요구량(COD)과 이산화황 배출량을 동기 대비 10% 줄일 것을 규정했다. 전자는 상대적인 양으로 즉, 에너지 소모량의 총량은 증가할 수 있지만 효율은 높여야 하는 것이고, 후자는 절대적인 양으로 효율과 상관없이 오염 물질질 배출량의 절대적인 양은 반드시 줄여야 하는 것이다. 이 기간 동안 중국 정부는 낙후된 설비를 가려내고 문을 닫는 분해 임무를 명령했다. 그 결과 '11.5계획'은 전국 단위당 GDP 에너지 소모량을 19.06%를 감소시켰고, 전국의 COD와 이산화황 배출량은 각각 12.45%와 14.29%를 줄였다. 환경오염 관리 즉 녹색 목표 실현 효과는 좋았지만 에너지 효율 즉, 에너지 절약 목표는 예측한 것보다 낮았다. 이유는 간단하다. 오염 물질 배출 감축에 대해 투자와 에너지 소모가 있어야만 오염 물질이 대폭 줄어들 수 있기 때문이다. 예를 들어 탈황은 탈황 설비 운영에 투자하면 이산화황의 배출은 효과적으로 통제할 수 있다. 탈황 설비 운영을 위해서도 전기 에너지를 소비해야 한다. 이를 위해 국가발전개혁위원회는 별도 에너지 소비 비용을 보완하기 위해 가격 보조를 했다. 오수 처리도 마찬가지이다. 오수 처리장은 투자 문제도 있지만 운용하려면 에너지 문제를 고려해야 한다. 전기 에너지를 이용해야 오수 처리 시설을 운영할 수 있기 때문이다.

에너지 전환의 초점과 핵심은 여전히 재생 가능한 에너지의 이용에 있다. 재생 가능한 에너지가 제공하는 에너지 서비스가 우리의 수요보다 훨씬 많다면 에너지 절약은 필요 없을 수 있다. 간단한 예로 태양열 온수기로 여름에 일반 가정에서 다 사용하지 못하는 온수를 겨울에 이용하기 위해 저장할 수 없기 때문에 많은 낭비가 있다. 중국의 에너지 전환은 시작이 빨랐고, 자연과 순응하고 조화로운 이용을 했다고 할 수 있다. 비교적 늦게 시작된 중국 공업화는 자금과 기술이 부족해 에너지 생산이 사회 경제 발전의 수요를 만족하지 못하면서 생태 환경을 크게 파괴했다. 1958년 마오저둥毛澤東은 농촌 메탄가스 개발을 고무하며 '메탄가스로 등을 밝히고, 밥을 하고, 비료로 사용할 수 있기 때문에 대대적으로 개발해 보급해야 한다'[09]고 밝혔다. 2005년까지 전국에 이미 1,800만 개의 메탄가스 탱크를 만들었다. 2006-2010년 중앙은 전국 1,320만 개의 농가에 메탄가스 탱크 건설을 지원했는데 총 401억 위안의 투자액 가운데 중앙에서 125억 위안을 보조했다. 농업부의 추산에 따르면 2010년 전국의 약 4,000만 농가용 메탄가스에서 매년 2,420만 톤에 상당하는 154억㎥의 메탄가스를 제공한 것으로 나타났다. 1983년 국가는 작은 수력 발전 시범현 건설을 전개하고, 대형 및 중형 수력 발전 개발[10]에 노력했으나 제공된 상품은 여전히 국민경제와 사회발전의 요구를 만족시킬 수 없었다.

21세기 들어 생태 문명 건설을 중국의 의사일정으로 올리면서 재생 가능한 에너지 개발에 속도가 붙었다. 1998년 중국은 풍력 발전과 태양광 발전 같이 선진 기술과 많은 투자가 필요한 현대 상업적 재생 가능한 에너지의 생산이 거의 없었다. 예를 들어 13MW였던 태양광 발전 출력

09   《전국 농촌 메탄가스 공정 건설 규획, 2005-2020》

10   저우펑치(周鳳起), 왕칭이(王慶一): 『중국 에너지 50년』 중국전력출판사 2002년 출판 p.424.

목표를 2010년 300MW로 정했으나 실질적으로 800MW를 기록했고, 2015년에는 2만 1,000MW(표 6-1)로 계획했다. 세계 재생 가능한 에너지 보고에 따르면 2013년 중국 태양광 발전 출력은 이미 1만 9,900MW를 기록한 것으로 나타났다. 태양에너지 이용은 1998년에는 집열 면적이 1,500만㎡이었으나, 2005년에는 8,000만㎡, 2010년에는 1억 6,800만㎡로 계획한 수치보다 12%가 많았다.

[표 6-1] 재생 가능한 에너지 전환: 중국의 실천

	1998년	2005년 실제	2010년 계획	2010년 실제	2015년 계획
수력 발전 (GW)		117.39	190.00	216.06	260.00
풍력 발전 (GW)	0.242	1.26	10.00	31.00	100.00
태양광 (GW)	0.013	0.07	0.3	0.8	21.00
바이오매스 발전 (GW)	0.80	2.00	5.50	5.50	13.00
바이오 메탄가스 (Bm³)	2.36	8.0	19.0	14.0	22.0
가정용 메탄가스 탱크(M)		18.00	40.00	40.00	50.00
태양에너지 온수기 집열 면적 (Mm²)	15.00	80.00	150.00	168.00	400.00
바이오 에탄올 (Mt)		1.02	2.00	1.80	4.00
바이오 디젤 (Mt)		0.05	0.20	0.50	1.00
총량 (Mtc3)	3.05	166.00		286.00	478.00

주: 1998년 데이터 출처 저우펑치, 왕칭이의 『중국 에너지 50년』, 중국전력출판사 2002년 출판 p.425-426, 기타 데이터는 재생 가능한 에너지 11.5, 12.5 계획

에너지 전환에 대한 선진국의 성공 사례가 있다. 독일은 과거 30년간 경제 규모가 80%가 증가된 상황에서 에너지 총 소비량을 15% 감소시키면서 경제 성장과 에너지 소비의 비동조화Decoupling를 실현했다. 독일은 2022년까지 원자력 에너지 생산을 완전히 퇴출시키고, 석탄 발전의 비율을 끊임없이 줄이고, 재생 가능한 에너지 생산과 소비를 높이는 계획을

세웠다. 독일의 계획에 따르면, 에너지 총 소비량이 20%가 줄어든 2008년과 비교해 2050년까지 2008년의 절반까지 줄일 계획이다. 재생 가능한 에너지가 에너지 최종 소비에서 차지하는 비율은 2020년에는 18%, 2030년에는 30%, 2050년에는 60%가 되도록 할 계획이다. 재생 가능한 에너지 발전량이 전력 소비에서 차지하는 비율은 2030년에 35%로 2030년에는 절반으로 만들고, 2050년에는 80%로 계획하고 있다. 일반적으로 교통 분야에 대한 에너지 절약의 어려움이 비교적 크다. 하지만 독일은 2020년에는 2005년을 기준으로 했던 2008년보다도 약 10%를 더 감소하고, 2050년에는 40%를 줄이는 계획을 야심차게 밝혔다. 오늘날 독일의 주택 지붕에 태양광 발전 장치들이 설치되어 있는 것을 볼 수 있는데 직접 인터넷을 할 수 있는 전기량을 가진다. 산업혁명의 발원지인 영국 역시 화석 에너지 소비 축소의 발걸음을 재촉하는 계획을 제시했고, 2014년 미국은 2020년까지 전력 산업의 석탄 배출을 30% 감소시키는 목표를 내놓았다.

현재 각국의 에너지 전환 실천은 산업혁명처럼 기술로 추진되는 것이 아니라, 체제 메커니즘의 배치에 의해 실현되고 있다. 에너지 전환을 추진하고 보장하는 정책 조치는 입법과 표준을 마련하고 보조를 하는 것이 있다. 예를 들어 독일은 가정에서 태양광 발전 설비를 설치하면 정부에서 총비용의 50%를 보조하고, 자가 발전 후 남은 전기를 송전하면 그리드보다 높은 가격으로 환급받을 수 있다. 에너지 전환의 실천은 피동적이고 강제적인 배치로 증기 기기, 자동차, 인터넷 등 산업혁명 기술이 정부 보조도 국제협약도 없는 것과는 달리 피동적이고 강제적인 배치라 할 수 있다. 이런 피동적인 조치는 명확한 방향과 목표를 가지고 문명의 패러다임 전환을 추진하는 것이기 때문에 주동적인 것으로 볼 수 있다.

제5절 전환 전략

도시화, 공업화 과정에서 지속적으로 많은 양의 에너지에 대한 수요가 있었다. 화석 에너지의 한계와 오염은 우리가 에너지 전략의 전환을 가속화하는 것을 고려하게 만들었다. 원자력 에너지의 잠재적인 위협이 우리의 발목을 잡고 있다. 낮은 발열량과 간헐적인 특징을 가지고 높은 비용이 들어가는 재생 가능한 에너지에 대해 많은 의구심을 가지게 되었고, 믿음도 부족했다. 에너지 절약이 효과적이기는 하지만, 중국과 같이 성장하고 있는 대규모 경제 구조에서는 에너지 효율의 개선 속도가 에너지에 대한 수요 규모가 확대되는 속도를 따라잡을 수 없다. 원칙적으로 에너지 수요의 증가는 경제가 발전할 때까지와 인구 최대치가 된 후까지도 지속되어야 한다. 다시 말해 중국의 에너지 소비 절대량의 증가는 적어도 2030년 이후까지 지속되어야 한다. 중국의 에너지 발전이 병목 상태에서 빠져나오려면 전통적인 협의의 에너지 전략 마인드에서 벗어나 새로운 전략을 전개해야 한다.

첫째, 에너지 구조를 다원화해야 한다. 중국 에너지 전략의 중심과 중점은 상품 에너지 특히 화석 에너지에 있다. 전략적 측면에서 논의되는 에너지 안보는 거의 석유 안보에 집중되어 있다. 글로벌 기후 변화라는 국제적인 배경과 생태 문명 건설의 국내의 요구에 따라 이런 전통적인 전략 마인드는 중국 에너지 발전의 실질적인 수요와 맞지 않는다. '2015 기후협약'은 온실가스 배출 감소를 위해 각국 스스로가 자신의 공헌 방식과 액수를 정할 것을 요구하고 있다. 국내의 오염 통제와 생태 복원에 대한 강력한 규제, 경제 구조 전환과 주민 생활의 질 향상을 위해 에너지 서비스에 대한 질적 및 양적인 이중적 수요가 있어 에너지 구조의 다원화가 절실하게 필요하다. 상품 에너지와 비 상품 에너지를 똑같이 중요하게 생각하고, 재생 가능한 에너지 종류와 수를 전체적으로 업그레이드 해야 한다. 상품으로 공급되는 것이건 자연에서 획득하는 것이건 사회가 필요로 하는 것은 에너지 서비스이다. 많은 가정과 학교, 병원에서 태양에너지를 이용해 온수를 이용하고, 조명을 밝히고, 바이오매스 숯, 메탄가스를 사용한다면 그 효과는 몇 개의 원자력 발전소 혹은 화석 에너지 발전 설비를 이용하는 것보다 더 안전하고, 깨끗하고 지속 가능하다.

둘째, 에너지 관리를 단일화하는 것이다. 중국의 에너지 관리는 거시 경제의 내용으로 발전개혁위원회와 에너지국에서 총괄하고, 구체적인 실시와 관리는 각 부서 혹은 대형 국유기업으로 분산해 실시한다. 소형 수력 발전은 수리 분야에서 바이오매스 에너지는 농업 분야에서 실시하고, 전력, 석유, 메탄은 대형 국유 기업에서 각자 실시하며, 태양 에너지 온수기는 거의 공신부처에서 관리하는데 시장 생존 문제 때문에 산업과 지방의 지원이 거의 없다. 풍력발전소 설비 생산, 용지 건설과 전력망 연결은 여러 부처의 개입이 필요하다. 효과적인 에너지 전략은 반드시 전반적으로 통합하여 관리해야 한다.

셋째, 에너지 경제를 사회화 해야 한다. 에너지는 경제의 한 부분으로 상품과 서비스를 제공할 뿐 아니라 취업과 생태 서비스도 제공한다. 화석 에너지가 생산하는 기술과 자금은 집약도가 높고, 노동력 수요는 적다. 반면 재생 가능한 에너지 설비의 생산, 설치, 유지보수는 많은 노동력의 수요가 필요하다. 재생 가능한 에너지의 이용은 자연생태 시스템에 대한 영향이 적을 뿐 아니라 생태 서비스 기능을 가지고 있는 에너지도 있다. 에너지 전략의 사회화 마인드가 필요하다.

넷째, 에너지 기술을 다원화 해야 한다. 중국의 에너지 기술 전략은 화석 에너지와 원자력 에너지, 수력 에너지에 편중되어 이들 에너지 이용에 대해 상응하는 연구소를 가지고 있지만, 기타 화석 에너지의 기술 연구 개발에 대한 투자가 적었고, 효과는 약했다. 다시 말해 에너지 기술 투입과 연구 개발은 상품 에너지에 집중되어 있고, 비 상품 에너지는 등한시했다는 것을 알 수 있다. 상품 에너지 개발과 같이 거액의 자금 투입을 말하는 게 아니다. 적은 투자로도 태양 에너지 온수기와 메탄가스 기술의 규모와 효율은 획기적인 진전을 이루게 될 것이다. 상품 에너지, 비 상품 에너지, 화석 에너지, 재생 가능한 에너지, 에너지 장비 기술, 에너지 효율 기술 등을 포함한 에너지 기술 연구 개발을 다원화 해야 한다.

다섯째, 에너지 시장을 국제화해야 한다. 글로벌 경제 단일화에서 에너지 기술, 상품과 서비스는 중요한 콘텐츠이다. 중국의 화석 에너지 저장량은 적다. 두 가지 자원과 두 개의 시장을 이용해 중국의 도시화 공업화를 위한 에너지 보장을 하고 있다. 중국의 환경오염 관리와 생태 보호는 국제 온실가스 배출 감축에 대한 요구가 없지만 객관적으로 화석 에너지 연소를 줄일 필요가 있다. 방대한 규모의 중국 경제를 운영하고, 주민 생활 소비품을 보장하기 위해서는 에너지 소비 집약형 제품이 많이 필요하다. 중국의 에너지 시장 국제화는 에너지 상품, 기술과 서비스뿐 아니라 철강, 알루미늄 전해 등 에너지 고소비 집약형 상품을 포함해야 한다. 이런 에너지 소비 집약형 상품을 수입하면 국내 에너지 수요와 오염 물질 배출을 감소시키는 것과 같다. 다시 말해 중국의 에너지 전략은 열린 사고와 확장된 마인드가 필요하다.

에너지 발전은 도전이자 기회이다. 도전을 기회로 전환해야 한다. 에너지 발전 전략 마인드를 전환해 에너지 안보와 기후 안보를 보장하고, 생태 문명 건설을 촉진해야 한다.

중국의 환경관리와 생태건설

제7장

경제 성장의 생태 전환

경제 성장의 생태 전환

개혁개방 이후 중국 경제는 안정적이고 빠른 성장을 보이며, 중국 경제 총액과 1인당 평균 수준이 대폭 상승했다. 고속 성장으로 국제사회와 국내 모두 중국의 미래 경제 방향에 대해 지대한 관심을 가지고 있고, 이에 대한 의견이 분분하다. 지속적인 고속 성장에 대해 낙관하는 사람도 있고, 곧 무너질 것이라는 비관론자도 있으며, 속도가 조정될 것으로 보는 이들도 있다. 생태 문명 발전 패러다임에서의 중국 경제 성장은 공업 문명 발전 패러다임의 성장 경로를 따를 수도 없고, 따를 필요도 없다. 성장 전환은 필연적인 것이다. 자연에 순응하는 것은 인간과 자연 사이의 조화로운 경계의 제약을 존중하고, 법칙을 위배하고 한계를 초과하면서 유지하는 성장과 성장을 촉진하려는 노력을 피하는 것이다. 생태 문명 패러다임에서의 경제 성장은 생태와 조화를 이루는 진실한 성장이어야 한다. 때문에 중국 경제 전환의 방향은 질을 업그레이드하고, 인류와 자연이 조화로운 정태 경제Steady State Economy로 향하는 구조조정을 할 수밖에 없다.

제1절 성장의 형세와 동력

　　신중국 성립에서 1970년 초부터 중국의 경제성장은 롤러코스트를 탄 것처럼 등락의 과정을 겪었다. 1962년 경제 하락이 27.3%를 기록했고, 1965년과 1971년은 각각 18.3%와 19.4%의 증가폭을 보였다. 1970년대에는 전체적으로 미디엄 템포의 안정적인 변동을 겪었다. 1980년대에서 2010년까지 30년에는 2자리 수의 폭발적인 고속 성장을 유지했다. 중국의 미래는 어떻게 될 것인가?

　　2005년 린이푸[01]는 향후 중국 경제는 30년 정도 8-10%의 쾌속 성장을 유지할 수 있을 것이고, 2030년 전에 미국을 초월해 세계 최대 경제대국이 될 것이라는 문장을 발표했다. 2010년 세계은행은 중국 정부와 함께 '2030년의 중국' 연구[02]를 제안했고, 향후 20년의 경제 성장 속도는 과거 30년의 9.9%의 평균 성장속도보다 1/3이 줄어들어 연평균 6.6%을 유지하며 중국이 선진국 대열에 들어가게 될 것이고, 경제 규모가 미국을 초월할 것이라고 밝혔다. 국무원 발전연구중심[03]은 경제 성장률을 2010년-2020년 사이에는 6.6%, 2020년-2030년 사이에는 5.4%, 2030년-2040년 사이에는 4.5%, 2040년-2050년 사이에는 3.4%를 기록할 것이라고 밝혔다. 바이쳰白泉 등[04]은 2010년-2020년에는 8.0%, 2020년-2035에는 6.0%, 2036년-2050년에는 중국 경제 성장률이 연평균

01　　린이푸(林毅夫):《2030년 중국이 미국을 초월한다》,《남방주말》2005년 2월1일.

02　　세계은행 국무원발전연구중심 공동 연구팀:《2030년의 중국: 현대적이고 조화롭고 창조력 있는 고수익 사회 건설》, 2011년.

03　　王梦奎:《중국 중장기 발전의 중요 문제 2006-2020》, 중국발전출판사 2006년 출판.

04　　바이쳰, 주야요중(朱躍中), 슝화원(熊華文), 톈즐위(田智宇):《중국 2050년 경제 사회 발전 상황》, p.624-695. 载课题组《2050 중국 에너지와 이산화탄소 배출 보고》, 과학출판사 2009년 판, p.893.

3.8%를 기록할 것이라고 예측했다. 상대적으로 중국 미래 경제 발전 성장에 대한 해외의 예측은 다소 보수적이다. 예를 들어 국제 에너지기구는 2000년-2010년 연평균 성장률을 5.7%로, 2010년-2020년의 연평균 성장률은 4.7%, 2020년-2030년 연평균 성장률은 3.9%로 예측했다. 골드만 삭스는 2003년 연구에서 2015년-2030년 중국의 연평균 성장률은 4.35%, 2030년-2050년은 3.55%[05]로 예상했다. 장자둔章家敦으로 대표되는 중국의 쇠퇴를 제창하는 비관론자들은 2001년에 중국이 붕괴될 것이라고 공언했다.[06]

세계은행 보고서에 따르면, 1980년 중국 경제 규모는 인도보다 뒤진 12위였고, 10년 후인 1990년은 힘들게 인도를 초월해 11위를 차지했고, 2000년 중국은 6위로 올라섰으며, 2010년 일본을 제치고 2위를 차지한 것으로 나타났다. 중국의 1인당 GDP 순위는 1980년에는 대략 150위였고, 2000년에는 136위였다. 2010년 중국의 1인당 GDP 순위는 거의 100위에 가까웠고, 3년 후인 2013년에 중국은 75위를 차지했다. 하지만, 1인당 수준에서 중국은 세계 평균 수준의 46%이고, 미국의 12.16%, 일본의 14.22%였다.

2013년 환율 계산에 따라 미국이 세계 총량의 22.43%를 차지했고, 중국은 12.34%로 미국보다 10%가 낮았다. 구매력 평가로 계산한 경우 미국은 17.06%, 중국은 16.08%로 단지 1%의 차이만 있다. 영국 EIU(The Economist Information Unit)[07]는 구매력 평가에 따른 중국의 경제

05   바이쵄 등 2009년 p.644 인용.

06   Gordan Chang, *The Coming Colapse of Chian*, New York, Random House, 2001.

07   The Economist Information Unit, Wayne Morison《중국의 경제 굴기: 역사, 추세, 도전과 미국의 영향》을 재인용, 미국 국회연구처, 2013년 7월《푸둥(浦東)미국경제통신》제16기 (총

규모가 2017년 미국을 초월해 세계 제1의 경제체가 될 것이라고 예측했다. 2014년 10월 IMF가 발표한 세계경제전망 데이터에서 구매력 평가로 계산한 국민경제총량을 보면 2014년 중국 경제 총량이 미국을 앞선 약 2,000억 달러를 기록해 영국 경제학자들이 예측한 시간보다 3년을 앞당겨 제1의 경제체가 될 것으로 예측했다. 하지만 환율로 계산하면 중국 경제 총량은 대체적으로 2030년에 미국과 비슷해질 것이다.[08] 2030년 중국의 1인당 평균 수준은 구매력 평가로 계산한다고 해도 미국의 32.8%가 될 것이다.

'중국 붕괴론'자를 제외하고 중국과 해외 연구기관 모두 중국의 경제 성장 속도가 줄어들었지만 1인당 평균 소득 수준과 경제 규모는 끊임없이 확대되는 특징을 가지는 전환기에 들어섰다고 지적한다. 이런 전환이 나타난 직접적이고 표면적인 이유는 중국의 경제 성장 동력의 원천에 변화가 나타났기 때문이다. 중국의 경제성장은 통상적으로 수출과 투자와 내수라는 '삼두 마차'가 이끌었다. 중국 경제의 대외개방이 연해지역에서 먼저 이루어졌는데 이유는 원자재와 시장의 적양지both ends로 입지적 우위를 가지고 있기 때문이다. 중국의 WTO 가입으로 세계 경제 단일화 과정에 빠르게 융화되면서 양질의 저렴한 노동력과 경쟁 우위를 가진 토지 공급으로 강한 경쟁우위를 보이면서 대외무역은 중국 경제 성장을 이끄는 견인차가 되었다. 어떤 면에서 보면 수출지향형 경제가 투자를 이끌었다고 하겠다. FDI가 산업 확장을 이끌었고, 대규모 인프라 투자는 대외무역

제350기), 2013년 8월 30일.

08   Arvind Subramanian,《개방적 글로벌 경제체제 보호: 중국과 미국을 위해 설계하는 전략적 청사진》.《미국 Peterson 국제경제구소 정책 브리핑》. p13-16.《푸둥 미국경제통신》제13기 (총 제347기) 2013년 7월 15일.

을 더 편리하게 만들었다. 1980년 중국에는 고속도로가 거의 없었고, 도시 인프라 시설 역시 극히 유한했다. 많은 대도시에는 오수 처리와 지하철도가 거의 없었다. 중국의 높은 저축율과 강한 행정 권력이 에너지, 교통과 도시 인프라시설을 위한 충분한 자금을 보장해 주면서 효율적으로 실시될 수 있도록 했다.

상대적으로 경제 촉진에 대한 국내 소비의 역할이 미약한 것은 중국의 도농 이원체제, 소득분배와 민생 보장 제도의 안배와 밀접한 관계가 있다. 전통적인 관리 방식이 충분한 안전을 보장할 수 없어 사람들은 어쩔 수 없이 소비 충동을 억제하고, '아끼고 절약하는 것'을 미덕으로 생각했기 때문에 성장을 위해서 수출에 의존할 수밖에 없었다. 중국의 소득분배에는 다중적인 이원제 배치가 존재하는데 첫째는 도농의 이원성이다. 도시 주민의 가처분소득은 농촌 주민의 3배 이상이다. 이 수치에는 도시 주민으로 분류되는 농업 이전 인구가 포함되어 있다. 호적에 따른 도시인구는 40%에도 미치지 않기 때문에 60% 이상의 인구의 소득 수준과 소비 능력이 심각하게 저조하다. 둘째는 국유 경제와 민영 경제의 이원적 분화이다. 독점적 지위를 가진 대다수 국유기업의 정식 직원들의 수입, 의료, 주택은 상응하는 보장을 받지만, 민영 기업은 의료, 주택 보장이 부족할 뿐 아니라 수입도 국유기업 직원의 1/3보다 낮았다. 국유경제의 직원들은 소비 의향이 부족했고, 민영 경제의 직원들은 소비 능력이 부족한 현상이 나타났다. 전통적인 농업사회에서 현대적 공업 사회로 들어선 중국은 의료, 교육, 양로, 실업에 대한 사회적 보장이 부족했기 때문에 스스로 적은 수입을 저축해 미래를 준비할 수밖에 없었다.

미국 학자 덴트는 인구 변동과 경제 변동이 상관관계를 가지고 인구의 동태적 변화가 경제성장 구도를 변화시키는 내재적인 요인이고, 전자

　　　　　　　　　　중국의 환경관리와 생태건설

가 후자를 결정한다[09]고 생각했다. 한 사람의 삶의 주기에서 소비력이 가장 왕성한 시기를 46세 전후로 보고, 46년을 주기로 소비가 고조된다고 지적했다. 1897년-1924년은 미국의 베이비붐 시대였다. 46년 후인 1942년-1968년은 미국 경제의 고속 발전 기간이었다. 1937년에 '베이비 붐'이 왕성해지면서 1961년에 최고조를 이루고, 1983년-2007년 미국 경제가 전에 없는 번성을 누렸는데 그 격차가 46년이었다. 2차 대전 후 놀라운 성장을 보인 일본의 경제는 '일본의 기적'이라고 불린다. 표면적으로 보면 정부의 산업 보조 정책으로 기업들이 냉혹한 국제 경쟁을 피해 빠르게 성장함으로써 고부가가치 상품을 수출해 경쟁력을 형성한 것이라 볼 수 있다. 하지만 사실 일본의 경제성장은 인구 급증과 밀접한 관계가 있고, 이민 제도가 엄격해 번영기가 46년보다 약간 늦었는데 이는 우연의 일치는 아닌 듯하다. 인구학에서는 인류의 경제 행위가 주기성을 가진다고 말한다. 미국의 600가지 상품의 판매량에 대해 장기간 모니터를 한 데이터를 보면, 평균적으로 26세에 결혼하고, 아파트 임대 물량이 그에 따라 정점을 찍게 된다. 자녀가 생기면 31세 정도에 처음 부동산을 장만하고, 아이가 10대가 되면 즉 이들이 37세-41세 정도에 부부는 인생에서 가장 큰 집을 구매할 것이며, 부모가 51세가 되면 자녀들의 대학 학비에 가장 많은 지출을 하게 된다. 자녀가 성인이 되어 독립하게 되면, 53세의 부부는 좋은 차를 구입할 것이다. 41세는 대출이 최고가 되는 시기이고, 42세에는 감자 튀김에 가장 많은 소비를 하고, 46세가 일생에서 가장 많은 소비를 하는 시점이 된다. 이는 출생 후 46년이 지나면 다음 세대의 번영을 위한

09   Harry S. Dent:《인구절벽(The Demographic Cliff)》, 역자: 샤오샤오(蕭瀟), 중신출판사 2014년 출판.

노력을 하는 시기가 된다는 것을 의미한다. 이 주기가 절대적인 것은 아니다. 대규모 이민도 인구의 빠른 변화를 야기할 수 있고, 기술 진보가 이 주기를 깰 수도 있지만 생산력으로 전환되는데 필요한 시간에는 즉각적으로 영향이 생기지는 않을 것이다. 인류의 생명 연장으로 소비의 최고 포인트가 뒤로 연장될 수 있다. 인구 증가가 어떻게 경제 성장을 이끌 수 있는가? 인구가 증가하면 소비가 늘어나게 되고, 이는 생산의 진보를 자극하며, 시장의 분업과 전문화 협업을 추진해 새로운 기술 응용에 더 많은 가능성을 제공할 수 있기 때문이다.

외수는 무한한 것이 아니고, 국제 경쟁에 직면해 변동성과 불확실성이 존재할 수 있는 것이다. 투자는 장기적인 과정이다. 하지만 인프라 시설과 주택, 자동차 등 내수용 소비재의 투자가 포화상태가 되면 투자는 감가상각 및 유지보수와 갱신으로 변한다. 소비는 소득분배와 사회보장의 개선에 따라 증가할 수 있다. 인구 최대치도 소비 총량을 최고 한계에 도달하게 할 수 있다. 선진국 경체제의 경제성장은 최고에서 최저로 떨어진 후 다시 안정되는 과정을 거쳤다. 중국 경제 성장 과정이 경제 위기와 성장의 '경착륙'을 피하려면 성장으로 들어가는 새로운 뉴노멀에 맞게 자발적인 조절을 해야 한다.

제2절 외연 성장의 세 가지 제약

중국 경제 전환의 동력 메커니즘 변화는 동기 자체 이유뿐 아니라 더 중요하고 근본적인 동기의 변화 즉, 인류와 자연의 조화로운 발전의 외재적인 제약과 관계가 있다. 주로 자연 인자, 인구 요소와 자본 스톡 세 가지로 나타난다.

천인합일. 먼저 하늘은 자연임을 인식해야 그것을 존중하고, 그에 순응할 수 있다. 자연 인자는 일종의 물리적 한계이다. 기술진보는 어떤 경성제약Hard constraint은 완화할 수 있지만, 어떤 것은 현재의 기술로도 확장할 수 없다. 예를 들어 지구의 표면적은 그 구조와 부피를 바꾸는 것은 상상할 수도 없다. 더욱 진보되고 효과적인 기술이라고 해도 주어진 시간과 공간에서 그 완화 폭과 속도가 제한된다. 때문에 성장은 자연의 강한 제약을 받아 경제 구조 전환의 외적 압박이 된다. 이런 압박은 생존 환경 악화와 파괴에서 온다. 1950년대 영국 런던의 대기오염으로 인한 광화학 스모그는 중국 당시의 상상을 초월한다. 개혁개방 이후, 중국의 많은 지방에서는 '일을 하지 않으면 부는 없다'는 신조와 구호가 있었다. 공업제조업이 빠른 경제 성장을 추진할 수 있기 때문에 많은 지방은 외부 투자유치에 어떤 문턱도 마련하지 않아 오염 기업들의 '피난처'가 되면서 많은 오염 기업들이 중국으로 이전해왔다. 가까이 있는 수자원이 오염되면 사람들은 더 먼 곳에서 물을 끌어왔고, 천부층淺部層 지하수가 없어지면 심층 지하수를 파냈고, 심층 지하수가 없어지면 원거리에서 배수를 했고, 수돗물을 식수로 할 수 없게 되자 광천수로 전향했고, 광천수의 생산량에 한계가 생기자, 사람들은 에너지를 소모해가며 오수를 정화해 식수로 만들었다. 비용이 늘었지만 지불할 수 있을 만큼 수입이 늘어났기 때문에 사람들은 개의치 않았다. 하지만 2011년부터 전국적으로 인구가 고도로 밀집된 지역에서 심각한 스모그가 발생하기 시작하면서 자연의 강성 제약에 대한 사람들의 인식에 변화가 발생했다. 병에 담을 수 없는 공기가 물보다 더 중요하며, 항상 신선한 공기를 마셔야 한다는 것이다.

자연제약의 두 번째는 재생 불가능한 자원 특히 화석 에너지의 가격 급등과 저장량 급감이다. 1970년대 초, 1차 석유위기 전까지 사람들은 자원의 고갈을 체감하지 못했다. 가격 급등은 우리들에게 경종을 울렸다. 하지만 사람들은 재생 불가능한 자원의 공급은 가격 문제이기 때문에 기술 진보를 통해 새로운 매장량을 발견할 수 있다고 생각했다. 사실 과거 40년 동안 인류는 이런 대처 방법을 따라왔다. 중국은 자동차 산업 발전이 낙후되어 석유 가격 급등에 대해 그리 민감하게 반응하지 않고, 오히려 대량 수출로 외화를 얻을 좋은 기회라고 생각했다. 때문에 1992년까지 석유자원이 부족한 중국은 여전히 원유 순 수출국이었다. 중국은 풍부한 석탄 매장량을 가지고 있어 오랫동안 많은 수출을 할 수 있다고 생각했다. 2010년대에 들어 중국은 많은 석탄을 수입하기 시작했고, 2013년에는 3억 톤 원탄을 초과했다. 재생 불가능한 자원에 대한 채굴은 단지 자원 고갈 문제만은 아니다. 석탄 채굴 지역의 붕괴 문제, 지하수계 파괴 문제는 이미 생태 재난이 되었다. 셰일가스가 마치 화석 에너지 발전에 희망을 준 것 같지만 부족한 수자원을 대량으로 소모하고, 지하수에 대한 심각한 오염을 야기해 환경과 자원의 시각으로 추산해도 득보다 실이 많다. 끊임없는 기술 진보는 한편으로는 자원 이용 효율을 향상시키고, 기술의 리바운드 효과 수요 규모의 끊임없는 확대는 에너지 소모량 전체를 끊임없이 증가시킨다. 또 한편으로는 탐광과 채굴 기술의 진보로 자원은 한계에 빠르게 다다르게 된다. 탐사의 촉각이 이미 육지와 바다 곳곳에 퍼져있고, 저품질의 일부 광산도 개발되었다. 세 번째 제약은 재생 가능한 자원이다. 재생 가능한 자원은 재생은 할 수 있지만 재생 속도와 총량이 일정하다. 생태 문명 이념은 재생 가능한 자원의 저장량, 속도와 생산을 지키고 개선하는 것이다. 이들 자원은 관련성을 가지는 토지, 물과 생물 생산 시스템이다. 토지 면적은 정해져 있어 더 늘릴 수는 없지만 그 품질과 생산력은 개선을 통해 향상되거나, 악화로 인해 감퇴될 수 있다. 수자원은 순환 재생되는 것이다. 하지만 수자원의 시공간적 양과 분포는 늘 일정한 것은 결코 아니다. 토양과 수자원 유실은 수자원 축적 능력을 저하시키고, 생태 시스템 악화는 수자원의 순환에 변화를 야기할 수 있다. 눈앞의 이익에만 급급해 미래를 생각하지 않는다면 생산력은 괴멸되고 생태 시스템은 붕괴된다. 때문에 식량안보는 토지의 양에 의해 결정되는 것이 아니라 자원과 연관되어 일어나는 토양의 질에 의해 결정된다. 일정한 생산 수준을 가진 토지 생산력은 인류 생존의 기초일 뿐 아니라 생물의 다양성을 지탱하고, 생태 시스템의 운행을 유지하는 기능을 가지고 있다. 중국 역사상 자연재해는 대부분 극심한 기후 현상으로 인해 토지의 자연 생산력이 급감되면서 심각한 식량 부족이 형성되었다. 1990년 대 퇴경환림, 가축을 키우는 목장을 초지로 돌리는 퇴경환초, 저지대 논과 밭을 호수로 바꾸는 퇴경환호는 자연의 생산력을 회복하기 위한 노력이었다.

자연적 요인이 외부적인 한계라면, 인간의 생물학적 요구는 내부적인 제약 조건이다. 의식주의 질에 큰 차이가 있을 수 있지만 양도 제한될 것이다. 예를 들어 영양섭취에서 매일 지나치게 적은 열량을 섭취하면 영양 부족이 생기고, 지나치게 많으면 영양 과잉이 생긴다. 의복도 기후 변화와 몸 상태에 따라 조정한다. 많은 경우 자연은 품질이다. 자연 환기와 인공 환기 시스템 중에서 선택한다면 자연 환기가 자연의 일부인 인간에게 더 적합하다. 생태 문명의 생활방식은 더 현대화되고 더 인공적인 것을 요구하는 것이 아니다. 맬서스의 '인구론' 혹은 1970년대의 '인구폭발' 이론은 인구가 기하급수적으로 성장한다면 자연 생산력은 산술급수적으로 성장해 후자의 속도가 전자를 따라잡지 못해 결국 인구 성장이 발전의 성과를 삼켜버릴 것이라고 논증했다. 현실적으로 기하급수적인 성장은 은닉성을 가진다. 연못에 연잎이 매일 배로 증가해 30일 후에 연못을 전부 뒤덮는다면 나머지 생명은 질식하게 된다. 하지만 29일째가 되어도 우리는 위험의 존재에 주의하지 않을 것이다. 연잎이 단지 연못의 50%만을 뒤덮었기 때문이다. 하지만 인구의 비극적인 결과는 현대 사회, 포스트 공업 사회 혹은 생태 문명사회에서 절대로 필연적인 위협이 되지는 않을 것이다. 선진국의 인구가 안정적인 추세를 보이고, 일부 포스트 공업 사회로 들어선 국가들의 인구 성장은 이미 오랫동안 마이너스 상태에 있다.

중국이 1970년대 말 강력하게 추진한 '한 자녀 낳기' 정책은 중국의 연간 인구 성장률을 1970년대 초기의 2.5%이상에서 2010년대 초의 0.5%이하로 감소시켰다. 30여 년 간 실시하면서 국가인구계획생육위원회의 통계 자료에 따르면 2011년 전에 한 자녀 낳기 정책 커버율은 대략 전국 내지 총인구의 35.4%까지 차지했고, '한 자녀 정책'은 53.6%의 인구에 적용되었고, '두 자녀 정책'은 9.7%의 인구(일부 소수민족 부부, 부부가 모두 독자일 경우 둘째를 낳을 수 있음)에 적용되었고, '세 자녀 및 그 이상' 정책은 1.3%의 인구(주로 티베트, 신장 소수민족 유목민)에 적용되었다. 2010년 11월 실시한 제6차 중국 인구센서스 데이터에 따르면 2000년-2010년의 연평균 성장률은 0.57%로 지난 10년(1990년-2000년)의 연평균 성장률인 1.07%의 절반 가까이 떨어진 것으로 나타났다. 2013년 중국은 60세 이상의 노령 인구 비율이 13.26%에 달해 노령화 사회로 들어섰다. UN이 2010년 수정한 인구 예측 중간 방안[10]은 중국 인구는 2025년에 최고치를 기록하며 14억 명을 넘지는 않을 것이고, 2050년에는 13억 명 이내로 줄어들고, 2100년에서 9억 4천만 명으로 축소될 것이라고 예측했다. 2013

---

10   United Nations, Department of Economic and Social Affairs, Population Division, World Population Prospects,2011.

년 11월 18기 3중 전회는 많은 가정에서 두 자녀를 가질 수 있도록 인구정책을 완화하기로 결정했다. 하지만 사회의 실질적은 반응을 보면 인구 출산 정책 완화는 인구의 장기적인 추세에 그다지 영향을 주지 않았다.

산업혁명 이후, 기술 혁신과 엔지니어링 수단의 발전으로 사회적 물질 자산 생성 능력과 수준이 크게 향상되고 빠르게 확장되었다. 이들 물질 자산은 주로 철도, 고속도로, 현대물류항구, 공항, 대형 민용 건축물, 에너지 서비스 시설, 대형 급수, 배수와 오수 처리시설 등이다. 전통적, 역사적으로 중국의 건축은 대부분 토목 구조를 하고 있고, 건축의 질이 떨어지며, 사용 수명이 짧아 실물자산으로써 보존에 한계가 있다. 중국 역사상 문화 특성을 가지는 3대 건축인 웨양러우岳陽樓, 황허러우黃鶴樓와 텅왕거膝王閣는 화재 혹은 자연적인 훼손으로 인해 예고에도 없었던 재건을 했다. 공업 문명의 기술로 철강 콘크리트를 이용해 백 년 이상의 수명을 견딜 수 있다. 예를 들어 우한武漢 황허러우는 서기 223년 삼국시대부터 건축되어 여러 차례 재건과 훼손이 반복되었고, 명청 시대에는 7차례 훼손되었고, 10차례의 재건과 보수를 거쳤다. 1868년에 지어졌던 농업 문명의 마지막 목조 건축은 1884년에 소실되었다. 16년 간 존재하고 소실된 후, 유적에는 황허러우[11]의 구리주물 지붕만이 유일하게 남아있다. 1981년 10월 황허러우는 현대 엔지니어링 기술을 이용해 100년 전의 3층보다 높은 총 높이 51.4m의 5층에 72개의 원기둥으로 지탱하는 건축면적 3,219㎡인 황허러우를 재건함으로써 규모를 확대하고, 화재와 지진에 강

---

11   http://baike.baidu.com/subview/1981/11187512.htm? from_id=3558210&type=syn&fromtitle=%E6%AD%A6%E6%B1%89%E9%BB%84%E9%B9%A4%E6%A5%BC&fr=aladdin.

하게 만들어 유지 보수에 대한 투입을 줄였다. 세계은행[12]의 철도 총 길이에 대한 데이터를 보면 1980년부터 미국, EU 등 선진국은 거의 철도 길이 연장을 위한 투자가 없었던 것으로 나타났다. 예들 들어 영국은 철로 길이를 1만 8천㎞에서 2012년의 1만 6천㎞로 줄였는데, 같은 시기 중국의 철도는 5만㎞에서 6만 3천㎞로 늘어난 것으로 나타났다. 저장량이 이미 포화상태에 가깝거나 초과한 상황에서 필요한 것은 유지보수와 개조에 대한 투자인데 신축하는 것과 비교하면 경제성장 추진에 대해 큰 차이가 있음을 알 수 있다. 포스트 공업 사회로 들어선 유럽 국가들은 대전 후 재건을 통해 주택 공급량이 이미 기본적으로 수요를 만족했거나 초과했고, 부동산 자산이 충분히 확보되어 이미 포화상태이기 때문에 대규모의 투자가 필요가 없고, 부동산 가격도 봉급생활자의 지불 능력을 훨씬 넘지는 않는다. 기타 내구 소비재의 물질적인 비축에도 포화도가 있다. 자동차를 예로 들면 선진국의 천 명당 자동자 보유량은 과거 100년 동안 기본적으로 일정함을 유지하거나 다소 줄어들었다. 2000년의 473대에서 2011년의 403대로 줄어 미국 가정 차량 보유량이 이미 포화상태에 놓였음을 보여준다.

---

12   http://data.worldbank.org/indicator/IS.RRS.TOTL.KM.

[그림 7-1] 일본 연평균 인구, 경제 성장률(%), 자동차 보유량(소형 승용차/10명)과
1인당 GDP(만 달러, 환율, 해당 연도 달러 가치) 변화 추세(1962-2012)

자료 출처 : 세계은행 DB

　　1990년 이후 일본의 경제성장은 기본적으로 정체상태에 놓여있다.
때문에 우리는 과거 20년을 일본의 잃어버린 20년으로 알고 있다. 그림
7-1은 세계은행 DB에 따른 지난 50년 간 일본의 연평균 인구, 경제성장,
1인당 GDP와 자동차 보유량 변화 상황이다. 일본의 경제성장은 1960
년대의 10%에서 1980년대에는 5% 좌우로 하락한 후, 1990부터 지금
까지 거의 제로 내지는 마이너스 성장을 보였다. 전후 일본의 공업 확장,
도시화, 물질 자산 비축이 점점 포화되는 것과 밀접한 관련이 있다. 인구
의 연평균 성장률은 1960년대의 1%에서 1990년대의 0.3%로 줄어들고,
2006년 이후의 마이너스 성장을 하면서, 맬서스의 함정도 인구 폭발의 흔
적도 없이 자연적인 자기 한계를 보였다.

　　이상의 분석에서 공업 문명의 발전 패러다임은 농업 문명 발전 패러
다임에서의 저 생산력과 맬서스 인구 함정을 피하고 극복해 물질적인 부
가 극도로 풍부해지고 빠르게 쌓이면서 경제성장이 천장과 조우하게 됨
을 알 수 있다. 높은 생산성은 물질 소비와 오염 물질 배출을 대가로 한다.
이미 지구 환경 수용력에 근접했거나 초과했다. 물질 생활이 보장되고, 질

병을 통제하고, 건강 수준이 크게 향상된 상황에서 인구는 폭발하지 않고, 오히려 안정 추세를 보이거나 줄어들면서 공업화 국가의 인구 증가율도 정점을 넘어섰다. 인류 사회가 필요로 하고 추구하는 물질적인 부는 일단 포스트 공업 사회로 진입하고 포화상태에 들어가면, 환경 공간과 사회적 요구의 이중 제약을 받아 더 확장되는 여지는 없어질 것이다.

때문에 공업 문명 발전 패러다임에서의 성장 한계는 맬서스주의의 인구 폭발로 인한 재난에 기인하는 것이 아니라, 지구의 엄격한 물리적 제약, 인구수의 상한선과 물리적 자산의 포화에 기인한다. 이러한 세 가지 제한 조건 하에서 공업화의 확장형 경제 성장은 포스트 공업 사회에 들어선 후 불가능하고 불필요하게 된다. 산업 확장 성장이 세 가지 한계에 의해 제한된다면 사회 경제 발전은 어떤 종류의 성장을 필요로 하거나 성취할 수 있는가?

제3절 생태 성장

공업 문명 발전 패러다임에서 경기 침체에 직면한 정부는 항상 '성장해야 하고, 쇠퇴할 수 없다'는 일종의 관성적 사고를 가지고 있다. 경제 성장에 관한 이런 관성적 사고의 배경에는 성장하면 정책이 정확했고, 쇠퇴하면 정책 실패라는 이상한 논리가 깔려있다. 성장만이 있고, 쇠퇴할 수 없다는 뜻이다. 성장에 대한 이런 사고방식이 공업 문명의 이념에 깊게 뿌리 박혀 있다. 하지만, 포스트 공업 사회로 들어선 선진국에서 이런 '성장 자극'이란 만병통치약이 통하지 않았고, 결과는 정반대로 나타났다.

경제 주기가 올 때 책임을 전가하기 위해 이를 숨기려고만 했다. 이를 감추기 위한 수단으로 정치적 간섭을 확대한 결과 전체적인 사회 효율을 떨어뜨렸다. 경제 운영에 대한 정치의 입김이 점점 커져 권력의 집중화가 지속적으로 이루어져 국민의 창의성을 저해할 뿐 아니라 잘못된 길로 인도할 수 있다. 강력한 정부의 간섭이 단기적으로 효과는 있을 수 있지만 지속할 수는 없다. 정치는 공업 문명의 제도 메커니즘을 사용해 시장에 안정을 제공하고, 절대 평등, 보장과 관리의 합법성을 요구하는데 사실 미래를 희생해 일시적인 평안을 얻는 것이다.

정치는 부채 능력이 탁월해서 언제나 빚을 갚을 수 있기 때문에 투입을 확대할 수 있다. 다음 세대를 착취하거나 양적 완화로 돈의 가치를 희석시키면 부채도 상대적으로 적어진다. 현재의 일을 처리하기 위해 미래의 돈을 이용하는 것과 같다. 매번 경제적인 후퇴는 실제로 오래된 생산력을 제거하고, 새로운 생산력을 위한 여지를 마련해주고, 다음 개발을 달성하기 위해 수년 간 누적된 폐단을 집중적으로 드러내는 것이다. 시장 주기를 인식하지 못하고, 부채로 문제를 미루면서 무제한의 고속 경제 성장을 상상하는 것이다. 공권력 남용이라는 더 큰 잘못으로 기존의 잘못을 덮을 망정 실패를 받아들일 수 없다는 것이다. 그래서 나온 것이 성장을 자극한다는 명목으로 대량의 화폐를 시장에 투입하는 '양적 완화'이다. 소비를 자극하는 지금 세대가 죽고 나면 다음 세대가 자라 그들이 새로운 성장을 이룰 것이다. 하지만 문제는 '양적 완화'로 생활비가 급등하게 되어 희망을 잃은 젊은이들이 어쩔 수 없이 결혼하지 않고, 자녀를 낳지 않게 되면 그 시대의 발전뿐 아니라 다음 세대의 발전이 억압을 받게 된다는 것이다. 구세대들은 자본 가치가 높아진다 해도 절대 소비를 늘리지 않아 부를 낭비하고 있다.

1980년대 일본의 경제력은 크게 성장했고, 경제 상황도 낙관적이었다. 세계에서 일본의 구매력이 두드러지면서 일본 국민들 역시 성장을 전망하며 미국을 사겠다는 포부를 가졌다. 하지만 1990년 돌연 거품이 꺼지면서 기대하던 고속성장의 꿈을 이루지 못하게 된다. 이에 일본 정부는 1990년대 초부터 저금리 심지어는 제로 금리의 통화정책을 시행하고 있지만 성장에 어떤 자극도 되지 않았다. 2008년 금융위기 이후 미국이 취한 양적 완화 정책은 그다지 성과가 없었다. 중국은 2008년 금융위기가 발생한 후 4조 위안을 투입하는 '강한' 부양책을 펼쳤고, 5년 이후에도 여전히 완전히 소화하지 못하고 있다. 공업 문명에서의 성장 모델은 단계성을 가진다는 것을 알 수 있다. 일단 공업화 단계를 넘어서면 전환이 필요하고, 새로운 성장 패러다임을 추구해야 한다.

영국은 산업혁명의 발원지로 가장 먼저 공업화를 완성하고 포스트 공업 사회로 들어간 국가이다. 도시화 수준은 이미 80%에 근접했기 때문에 대규모 도시화 투자에 의해 경제 성장을 자극하고 보장할 여지가 많지 않다. 인프라, 주택, 자동차 등의 자산은 상대적으로 포화상태가 되었고, 인구수는 안정적이고 국내 시장은 제한적이며 높은 노동 원가로 인해 수출은 경쟁 우위를 가지지 못하기 때문에, 영국은 일찍이 높은 자원을 소모하고 투자해야 하는 공업화의 외연 확장 방식의 경제 성장 추구를 이미 중단했다. 이 기간 동안 영국의 삼림 피복율은 끊임없이 증가했다. 영국은 성장을 보장하기 위해 도시의 규모를 확장하고 공업 개발을 하지 않고, 더 많은 토지를 자연보호와 삼림을 만드는 데 사용했다. 당시 영국의 성장 방식 전환의 가장 큰 특징은 경제구조를 조정한 것이다. 1990년 영국의 3차 산업이 국민경제에서 차지한 비율은 단지 66.6%였으나 2013년에는 79%까지 상승했는데 3차 산업의 비중은 매년 평균 1%가 올랐다. 같은 시기 2차 산업 비중은 31.8%에서 20.3%로 떨어졌고, 거의 산업구조 조정이 2차 산업과 3차 산업 사이에서 이루어졌다(그림 7-2).

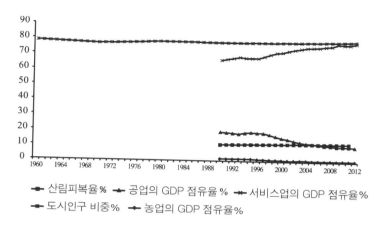

[그림 7-2] 영국 경제 및 사회구도와 환경 변화 추세(1960-2012)

자료 출처 : 세계은행 DB

일본이 포스트 공업 사회로 들어간 시기가 조기 공업화 국가보다 약
간 늦었다고 한다면, 그 도시화 과정은 문제를 설명할 수 있는 좋은 지표
가 될 수 있다. 영국은 1960년 도시화 수준이 포화상태에 가까워진 후 기
본적으로 높아지지 않았다. 하지만 1960년 일본의 도시화 수준은 영국보
다 15.1% 낮은 63.3%였다. 일본의 삼림 피복율은 68.4%에 달했다. 도
시 확대와 공업 확장은 임지를 공업 혹은 도시 용지로 전환해 완전히 경제
성장으로 사용할 수 있었다. 하지만, 일본의 도시화가 77.8%에서 92.3%
까지 확대된 상황에서도 삼림 피복율은 줄어들지 않았고, 오히려 0.2%가
늘어났다. 일본의 산업구조도 큰 변화가 있었다. 서비스업 비율이 64.7%
에서 73.2%로 상승했다. 강한 공업 경쟁력과 제조업이 고도로 발달한 경
제체로써 같은 시기 2차 산업의 점유율은 33.4%에서 25.6%까지 하락했
다. (그림 7-3)

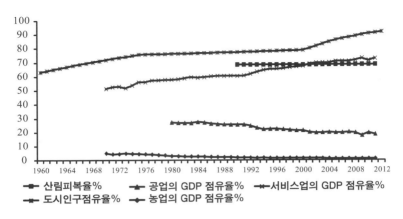

[그림 7-3] 일본 경제 및 사회구도와 환경 변화 추세(1960-2012)

영국과 일본은 삼림 피복율을 끊임없이 확대해 환경오염을 관리하면서 도시화 과정과 산업구조의 전환을 이루었다. 어떤 의미에서 생태 전환이라고 할 수 있다. 성장하는 폭은 적지만 국민의 사회보장과 복리 수준이 떨어지지 않고, 1인당 국민소득은 어느 정도 증가했기 때문에 일종의 생태 친화적 성장이라고 할 수 있다. 그렇다면 생태 성장은 어떤 특징이 있는가? 첫째, 경제성장 속도가 낮고, 폭이 좁아 어떤 경우에는 심지어 마이너스를 보이지만, 이런 성장은 등락을 반복하는 발전을 피해 경제가 안정적이다. 둘째, 자연환경이 더욱 개선되고, 자연 자산이 끊임없이 증식된다. 영국이건 일본이건 육지 생태 시스템의 근원적인 생산력과 생물 다양성이 가장 높은 삼림 면적이 끊임없이 확대된 것이 바로 그 예이다. 셋째, 낮은 경제 경제 성장 혹은 마이너스 경제 성장, 공업 및 도시 용지 면적의 감소로 인해 국민 삶의 질이 떨어지지 않고 반대로 향상된다. 넷째, 세 가지 한계의 제약을 인정하고 자연 자산의 확보량을 증가하고, 실물 자산의 저장량이 포화에 근접하고 효과적으로 유지되면서 인구 총량의 자발적인 제약이 실현되어 맬서스의 '인구 함정'을 벗어났다. 다섯째, 생태 성장은 허위적이고 자산을 형성할 수 없는 성장이 아닌 실질적인 성장이 어야 한다. 오늘 빌딩이 지어지고, 내일은 철거되고, 다시 지어지면 이 모든 것들이 GDP를 증가시키고, 성장을 이루지만, 이것은 어떤 물리적 자산도 형성되지 않기 때문에 쓸모 없고 비현실적인 성장이다. 하지만 선진국의 1인당 화석 에너지 소비량과 1인당 탄소 배출량이 세계 기후 보호를 위한 탄소 예산보다 훨씬 많다는 점을 지적할 필요가 있는데, 이는 선진국의 소비 패턴이 전 세계적인 수준에서 환경 수용 능력을 넘어서는 것으로 아직 완전한 생태 성장이 아니라는 것이다.

공업화 중반기와 후기에 있는 중국에게는 두 가지 선택이 있다. 하나는 착실하게 하나씩 공업화를 실시해 포스트 공업화 발전 단계로 들어간 후 사회 전환을 실시하는 것이다. 또 다른 하나는 공업화를 실현하면서 동시에 전환을 도모하면서 생태 성장을 실현하는 것이다. 후발 신흥 공업화 국가로써 자원 환경의 제약은 중국이 선진국의 공업화 여정을 따라 발전하는 것을 허락하지 않는다. 중국은 한편으로는 공업화 과정을 계속하고, 물질적 부를 축적하고, 실물 자산을 가능한 한 빨리 포화 수준에 가깝게 만들고, 다른 한편으로는 생태 문명을 이용해 전통적인 공업화 패턴을 개조하고 업그레이드 해야 한다.

GDP만이 우리가 경제 성장을 지향하도록 만든다. 동부 해안 지역과 중부 및 서부 지역 모두 산업 및 도시 토지 이용 지수가 충분하지 않다고 생각해 거대 파이를 이루는 도시 개발과 초대형 산업 단지의 인클로저 이동은 의미 있는 확장과 재생산을 요구하고, 전통적인 외연 확장의 방법은 버릴 것을 요구한다. 이것은 경제적, 생태학적 효율성의 촉진, 자연환경의 수용 능력의 한계에 대한 존중, 농업 이전 인구를 도시의 통합적인 발전에 포함시켜 공정한 사회의 실현을 요구한다. 이것이 바로 생태 문명 이념으로 공업 문명의 생산과 생활 방식을 바꾸고 업그레이드 하는 것이다.

우선, 성장 속도로 볼 때, 공업화 과정의 경제체와 포스트 공업화의 경제체가 완전히 같지는 않을 것이다. 중국의 인프라와 기타 물질적 자산이 포화 수준에 이르려면 멀었기 때문에 중국의 성장 속도가 선진국보다 빠르다. 하지만 이는 절대 중국의 경제성장이 생태 성장이 아니라는 것을 의미하지는 않는다. 중요한 것은 진정한 성장을 했는지 여부를 봐야 한다. 진정한 성장은 두 부분에서 나타난다. 첫 번째는 실질적인 물리적 자산 축적 여부를 확인하는 것이고, 두 번째는 자원과 환경의 비용을 확인하는 것이다. 많은 대도시의 외연 확장에 있는 어번 빌리지는 자원 환경의 대가가 크지 않을 수도 있다. 그러나 이러한 건물들은 계획되지 않고, 품질이 떨어지고, 인프라가 마련되지 않아 진정한 의미의 물질적 자산을 형성할 수 없기에 최대한 빨리 철거와 이주를 하고 개조해야 한다. 중국의 경제 발전은 고르지 못하기 때문에 여러 지역의 성장이 반드시 같을 필요는 없다. 예를 들어 동부 개발 지역은 '세 가지 한계'의 제약을 받는 것이 확실하기 때문에 성장 속도는 중부 및 서부 지역보다 느릴 수 있다. 둘째, 자연환경의 자산 저장량과 환경 질량이 향상되어야 한다. 중국의 생태 환경은 비교적 취약하고, 수용 능력은 상대적으로 한계가 있다. 때문에 공업화 과정에서 성장으로 인한 환경 파괴를 줄이고, 환경을 개선하며 성장하는 방식을 고려해야 한다. 셋째, 사회가 공평하게 성장해야 한다. 성장 수익이 국민들에게 골고루 돌아갈 수 없다면 공동의 부는 실현될 수 없고, 사회에는 불안정한 요소가 생기게 된다. 이런 불안정한 요인들은 자연 자산과 개발로 축적되는 실물 자산에 대해 위협이 될 수 있다. 때문에 발전할수록 사회 분배가 더 공평하게 이루어져야 한다. 후진국과 중등수입국에서 벗어나지 못한 국가의 지니 계수는 선진국보다 훨씬 높다. 이것은 생태 성장이 소수의 성장을 위한 것이 아니라 인본주의적 성장이라는 것을 의미한다. 마지막으로 생태 성장은 반드시 자연과 조화를 이루고 자연을 존중하는 성장을 해야 한다. 많은 도시들은 현대 공업 문명 기술을 이용해 고층 빌딩을 지어 성장하고, 물질적인 자산도 축적할 수 있다. 하지만 이런 고층 빌딩들을 운영하고 유지보수하기 위해 더 많은 생태 자산을 소모해야 하기 때문에 실질적으로 자연에 순응하는 발전은 아니다.

제4절 정태 경제

생태 문명에서의 경제 성장은 생태 성장을 추구하고, 최종적으로 정태 경제로 향하는 것이다. 정태 경제는 자발적인 전환과 피동적인 전환 두 가지 실현 경로가 있다. 무어가 생각한 정태 경제는 자발적인 선택이고, 데일리가 논증한 정태 경제는 한계의 제약 속에서 피동적으로 자연을 존중하는 하나의 선택으로 간주할 수 있다. 맬서스와 메도우스가 언급한 한계의 제약은 피동적이고 어쩔 수 없는 동태균형으로 실질적으로는 불안정한 것이다.

수천 년 동안 이어진 중국의 농업경제는 어느 정도 안정 상태의 속성을 가지지만 변동에 적응하면서 농업기술이 진보하고, 사회는 안정적으로 성장했다. 일정한 변동의 정태 상태라고 할 수 있다. 낮은 생산력과 삶의 질의 저하, 사회 물질적인 자산이 부족하기 때문에 무어가 생각하고 추구한 정태 경제는 아니다. 우리는 맬서스의 속성을 가진 동태 안정이라고 생각한다. 신중국 성립 이후 중국은 산업화를 활발하게 촉진했고, 성장 위주의 팽창 경제의 형태를 이루었다. 흔들림은 있었지만 중국 경제는 전체적으로 늘 성장해왔다.

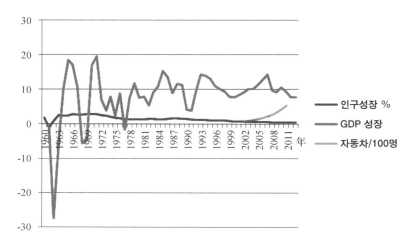

[그림 7-4] 중국 경제 전환: 정태 경제로 매진

　　개혁개방 후 30여 년의 고속 성장을 거치며, 중국은 물질적인 부를 어느 정도 축적했지만, 선진국과는 아직 큰 차이가 있어 경제의 고속 성장에 대해 여전히 강한 기대를 하고 있다. 환경 수용 능력과 자연 자원의 저장량이 급감하기 때문에 전통적인 발전 방식은 질의를 받게 된다. 중국에서 100명 당 자동차 보유수는 2000년에는 1대에도 미치지 못했으나, 지금은 이미 10대에 이른다. 실물 자산이 빠르게 축적되고 있다. 자동차 보유율은 선진국의 1/4에 지나지 않지만, 중국의 원유 대외의존도는 오히려 60%를 초과한다. 도시의 교통 체증과 심각한 스모그는 용량이 한계에 근접했음을 보여준다. 중국 인구 발전 구도에 큰 변화가 생겼다. 1970년대 보편적으로 우려했던 맬서스 인구론의 함정은 이미 중국과는 거리가 멀다. 2025년 전후 중국 인구는 최고치에 도달할 가능성이 있다. 이는 10년 전 예측했던 시기보다 15년이 앞당겨진 것이다. 인구 규모는 20% 정도가 줄어들고, 2100년이 되면 중국 인구는 현재의 약 1/3로 감소하게 될 것이다.

　　　　　　　　　　　중국의 환경관리와 생태건설

이는 약간 모순되는 정보이다. 한편으로는 중국에는 아직도 물질적 부를 축적할 공간이 많은 반면에 자연환경의 강성 제약이 점점 더 분명해지고 있으며, 인구의 자기 통제 한계가 바로 눈앞에 놓여있다. 일본의 성장 발자취를 참고할 만하다. 1950-1970년대까지 거의 30년간 이루었던 10%의 고속 성장은 1980년대의 조정 시기 혹은 전환기에는 5%의 중속 성장으로, 1990년대 이후에는 거의 제로 성장을 보였다. 빠른 확장형 경제체가 안정적인 상태의 경제체로 전화된 것이다. 일본의 1980년대 인구 성장률은 현재 중국의 수준과 대체적으로 비슷한 0.5% 정도였다. 거의 제로 성장으로 들어선 1990년대 일본의 인구 성장률은 대략 0.3% 정도였고, 21세기 들어 일본의 인구 성장률은 더 하락해 2006년 이후부터는 마이너스 성장세를 보였다. 비록 중국의 인구정책이 어느 정도 완화되어 인구 변화 구도가 일본보다 느릴 수도 있지만, 중국 인구의 전체적인 발전 추세는 일본과 어느 정도 비슷한 면이 있다. 인구 노령화 속도와 규모가 일본보다 빠르다. 특히 자녀를 잃었거나 가질 계획이 없는 가정에서는 물질 자산을 축적하거나 소비를 할 필요가 없다는 것이다. 이런 의미에서 일본 경제 전환 속도는 거의 제로에 가깝지만 질적인 성장을 의미하는 것이기 때문에 중국에게 참고적인 의미가 있다.

이런 상황에서 중국 경제의 하향 추세는 정상적이고, 필연적인 일이라고 할 수 있다. 일본의 경제 성장률이 1970년대의 10%에서 1980년대의 5% 좌우로 떨어진 것은 정상적인 현상이다. 그렇다면 중국 경제가 '13.5계획(2016년-2020년)' 기간에 5%까지 줄인 것에 놀랄 필요는 없다. 2020년대 중 후반에 중국 경제 성장률이 3% 혹은 그 이하로 떨어질 수 있는데 이 또한 이상한 것은 아니다.

만약 그렇다면 우리는 경제 성장 하락의 위험이 아니라, 고속에서 저속으로 그리고 거의 제로 성장으로 가는 피할 수 없는 경제 성장의 추세에 직면하게 되는 것이다. 우리가 가장 먼저 해야 하는 것은 성장 속도를 유지하는 것이 아니라 성장의 질을 유지함으로써 경제의 진정한 성장과 물질적인 부의 축적을 하는 성장을 확보하는 것이다. 둘째, 더 중요한 것은 공정한 사회를 보장하는 것이다. 일본의 경제성장 전환은 10년도 안 되는 짧은 시간에 성장률 10%에서 거의 제로에 가까운 수준에 이르렀다. 일본에서 사회적 동요가 일어나지 않은 중요한 이유는 소득분배가 상대적으로 비교적 공평하고, 일본의 지니 계수가 선진국에서 비교적 낮은 수준에 있기 때문이라고 하겠다. 중국은 역사적으로 도농 이원구조를 형성하고, 개혁개방 후 급속한 경제성장 기간 도시 내부까지 이어진 호적과 비호적의 이원구조, 독점적으로 높은 수입을 가진 국유 경제와 경쟁 속에서 상대적으로 낮은 수입을 가진 민영 경제의 이원체제는 전 국민에게 공평하게 경제 성장의 수익을 배분하는 과정의 발목을 잡았다. 이러한 것들이 중국 사회의 취약성을 보여준다. 일단 경제 성장이 변화하면 사회 안정이 어려운 문제가 된다.

마지막으로 생태 환경을 보호해야 한다. 제로에 가까운 성장은 실질적으로 일종의 생태 성장이다. 경제성장과 생태 시스템의 자연 생산율의 성장은 상호 호환성을 가진다. 우리가 소비하는 것은 생태 시스템의 순수한 성장으로 생태 환경의 천연 자산을 소비하지 않는다. 생태 환경을 보전하는 것은 가정과 경제 성장의 기반을 유지하는 것이다. 따라서 자연을 파괴하고 환경을 오염시키며, 생태계를 위협하는 생산과 생활 패러다임은 반드시 엄격하게 제지해야 한다.

중국의 인구 상황과 자연환경은 성장 전환에 내적, 외적인 조건과 압

중국의 환경관리와 생태건설

박을 준다. 현재 수많은 무자녀 가정과 2020년대 중반과 후반에 고령화 단계에 진입하는 사람들은 물질적인 자신의 축적과 소유가 아닌 아름다운 생태 환경과 기본적인 사회보장을 찾고 있다. 안정된 정태 경제를 향해 나아가는 것은 의식적으로 필요한 것이다.

제8장

생태 문명의 소비 선택

생태 문명의 소비 선택

농경 문명에서는 낮은 생산력, 물질 자원 부족으로 사람들의 기본적인 수요를 만족시키는 것이 소비의 기본적인 방향이 되었다. 공업 문명의 고효율의 대규모 생산은 물질 자원을 풍부하게 만들었고, 소비 추구가 기본 수요를 능가하면서 사회는 높은 소비의 시대로 들어섰다. 이런 지속 불가능한 소비 패턴은 실질적으로도 공업 문명 패러다임의 종말을 가속화하고 있다. 새로운 생태 문명 패러다임은 질적이고, 건강한 생태 친화적인 지속 가능한 소비를 추구한다. 이것은 윤리적 기준과 사회적 선택이고, 생태 문명의 제도적 규범을 통한 패러다임의 전환을 촉진할 것을 요구한다.

제1절 소비 선택의 자연 속성

자연생태 시스템의 일부분으로써 물질 자원이 극도로 풍부한 시대에 인간의 소비는 무한할 수도 없고, 무한할 필요도 없는 것이다. 이는 인간의 소비는 자연의 제약을 받기 때문에 무한할 수 없고, 생물학적 개체로서 인간의 생리적인 물질 수요에도 한계가 있기 때문이다. 자연을 존중하는 이성적인 소비는 자연과 생물학의 경계에 있는 소비이다. 때문에 우리가 자발적으로 자연을 존중하지 않고, 피동적으로 존중한다고 해도 우리의 소비는 자연의 물리학적인 뜻과 생리학적인 뜻을 내포하면서 자연을 존중하고 따르는 것이다.

인류의 물질 소비문화의 기본 이념은 상품과 자산에 대한 욕망과 추구이다. 이 이념은 경제 발전과 물질 생활수준의 향상에 긍정적인 효과를 가진다. 하지만 다른 한편으로는 일부 비이성적인 부분이 존재하기 때문에 인류 생활의 질을 향상시키고, 사회 진보를 실현하기에는 바람직하지 않다. 사실 물질적 소비는 인간 삶의 일부로 무한할 수 없으며, 과도한 소비는 인류 사회에 부정적인 영향을 미친다.

자연적 혹은 물리학적 의미에서의 제약은 주로 자연자원의 물리적인 양의 유한성을 말한다. 지구의 토지와 수자원의 총량은 일정하다. 재생 불가능한 화석 에너지 매장량 역시 일정하고, 한정된 지질 연대 안에서 다시 채워질 수는 없다. 일단 소모하게 되면 회복될 수 없다. 석유는 약 40년을 석탄은 200년을 소비할 수 있는 양이 매장되어 있다. 중국의 다칭大慶 유전과 성리胜利 유전은 혁신적으로 석유회수증진법(Enhanced oil recovery: EOR)을 사용하지만 원유 생산량은 계속 감소하고, 비용은 끊임없이 오르면서 원유는 고갈되고 있다. 우리가 석유를 대체할 수 있는 물질을 찾을 수 있다고 해도 자동차가 점유하는 공간과 도로에 대한 수요는 지표면 공간의 제한을 받을 수 있다. 특히, 인류 거주에 적합한 한정된 공간의 강성 제약은 사람들의 자동차 보유의 꿈을 실현 불가능하게 한다. 태양 에너지는 일정하고 줄어들지 않지만 단위 면적당 태양의 강도는 정해져 있고, 밤낮과 계절에 따라 변화한다. 생물자원은 재생 가능하지만 주어진 기후와 기술 조건에서 생물의 생산량도 한계가 있다. 중국은 국토의 크기와 거주에 적합한 환경의 제한으로 인해 정원을 가진 별장 소유의 꿈을 가진 모든 가정의 기대를 만족시킬 수 없다.

우리는 공업 문명의 기술진보가 생태 문명의 패러다임에서도 여전히 유효하고, 자연자원의 물리적인 제한을 완화하고, 끊임없이 높아지는 소비 수요를 만족시키는데 도움이 된다고 말한다. 토양을 비옥하게 만들고, 농작물과 동물 품종 개량을 통해 생산성을 높였다. 그렇다고 해도 심리적, 생리적인 측면에서 자연 존중은 여전히 우리의 소비 수요와 갈등이 있을 수 있다. 우리는 고층의 넓은 공간에서 살 수 있지만, 고층의 주택 공간과 단층집 혹은 저층 빌라에 대한 심리적인 느낌에 차이가 있다. 엘리베이터 운영비, 고액의 빌딩 유지보수비와 안전방범비용을 지불해야 할 뿐 아니라, 공간 압축과 불안정이라는 심리적 감각을 견뎌야 한다. 지하 공간은 일상생활 거주에 대한 수요를 만족시킬 수 있다. 하지만, 자연의 산물인 인간은 심리적으로 자연 바람과 채광이 필요하고, 녹색 공간이 필요하다.

시장 소비 현실은 이러한 지연을 존중하는 소비 선택을 검증할 수 있다. 같은 지역, 동일한 품질, 같은 면적의 주택 공간의 시장가격은 소비의 지배적 선호 지표가 된다. 지하실이 반지하보다 저렴해야 하고, 북향집이 남향집보다 저렴해야 하고, 채광이 한쪽에서 들어오는 집값이 채광과 통풍이 잘 되는 집보다 저렴해야 한다. 시장에서 천연 유기농 농산품의 가격은 일반적인 방식으로 생산되는 농산품보다 비싸야 한다. 성능면에서 유전자 조작 농산품은 우리들의 생물학적 수요를 만족시킬 수 있지만 유전자 변형에 대한 심리적인 걱정 때문에 많은 소비자들은 반대한다. 현대 기술로 식수에 인공적으로 같은 광물질을 합성하고 배합시킨다고 해도 우리는 천연 광천수를 선택하게 되는데 이 역시 소비 선택의 자연적인 선호이다. 하수는 정화 처리를 통해 식수 기준에 맞게 처리될 수 있어도 정수장에서는 오염되지 않은 수원지를 선택한다. 물의 처리 비용으로는 소비자들이 왜 식수 기준에 적합한 수돗물보다 훨씬 비싼 천연 광천수를 받아들이는 지를 완전히 설명할 수는 없다. 대자연을 몸소 느끼는 여행 소비 역시 자연 속성을 가진 소비 선택이다. 오랫동안 대자연과 멀리 떨어져 인위적인 환경에서 생활하고 있는 사람들은 심리적으로나 생리적으로 자연 회귀 본능을 가지기 때문이다.

상술한 물리적 속성을 가진 소비 선택이 외적 요소라고 한다면 생물학적인 개체와 그룹의 소비 수요는 생물학의 내재적인 속성을 가진다. 일반적으로 인문적 발전을 위한 기본적인 소비는 유한하지만, 사치성 소비는 오히려 끝이 없다. 예를 들어 교통은 효용의 관점에서 공간 위치의 이동이 허용되는 시간과 편안한 조건에서 완료되는 경우에만 충족시킬 수 있다. 우리는 대중교통을 선택할 수도 있고, 경제적인 개인 승용차를 선택할 수도, 배기량이 큰 호화로운 세단을 선택해 무한한 호사를 누릴 수도 있다. 여행도 마찬가지로 경제적인 자유여행을 할 수도 있고, 여유를 즐기는 럭셔리 여행을 할 수도 있고, 심지어는 우주여행을 선택할 수도 있다. 생활 필수품인 주택은 1인당 평균 20㎡만 있으면 생활에 필요한 만족을 얻을 수 있다. 하지만 우리가 더 큰 면적을 추구하며, 큰 정원에 전용 대문을 가진 호화 별장을 원한다. 사람의 무한한 상상력과 창조력으로 인해 사람의 물욕 소비에 대한 무한한 추구를 결정하게 된다.

하지만, 생물학 특성을 가진 개체로써 사람의 소비는 일정한 양적인 한계가 있다. 생물학적 의미에서 보면 인류 개체의 키, 체중, 기대수명, 영양에 대한 수요는 일정하다. 인종과 유전학적 차이가 있지만 인간의 기대수명은 일반적으로 50년-90년 사이로 소수만이 100세 이상을 살 수 있고, 인간의 생명은 150세를 넘지 못한다. 그림 8-1은 1인당 수입과 기대수명과의 관계를 보여준다. 수입이 높아져도 사람의 기대수명은 거의 변하지 않는다.

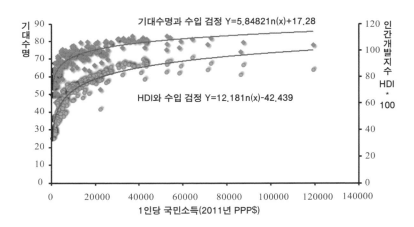

[그림 8-1] 1인 평균 기대수명(년). 인간개발지수(HDI)와 1인당 소득[달러(ppp)/년] (2011)

자료 출처 : UNDP(2014),《인류개발보고서》, 옥스포드대학 출판사, 뉴욕

그림 8-2을 보면, 많은 개발도상국의 영양 섭취량은 부족하고, 선진국에서는 영양 과다가 나타나고 있음을 확인할 수 있다. 사실 일부 선진국 예를 들어 독일의 1인당 영양 섭취량은 이미 1960년대의 3,600cal/일에

중국의 환경관리와 생태건설

서 3,200cal/일까지 줄어들었다. 당연히 식품 구조에 따라 열량이 다르기 때문에 소비량과 다양성의 차이가 있다. 실제로 이런 차이는 생물학 개체로서 인간 소비의 자연스러운 속성을 표현하는 것이다. 우리에게 필요한 것은 단일 영양소가 아니라 다양한 영양소와 다양한 음식의 조합이다. 하지만 어떻게 조합을 하는 지와 상관없이 영양이 필요로 하는 총량은 생물학적인 한도가 있다. 이것은 객관적으로 존재하는 것으로 인간이 도를 넘는 것은 불가능하며, 넘을 필요도 없다. 무한한 물질 소비 개념은 인간의 소유욕의 표현이며, 객관적이고 과학적인 실질적인 수요가 절대 아니다. 사실 인구 노령화 사회로 들어선 선진국에서 음식을 통해 얻는 1인당 열량은 줄어들고 있는 상황이다.[01] 예를 들어 일본의 평균 기대수명은 1992년의 79.2세에서 2002년의 81.6세로 증가했고, 2014년에는 82.9세로 더 늘어났다. 1인당 평균 식품 섭취 열량은 1992년에는 2,942cal/일이었고, 10년 후인 2002년에는 이 수치가 2,881cal/일까지 감소했고, 2014년에는 2,728cal/일로 더 줄어들었다. 석유 수출국인 쿠웨이트는 지난 20여년 1인당 GDP는 8만 달러/년이었고, 식품 섭취 열량은 1992년의 2,144cal/일에서 3,465cal/일까지 증가했고, 2014년에는 3,348cal/일로 줄어들었다. 무제한의 사치 소비를 위해 많은 자원을 차지하는 소수의 개인들이 있을 가능성은 있지만, 사회 집단은 물질적 소비 한도의 제약에 따라야 한다. 소수의 사치성 소비는 많은 상황에서 불필요하고 가능하지도 않다. 한도의 제약을 인식하는 것은 이성적인 소비 개념을 형성하는 데 도움이 된다.

---

01   FAO, *Food and Nutrition in Numbers*, 2014 Rome.

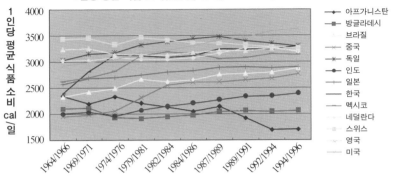

1인당 평균 식품 소비(cal/일) 변화(1964-1996)

범례:
- 아프가니스탄
- 방글라데시
- 브라질
- 중국
- 독일
- 인도
- 일본
- 한국
- 멕시코
- 네덜란다
- 스위스
- 영국
- 미국

[그림 8-2] 1인당 식품소비(a)와 농업생산지수의 시계열 변화(b)

자료 출처 : FAO, Food Balance Sheets, Rome, 1999

    소비 선택의 자연 속성과 공업 문명 패러다임에서의 고액의 물질 소비 경향은 선명한 차이를 가진다. 소비의 자연적 속성은 인간이 자연의 제약을 존중해야 하는 자연의 일부라는 것을 보여준다. 소비자는 생물학적 의미의 개체와 집단으로 소비 선호 역시 자연적 속성을 가지며, 인위적으로 만들어진 각종 소비품에 대한 무제한적 수요를 가지지 않고, 양적인 한도 즉 소비 포화에는 한계가 있다. 이런 자연적 속성은 생태 문명 패러다임에서 소비 선택의 기초이다. 물질적 풍요의 시대에 인류의 소비는 완전히 물질적인 것이 아니라 자연적인 선택이다. 기본 수요의 만족은 생물학적인 수요로 자연적 속성을 가진다. 생리학적 의미의 소비 수량의 한도 역시 자연 속성이다. 자연 그대로의 산물에 대한 소비의 선호는 인간이 자연의 일부라는 것을 객관적으로 보여 준다. 자연을 존중하는 소비 개념을 가지는 것은 소비의 자연적 속성에 부합할 뿐 아니라 시장 선호를 현실적으로

중국의 환경관리와 생태건설

실증한 것이다. 공업 문명의 물질적 소비 개념은 소비의 자연적인 속성과 양립할 수 없기 때문에 생태 문명 소비 개념을 확립하는 것이 필요하다.

제2절 공정한 생태 소비 가치 방향

소비의 자연적 속성은 자원의 유한성과 소비 수요의 강성을 보여주었다. 즉, 생물학적 의미의 물질 수요가 물욕 소비의 무한성을 보장한다. 기술 수단, 제도의 설계와 배치는 소비 선택에 대한 강한 구속력을 갖지 못하기 때문에 합리적이거나 비이성적인 소비를 만족시키기 위해서 현실 사회의 소비 선택은 생태적 정의와 사회적 공정성을 고려하지 않을 가능성이 있다.

소비의 생태학적 정의란 인간의 소비가 다른 생물이 생존에 필요한 자연생태 시스템 내의 물질 소비의 권리를 무시하거나 박탈하여 하나 이상의 생물학적 유기체의 증식과 생태 시스템의 전체 기능을 위협하는 소비 행위 혹은 선택을 가리킨다. 공평한 생태계 소비의 윤리적 토대는 인류 중심이 아니라 자연 중심 가치 체계를 가진 '생태 중심론'[02] 혹은 생물 중심론이다. 이 윤리관은 인류와 모든 생물 유기체는 각자 고유의 가치를 가지고 있고, 생물권에 있는 모든 생물들은 동등한 권리를 가지는 평등주의 실현을 요구한다. 인류는 생물권의 중요한 일부분이다. 인류에 비해 생물권은 더 복잡하고 더 많은 포용성을 가지고 있으며, 연관성과 창조력을 가지고, 신비로움과 아름다움을 간직한 오랜 역사를 가지고 있다. 때문에 생

---

02   Rowe, Stan J., "Ecocentrism: the Chord that Harmonizes Humans and Earth", The Trumpeter 11 (2): pp.106-107, 1994.

물권 내의 기타 유기체와 자연자원은 인류가 전용하는 소비의 대상이 절대 아니고, 인류의 소비 수요를 만족시키기 위한 것이 절대 아니다. 인류는 자연계의 유기체와 무기 환경과 불가분의 관계를 가진 구성원이다. 인류 중심에서 지구 중심으로 우리의 생활방식과 방향을 조절해야 한다. 모든 유기체는 지구상에서 진화해 왔고, 지구에 의존해 생존하고 있다. 생태 중심론은 인간의 가치를 부인하는 것이 아니라 인류가 지구 시스템의 일부라는 것을 강조한다. 우리의 소비는 다른 생명체 및 기타 생명들의 삶의 터전인 자연자원을 파괴해서는 안 되며, 모든 생명체에게 충분한 생존과 소비 공간을 주어야 한다.

생태 중심의 소비 윤리관은 사람의 정신 수요를 특별히 강조한다. 생명 유기체와 무기 환경 자원 예를 들어 명산과 큰 하천을 포함한 자연은 인류의 창조력과 상상력의 원천이자 기반이고, 정신 순화에 꼭 필요한 매개체와 장소이며, 인지를 승화하는 대상과 목적이다. 생물 종이 사라지거나 자연 경관이 파괴되면 생명 유기체의 본질적인 가치와 무기물 환경도 사라질 것이고, 인류도 물질적 정신적 소비를 영원히 잃게 될 것이다.

인류의 소비 수요만을 고려하는 것도 엄격한 의미의 생태중심주의 소비 윤리관이 아니다. 생태중심주의의 소비 윤리관과 달리 인간 중심 주의 사회 정의에 의해 요구되는 소비 윤리는 세대 간 형평성과 같은 인간 소비의 공정성을 고려하는 것이다. 롤스의 사회 정의는 사회 취약 집단의 이익 보장을 고려한 것이다. '무지의 베일' 뒤에는 사회 구성원이 스스로의 사회적 지위, 소비 능력, 소비 선호를 모르는 상황에서 소비 선택을 한다. '최대 및 최소' 즉 사회에서 가장 소외된 계층의 이익 극대화 원칙에 따르면, 사회 공평에 부합하는 사회적 소비를 선택하는 것이 소외 집단의 소비자 권리와 이익을 보장하는 것이다. 대기오염을 예로 들어 보자. 사회

구성원들의 미래 거주지가 신선한 공기를 가진 지역인지 아닌지는 알 수 없다. 사회적으로 소외된 계층들이 오염된 공기 속에서 살지 않도록 하는 공정한 사회적 선택은 최악의 공기 질도 인간 생활의 환경 기준에 부합하도록 요구하는 것이다.

중국 사회의 공정성은 천연 자원의 생산 수단으로써의 형평성을 강조한다. 자고로 사회 공평의 대상과 목표는 '균등한 토지'였다. 각 사회 구성원이 균등한 양의 자연 자원을 생산수단으로 보유하는 것이지 최종 소비품을 공평하게 점유하고 공유하는 것이 아니다. 생산수단인 토지의 공평한 점유와 최종 소비품인 농산품의 공평한 분배를 비교하면 전자가 더 생태적 공평성의 뜻을 내포하고 있다. 생산 수단의 소유는 지속 가능한 소비재 생산을 위해 토지의 생산성을 보호하고 향상시킬 필요가 있기 때문이다. 이것은 자연에 대한 존중과 순응, 인간과 자연의 조화를 필요로 한다. 생태 자원의 공평한 소유는 생태 상품의 공평한 공유라는 결과를 도출한다. 생태 상품 혹은 서비스의 공평한 공유는 생태 상품을 생산하는 데 사용되는 생산 수단(생산재)과 토지 생산성 유지와 향상에 관심을 기울이지 않는다면, 우리는 적절한 투입을 얻지 못할 것이다.

지속 가능한 발전의 틀 속에서 세대 간의 형평성은 후대의 충분한 생태 소비에 손해가 되지 않는 것을 전제로 현 세대의 생태 소비 수요를 만족시키는 것이다. 후대는 현재의 생태 소비 정책 결정에 대한 발언권이 없기 때문에 이들은 상대적인 취약 집단이다. 때문에 '무지의 베일'에서의 '최대 및 최소' 원칙의 사회 공평은 미래 자손의 생태 소비를 보장하는 것이다. 이는 우리가 생태와 생물 다양성을 보호해 자손들에게 우리와 같은 기회와 권리를 주고, 기본적인 생태 서비스와 상품을 누릴 수 있도록 해야 한다는 것을 의미한다. 만약 현재의 인류가 환경을 파괴하고, 수용 능력을 초과한 과다 소비를 하는 것은 후대의 소비 권리와 이익을 침해하는 것이다. 평균 주의의 '균전'이 가지는 생산수단이 제한되어 있기 때문에 세대 간 형평성은 모든 세대가 제한된 자원의 수용 능력 범위 안에서 생산하고, 소비할 것을 요구한다. 이런 생산수단은 확실히 수량과 질에 대한 물리적인 한계가 있다. 자손 후대를 위해 현재 우리가 가지고 있는 생태 상품과 생태서비스에 사용되는 생산수단이 양적 질적으로 줄어들지 않도록 하고, 각 세대의 생태 자산이 시간에 따라 줄어들지 않도록 해야 한다.

세대 내의 공평한 소비는 다른 사회 집단과 같은 사회 집단의 다른 개인들 사이에 생태 자산을 공정하게 소유하거나 생태 서비스와 상품을 공평하게 공유하는 것을 요구한다. 하지만 공평한 소유나 공유는 다음 세 가지 측면에서 절대 평등주의일 수 없다. 첫째, 사회 소외 계층의 기본적 수요를 만족시키고 보장하는 것이다. 사람과 사람의 조화는 소비의 존엄이 필요하다. 생물학적 의미의 기본 수요를 만족할 수 없다면, 소비 집단과 개인의 생존은 보장될 수 없어, 사회의 조화를 실현할 수 없다. 둘째, 이성적인 소비가 필요하다. 사람과 자연의 조화는 자연을 약탈하고 파괴하고, 자연의 수용 능력을 초월한 소비를 하는 것이 아니고, 호화 낭비적인 소비도 아니다. 셋째, 한 사회 집단이나 개인의 소비는 다른 사회 집단이나 개인의 소비에 해를 끼칠 수 없다. 공업 문명에서의 소비는 많은 이산화탄소 배출과 오염, 에너지 소모로 자신의 소비를 만족시켰다. 하지만, 이는 기타 사회 집단과 개인의 소비에 대한 지하수 오염을 야기하고, 타 지역에 영향을 주는 대기 오염 등 막대한 악영향을 미쳤다.

생태의 공평한 소비에서 부유한 사회 집단과 개인이 더 큰 사회적 책임을 져야 한다. 그 이유는 부유한 집단의 소비 가치 성향은 사회 소비문화를 이끌어 전체 사회에 영향을 주기 때문이다. 상대적으로 소외된 집단의 소비 가치 성향은 사회와 미래에 대한 영향이 상대적으로 적다. 그렇기 때문에 부유한 소비 집단은 효율은 높고, 배출은 적게 하는 소비 방식을 선택해 생태 파괴와 자연 소모를 줄일 수 있는 힘이 있다. 더 중요한 것은 이런 부유한 집단이 가진 고소비 호화 낭비적인 소비 능력은 기타 사회 집단의 생태자원을 점용하고, 지구의 수용 능력을 초과한다는 것이다. 예를 들어 중국 사회의 부유한 집단들이 배기량이 큰 호화로운 사치성 세단을 구입하지 않고, 재생 가능한 에너지를 생산하는 태양광 발전기 설비를 구매하는 데 사용함으로써 석탄 전력과 휘발유를 대체한다면, 이는 생태의 공평하고 지속 가능한 소비 가치 성향에 부합하는 것으로 전체 사회의 지속 가능한 소비 전환을 이끌 수 있다.

제3절 생태 친화적인 이성적 소비

생태의 공평한 소비의 가치 성향은 공평하고, 이성적이고 생태친화적인 소비를 하는 것이다. 공업 문명의 소비 패러다임은 고소비이다. 고소비를 실현하기 위해 더 많은 재물을 필요로 하고 파이를 더 키우면서 더 많은 소비를 하고 자극한다. 물욕 소비-생산 확대-부의 증가-소비 급증의 순환 국면을 형성한다. 이런 소비 순환은 경제 성장을 자극하고, GDP 확대에 도움이 된다. 이는 끊임없는 공업화 과정의 추진 결과이면서, 생태 악화와 환경오염, 자원 고갈의 근원이기도 하다. 생태 문명 패러다임에서 소비 가치의 방향은 이런 순환을 약화시키거나 타파해 지속 가능한 생산과 소비를 실현할 필요가 있다.

물욕적 소비는 수입 증가와 물질 소비를 강조한다. 효용을 강조하는 고전파와 신고전파 경제학이론에서는 발전을 경제 성장으로 이해하고,

성장은 수입의 증가로 규정한다. 이는 물질 소비가 효용을 일으키고, 효용의 척도는 화폐를 단위로 하기 때문이다. 화폐량의 증가는 효용을 확대하고, 더 나아가 사회 복지 수준을 높인 것과 같다. 1960년대 초 미국 경제학자 로스토우는 경제 발전이 인류사회의 발전 모델에서 선형적인 물질 소비 수준이 끊임없이 높아지는 과정이라고 개괄했다. 로스토우는 인류 사회의 발전은 6개의 경제 성장 단계를 거칠 것이라고 밝혔다. 첫째, 전통적 농업 문명 사회로 낮은 생산력을 가지고, 주로 수공에 의한 생산을 했고, 농업이 가장 중요한 위치를 차지하고, 한정된 사회 물질적인 부에 매우 낮은 소비 수준이 가진 단계이다. 둘째, 도약 준비 단계이다. 공업 문명이 나타나 전통적 농업 문명이 도전을 받게 되고, 기술 혁신으로 형성된 경쟁 우위가 세계 시장을 확대하고, 경제 성장의 추진력이 되었으며, 소비 수준이 높아지기 시작했다. 셋째, 도약단계이다. 공업화 과정이 시작된 이후 비교적 높은 축적률Accumulation rate 즉, 국민소득의 10% 이상을 차지하는 단계를 말한다. 공업 발전이 주도하고, 공업 문명 제도의 틀이 형성되었다. 예를 들어 사유재산 보장제도가 구축되고, 개인 자본을 대신해 거액의 자본을 투자할 수 있는 정부 기관을 설립하는 것 등이 있다. 공업 문명이 주도적 지위를 차지하고, 경제는 비약적인 발전을 실현했으며, 물질적인 부가 계속 축적되었고, 소비 상품이 다양해지고, 수준과 차원이 더 높아졌다. 넷째는 성숙단계이다. 현대 기술은 모든 경제 분야로 보급되었다. 산업은 다양화될 것이고, 새로운 선도적인 분야가 점차적으로 이류 단계의 오래된 선두 분야를 점점 대체하는 단계이다. 다섯째, 대중적 대량소비 단계이다. 이것은 고도로 발달한 공업사회이다. 여섯째는 고액 소비를

　　　　　　　　　중국의 환경관리와 생태건설

전제로 생활의 질을 추구하는 단계이다.⁰³ 간단히 말해서 경제성장단계가 실제로 공업 문명이 농업 문명을 대신하고, 생산 규모와 능력이 대폭 향상되고, 소비 수준과 능력이 끝없이 높아지는 선형 과정으로 마지막에 고액 소비 단계로 향한다는 것이다. 소비가 지속 가능한지 여부와 생활의 질을 어떻게 실현하는 지는 거의 중요하지 않다.

물욕 소비를 척도로 한 발전 패턴은 단방향적이다. 즉, 낮은 수준에서 높은 수준의 물질 생산과 소비로 전환되고, 화폐 수입량을 올리는 것을 특징으로 한다. 때문에 인류사회는 화폐 수입의 성장에 착안점을 두고 이를 평가 기준으로 하고 있다. 세계은행은 발전 보고서를 작성하면서 각국의 지속 가능한 발전 수준에 대한 평가에 대해 많은 요소들을 고려했지만 중요한 결정 요소는 여전히 GDP다. 개혁개방 이후 중국의 발전 목표는 대부분 1인당 GDP 생산액 증가를 지표로 삼았다.

소비자의 목표는 하나이다. 즉, 고소득 고소비를 목표로 한다. 확실히 소득이 높으면 소비 선택의 폭이 넓어지고, 각종 소비 기회를 얻을 수 있다. 현재 사회 소비 풍조는 전기, 주택, 자동차, 여행 등 물욕적 소비가 이끌고 있다. 하지만 수입과 소비 수준이 생활의 질의 전부인가에 대한 질문을 해 봐야 한다. 소득이 높은 한 개인이 강한 구매력을 가지고 있다고 가정해 보자. 하지만 (1) 신체적 여건이 좋지 않아 자동차 운전을 할 수 없고, 여행을 갈 수 없다. 이럴 경우 그는 물질을 소비할 능력은 있지만 실현할 수는 없을 것이다. (2) 수영, 테니스, 악기 연주 등 많은 취미를 가지고 싶지만 할 수 없고, 할 시간이 없다면 단지 바람일 수밖에 없다. (3) 사

---

03   W. 로스토우: 《경제성장의 단계》, 궈시바오(郭熙保), 황숭무(王松茂) 번역, 중국사회과학 출판사 2001년 출판.

회적으로 좋은 생각을 가지고 있다고 해도 신체의 자유와 발언권, 정치적인 권리가 없어 그 주장을 발표하지 못하고, 인정받지 못하고 받아들여지지 않는다면 사상적인 부담과 정신적 스트레스를 많이 받게 될 것이다. 그렇다면 이런 고소득자의 삶의 질이 높다고 할 수 있겠는가? 실제로 많은 이들이 고소득, 고소비를 추구하면서 하루 종일 바쁘게 살며, 아건강 Subhealth 상태이거나 아픈 상태이다. 또한 고소비를 위해 부패를 일삼고, 사기와 강도 등 범죄의 길로 들어선 이들도 있다. 이렇게 일방적인 물욕 소비 이론의 끝은 정반대의 결과가 생긴다.

금전적 소득과 물질적 소비는 삶의 질을 객관적이고 포괄적으로 반영할 수 없기 때문에 삶의 질이 내포하는 뜻을 고찰해 봐야 한다. 1950년대 초, 학자들은 사람의 삶의 질에 영양상태, 신체조건(키, 체중), 기대수명, 소득 수준 및 정치와 민사 권익[04]을 포함해야 한다고 지적했다. 1980년대 중반, 후진국의 빈곤 낙후된 사회의 소비 실태를 연구했던 아마르티아 센은 '포스트 복지주의' 발전관을 제시하고, 발전은 인간의 다양한 잠재력을 실현할 수 있는 능력이 향상된 것이라고 지적했다. 기본적인 영양, 건강한 신체, 일할 기회, 민사 권리와 이익, 정치 자유 등은 인간이 태어나면서 가지는 권리이다. 1990년 UNDP는 소득 수준, 기대수명과 교육 상황을 선택해 세계 각국의 인문 발전 상황에 대한 평가를 했다.[05] 글로벌 온실가스 배출 감축 책임과 의무 분담을 확인하고 분석할 때, 선진국의 1인당 탄소 배출량은 개발도상국의 수 배 혹은 수십 배였다. 일부 개발도상국의 학자

---

04   AmatyaSen, Development as Freedom(2ndEd), Oxford&New York, Oxford University Press, 2001.

05   UNDP

들은 물질 소비를 기본적 소비와 사치성 소비로 구분해 괜찮은 생활을 누리기 위해 필요한 기본적인 물질 소비가 충족되어야 하는 것은 인류의 기본적인 권리라고 밝혔다.[06]

물욕 소비는 생활의 질을 반영하지 않으며, 기본 수요의 만족에 국한되지 않고, 고급 소비의 내용을 담고 있다. 공업 문명 패러다임의 기본 윤리에 따르면, 인간의 행복은 효용에 의해 측정된다. 일반적으로 물질 소비가 효용을 만들고, 복지를 증가시킨다고 생각한다. 하지만 소비의 자연 속성, 생태 환경 자원의 한계 제약과 생물학 개체의 물질적인 수요의 포화 특성으로 인해 물욕 소비는 한도의 규제를 받기 때문에 모든 물질 소비가 효용을 만드는 것은 아니다. 어떤 것을 실질적으로 부정적인 효용을 만들고, 복지에 부정적인 상쇄 효과를 주기도 한다.

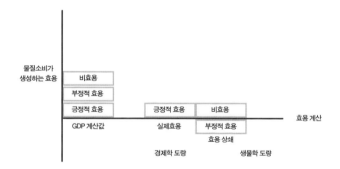

[그림 8-3] 효용 계산

06   판자화: 《기본 수요를 만족하는 탄소예산 및 국제적 공평과 지속가능의 함의》, 《세계 경제와 정치》 2008년 제1기

생활 혹은 복지 수준에 대해 소비는 긍정적 효용과 부정적 효용을 가진다. 긍정적 효용은 소비 증가로 인한 생활의 질 개선 혹은 복지 수준의 향상을 가리킨다. 반면 부정적 효용은 늘어난 소비가 생활의 질/복지 수준의 소비를 감소시키는 것을 말한다. 영양 섭취를 예를 들어 보면, 음식 섭취는 개인의 성장 발육과 노동력 소모에 필수적인 것으로 이런 소비는 긍정적 효용을 가진다. 섭취한 양분이 성장 발육과 생활을 하고, 일을 하는데 필요한 양을 초과하면 인체의 건강에 유해한 물질과 지방을 축적하거나 고지혈증, 고혈압, 고혈당과 같은 나쁜 생리적 현상을 일으킬 수 있다. 이런 과다한 소비는 부정적 효용이다. 과다한 소비로 인한 부정적 효용을 줄이고 없애기 위해 각종 다이어트 약과 식품, 고지혈증과 혈압, 혈당을 낮추기 위한 약품을 더 소비해야 한다. 이런 소비는 얼핏 보기에는 긍정적 효용 같지만 실질적으로 이는 정상적 혹은 최적의 생활의 질 혹은 복지 수준으로 회복하려는 일종의 상쇄적인 비효용에 속하는 것이 때문에 그 순효용은 제로이다(그림 8-3).

실제 경제와 소비 활동에서 소비를 하는 한 부가 가치를 가지고, 경제적 의미의 긍정적 효용을 가진다. 다시 말해 경제학적 의미의 효용은 긍정적 효용, 부정적 효용과 비효용의 절대값의 합을 말한다. 삶의 질과 복지 수준의 시각에서 보면 긍정적 효용, 부정적 효용과 비효용이 상쇄 효과를 가지는 것만 계상할 수 있고, 복지 증분은 계상할 수 없다. 물욕 소비에는 실제로 부정적 효용과 비효용적인 소비가 많이 있다. 예를 들어 대기오염이 없었을 때는 집 안의 공기 정화를 위해 공기청정기가 근본적으로 필요하지 않았다. 하지만 대기오염과 스모그가 횡행하여 시장 수요가 생기게 되면서 공장에서 각종 가정용 공기정화기를 생산했다. 공기 청정 장치는 대기질만 오염 물질이 없는 수준으로 정화시키고, 오염 물질의 생산은

중국의 환경관리와 생태건설

부가 가치를 가지고 있지만 부정적인 효용을 만들고, 정화기 생산과 소비는 부가 가치가 있지만, 서로 상쇄되어 순 복지 증가율은 0이 된다. 물질 수요 및 점유와 소비 수요의 시각에서 보면 생물학적 의미의 삶의 질과 복지 소비에 대한 긍정적 효용은 무한정 증가하는 것이 아니라 일정한 한도를 가지고 있음을 알 수 있다. 하지만, 경제학적 의미의 효용은 부정적 효용과 비효용을 포함하기 때문에 무한할 수 있다. 경제학적 의미와 생물학적 의미의 효용 가치의 차이는 물욕 소비량의 증가에 따라 확대된다.

물리적 제약 조건의 한계 때문에 많은 비효용 현상이 있다. 수자원 오염을 예를 들면 자연의 물 정화 능력은 정해져 있어 물의 환경용량을 초과한 오염 배출은 부정적인 효용으로 소위 말하는 음의 외부효과이다. 수자원 오염이라는 이 부정적 효용을 제거하기 위해 오수 수집/처리 시설에 투자하고 운영해야 한다. 이런 처리로도 자연 정화보다 더 깨끗한 물을 생산할 수 없기 때문에 실질적으로 '다이어트'와 같은 비효용적인 것이다. 경제 통계에서 과도한 오염 배출은 생산 및 운영 활동의 부가 가치에서 공제되지 않았다. 오염 처리 비용은 고정자산의 투자와 증가치를 계산한 것이다. 예를 들어 생태 시스템이 파괴된 후의 회복과 재건, 멸종 위기종에 대한 구조와 보호는 실제로 일종의 비효용이라 할 수 있다. 이런 경제활동은 새로운 생리학적 개체군을 만들거나 확대하지 못한다. 자연 상태의 생물 개체군과 비교했을 때, 이런 노력은 단지 일종의 보호이고 회복일 뿐 진정한 의미의 새로운 사회 복지가 늘어난 것이 결코 아니다.

당연히 인류의 사회 경제 활동은 '정상'적인 혹은 '피할 수 없는' 부정적 효용이 존재하기 때문에 국민경제체제의 생산과 소비는 그것의 정상적인 운영을 유지 보호해야 한다. 예를 들어 사람이 음식을 먹고, 병에 걸리고, 계절마다 온도가 변하고, 더위를 먹고, 한기가 들고, 감기에 걸리는 것도 피할 수 없다. 중년 이후 나이가 들면서 신체 기능이 노화되고 쇠퇴되는 것도 정상적인 현상이다. 의료 보건 소비는 부정적 효용으로 소비가 발생하는 것이 아닌 일종의 긍정적인 효용이다. 마찬가지로 자연의 극단적인 기후 사건, 지질 재해는 인위적인 활동의 부정적인 영향으로 일어나는 것은 아니다. 여름에는 무더위로 인해 에어컨에 대한 수요와 소비가 생기고, 겨울에는 추위로 인해 난방에 대한 수요와 소비가 생기고, 폭풍우로 인해 생활 시설이 파괴된 후 재건하는 것은 긍정적 효용이라 할 수 있다. 하지만, 만약 그 중의 지나친 소비로 예를 들어 여름에 지나친 에어컨 사용으로 냉방병에 걸리게 된다면 이것은 확실히 부정적 효용이다. '냉방병' 치료를 위해 발생하는 효용은 과도한 소비로 인한 부정적 영향을 상쇄하기 위한 것으로 일종의 역 방향 동작 효용 즉 비효용이다.

인류의 영양 과다 섭취든 환경용량을 초과한 오염 물질 배출이든 생태 시스템 파괴 후의 회복과 재건 및 멸종위기종에 대한 보호와 구제 모두 공업 문명 패러다임에서의 물욕 소비 이념과 직접적인 관련이 있다. 경제와 소비 활동에서의 부정적 효용과 비효용에 대한 인식은 소비 의식을 이성적인 소비로 전환하는 데 틀림없이 긍정적인 효과가 있다. 생태 문명 패러다임에서의 소비 선택은 소비를 존중하는 자연 속성이고, 자연을 존중하는 '정도'의 양을 파악하는 것이다. 공업 문명이 만든 사회와 개인의 신체 건강에 해가 되는 마약과 담배와 같은 소비품들에 대해 이미 금지하고 제한하는 사회 규범을 구축하기 시작했다. 술과 같은 기타 일부 생활소비품을 적절하게 소비하면 효용은 긍정적이다. 하지만 무절제한 음주는 사회와 개인에 대한 부정적인 효과를 만드는 소비이다. 생태 친화적인 소비는 이성적이고 건강하고, 질적인 것을 추구하며, 자연의 한도와 수용 능력을 따르고, 인간과 자연의 조화, 인간과 사회의 조화를 보장함으로써 지속 가능한 소비 패러다임을 실현하는 것이다.

제4절 생태 문명 소비의 정책 방향

공업 문명이 농경 문명에 비해 사회가 더 진보하게 된 이유는 사회 생산력 수준이 대폭 향상되고, 물질적 부가 크게 증가해 인류사회의 물질 소비 수요를 만족시킴으로써 사람들의 생활수준이 끊임없이 향상되었기 때문이다. 그렇기 때문에 공업 문명 패러다임에서의 물욕 소비의 이념이 완전히 바람직하지 않은 것만 있는 것이 아니다. 그 중에서도 이성적인 부분이 있다. 경제성장과 수입 증가는 사회 진보의 중요한 요소이고, 인문 발전 권리와 이익의 기본 내용이다. 이성적인 물욕 소비를 위해서는 다음 두 가지를 해야 한다. 첫째, 단순하게 수입을 높이는 것이 아닌 삶의 질 향상에 주목하는 것이다. 특히 영양, 건강, 교육, 민사와 정치 권리와 이익 등 여러 부분의 삶의 질의 다차원적인 특징을 강조해야 한다. 금전 수입을 늘리고 물질 소비 수준을 향상시키는 최종 목적은 역시 생활의 질을 개선하기 위한 것이다. 둘째, 생물학적과 물리학적 의미의 양적 제약을 포함한 물욕 소비의 한도를 알아야 한다. 물질에 대한 인류사회의 소비는 반드시 한계에 대한 약속이 있어야 한다. 기본적인 물질 소비와 기본적인 삶의 질은 인류사회 집단과 생물적 개인의 기본적인 권익으로 반드시 존중받고 보장되어야 한다. 사치성 소비는 많은 상황에서 부정적 효용과 비효용을 생성해 사회 진보와 복지 수준 향상에 긍정적인 의미가 절대적으로 없기 때문에 억제해야 한다. 특히 기본 권익을 만족시키는 소비와 환경 자원의 물리적 제약 사이에서 충돌이 발생할 때 과도한 물욕 소비를 억제하는 조치를 더 취해야 한다.

전자의 이성화 과정은 물질 소비량에서 전반적인 삶의 질적 향상으로 전환하는 것을 실현해 단편적인 수입증가와 물질 소비를 추구하는 것을 방지할 것을 요구하고 있다. 후자의 이성화는 기본적인 인문 권익을 보장해 물욕 소비의 한도 제약을 따를 것을 요구한다. 이 두 가지 이성화는 소비 개념의 변화를 요구하며, 환경 문화 소양의 향상과 환경 윤리 요소가 많이 포함되어 있다. 또한 강제성을 가지는 제도 규범은 환경 도덕 이념을 강화하는 데 도움이 된다. 유럽에서는 노동시간 연장으로 가외 수입을 올리는 행위가 만약 비정상적인 경쟁으로 인정되고 위법성이 있는 것이 발견되면 처벌을 받는다. 또한 가외수입도 누진세가 적용되어 소득세를 납부해야 한다. 선진국의 비교적 안정된 사회보장체계를 통해 사회 구성원들은 기본적인 생활 및 정치 권익 보장을 받을 수 있다. 국제적으로 《생물 다양성 보호 협약》, 《습지공약》, 《멸종위기에 처한 동식물 국제 무역 협약》 등이 있다. 멸종위기에 처한 야생 동식물에 대한 소비는 엄격하게 금지해야 할 뿐 아니라, 그 서식지를 보호구역으로 정해야 한다. 각국에서도 생태 시스템의 기능을 발휘하고, 인류의 건강에 위협이 되는 관련 상품 혹은 물질에 대해 제한하고 금지하는 법률과 법규를 제정하고 있다.

강제성을 가진 법률 수단 외에도 소비 방향을 규제하고, 소비의 생태학적 정의를 촉진하기 위해 다양한 시장 경제 조치들이 사용되고 있다. 많은 국가들은 사치 혹은 부정적인 영향을 주는 소비품에 대해 고액의 세금을 징수함으로써 소비를 억제하고, 자금을 조달하고 있다. 술과 담배에 부과된 높은 세율이 그 예이다. 유한한 자연 자원에 대한 소비 절약을 장려하고 낭비를 억제하며, 기본적인 수요를 보장하고, 수입 분배를 조절하기 위한 자원 소비세 징수는 자원 소비의 긍정적 효용을 보장하고, 소비의 부정적 효용을 억제하고, 비효율적인 소비를 줄일 수 있다. 예를 들어 유럽의 많은 국가들이 징수하는 에너지세, 탄소세, 담배와 술에 대해 높은 세금를 부과하고 있다. 석유를 전부 수입에 의존하는 스위스에서는 수입된 석유가 대부분 승용차에 사용되며, 탄소 배출의 주범이다. 스위스 정부는 휘발유에 소비세를 징수했지만, 정부 지출로 사용하지 않고 절대 평균의 방식에 따라 유류세의 전체 수익을 모든 국민들에게 균등하게 분배했다. 자가용을 많이 사용하고, 휘발유를 많이 소모하는 국민들이 유류세를 많이 납부하고, 승용차가 없는 국민에게는 유류세를 부과하지 않아 공평한 분배를 얻을 수 있다. 이는 자연자원 소모가 많은 사회 개체가 적게 사용하는 사회 개체에 대해 보상하는 것과 같은 일종의 생태 보상으로 이해할 수 있다.

일부 개발도상국 예를 들어 남아프리카와 인도 역시 기본 소비 권익을 보장하고, 사치성 소비를 억제하는 정책을 제정했다. 남아프리카 정부는 가난한 이들에 대해 기본적인 조명 사용을 위한 전기 공급을 보장하기 위해 전기누진세를 사용했다. 매월 50도 이하의 전기를 사용하는 가정은 비교적 낮은 전기세를 내고, 전기량 증가에 따라 전기세가 높아지도록 했다. 물이 부족한 남아프리카는 물 사용량에 따라 수도세가 늘어나게 된다. 누진제 자원 소비 가격 체계는 유효한 정책 수단으로써 소비를 조절하고, 권익을 보장함으로써 과도한 소비를 억제할 수 있다는 것을 의미한다. 물, 에너지, 주택과 같은 기본적인 소비품에 대한 소비량이 기본 생존에 필요한 양보다 적으면 무료로 공급하거나 보조금을 지원한다. 그리고 난 후, 소비가 증가함에 따라 비율은 누진세 형태로 빠르게 증가한다. 이런 자원 소비의 누진제는 세 가지 효과를 낼 수 있다. (1) 사회 소외 계층의 기본적인 소비 권익을 보호하고, (2) 부정적 효용과 비효용의 자원 소비를 억제해 생물학과 물리학적인 한도의 제약을 따르며, (3) 조달된 자금을 연구 개발에 사용해 에너지 이용 효율을 높이거나 환경 개선을 위한 연구 개발에 사용할 수 있다.

자원 소비의 누진세율은 종량 혹은 종가로 징수할 수 있다. 일부 기본 생활필수품 예를 들어 물, 전기, 석탄 가스는 종량으로 누진세를 계산하는 것이 적절하다. 기타 소비품 예를 들어 담배, 술, 주택, 건강식품, 자동차 등 기타 소비품에 대한 가치 차이가 매우 크기 때문에 가격에 따른 누진세 징수를 취하는 것이 적당하다. 예를 들어 주택은 면적은 같지만 지역이 다른 경우에는 건축 재료와 품질이 다르기 때문에 수 배 내지는 수십 배의 차이가 날 수 있다. 종량에 따라 과세를 하는 것은 부적절하고, 부동산의 시장 가치에 따라 소비세를 계산해 징수해야 한다.

제9장

생태 제도 혁신

새로운 사회 문명 형태로의 전환을 위해서는 반드시 상응하는 제도 혁신이 필요하고, 전환 과정을 끊임없이 규범하고 가속화해야 한다. 농경 문명에서 공업 문명으로의 전환은 자본주의 제도를 혁신하고 완비하는 과정을 거쳤다. 생태 문명의 제도 체제 건설도 공업 문명의 제도 체제를 완전히 부정하지 않고, 공업 문명 제도 체제를 기반으로 생태 문명 제도 체제를 끊임없이 혁신하고 구축하고 완비해야 한다.

제1절 체제 혁신의 동력

공업 문명 제도 체계를 생태 문명 건설에 완전히 적용하기 불가능하다. 이를 잘 이해하고, 생태 문명의 요소를 기존의 제도 체계에 포함시켜 기존의 체계를 개선하고 업그레이드하는 것이 필요하다. 2002년, 당의 16차 전국대표대회에서 처음으로 생태 문명 건설을 전략적 고도로 상승한다고 명확하게 밝혔다. 생태 문명 건설에 대한 사상적 체계를 끊임없이 심화하고 승화시켜 중국의 생태 문명 건설 관련 법규와 정책 체제에 구현하고, 에너지 절약 및 온실가스 감축, 순환 경제, 생태 보호, 기후변화 대응과 관련된 법률, 표준, 정책과 계획 체제가 이미 형성되었다. 생태 문명 건설은 구체적인 실천 행동으로 이미 실현되고 있다. 2002년 6월 전국인민대표대회는 《청정 생산 촉진법》을 통과시켰고, 2012년 2월 수정안을 발표했다. 2005년 국무원이 《순환 경제 발전 가속화에 관한 몇 가지 의견》을 내놓았고, 2008년 전인대는 《순환 경제법》을 통과시켰다. '11차 5개년 계획' 기간에만 100여 개의 국가와 지방 생태 문명 관련 법률과 법규, 환경 표준이 만들어지고 실시되었다. '11차 5개년 계획' 이후 중국은 《국가 중점생태기능보호구 규획 강령》, 《전국 생태기능구획》 등 일련의 생태 보호 정책 문건을 차례로 발표했다.

'11차 5개년 계획'에서 만든 23개의 지표 중 전체의 35%를 차지하는 자원 환경 제약 지표가 8개가 포함되어 있다. '12차 5개년 계획'에서 만든 28개 지표 가운데 전체 지표의 43%인 12개 지표에 자원 환경 요소가 포함되어 있다. 그 중 11개는 구속성을 가지는 지표이다. '12차 5개년 계획' 기간 중국은 오염 감축 지표를 화학적 산소요구량과 이산화황 두 가지에서 암모니아 질소, 질소 화합물을 포함해 4가지로 확대했고, 감축 분야는 기존의 공업과 도시에서 교통과 농촌까지 확대했다. 이렇게 법률, 표준,

규정에서부터 정책, 계획까지 비교적 완비된 시스템이 1차적으로 구축되면서 힘 있는 생태 문명 건설의 실천을 추진할 수 있도록 보장했다.

하지만 우리는 과학발전을 제약하는 체제 메커니즘의 장애를 확실하게 인식하고 있어야 한다. 중국의 현행법과 체제 및 메커니즘은 아직 생태 문명 건설의 요구에 완전히 적응할 수 없고, 과학발전을 제약하는 체제 메커니즘의 장애들이 비교적 많이 있어 불균형, 부조화, 지속 불가능한 발전 문제들이 여전히 두드러지고 있다. 현행 생태 환경 보호 관리 체제에서는 체제, 정책 및 기본 제도 등 여러 가지 복잡한 요인들로 인해 생태 환경 보호 관리 효율과 성과가 여전히 저조하고, 생태 환경이 지속적으로 악화되는 추세를 억제하기 어렵다. 주로 다음 5개 부분에서 나타난다.

첫째, 책임과 권한의 분리이다. 현재 지방의 환경보호기관의 직원 채용, 간부 인사, 재정 지원에 대한 권한은 현지 지방 정부가 가지고 있다. '직위', '감투', '돈' 모두 현지 지방 정부가 결정을 하고 있어 환경 기구 업무 관계자들이 환경을 감독하고, 환경법을 집행할 때 지방정부의 의견을 고려하지 않을 수 없다. 지방정부는 경제 발전과 환경 보호의 책임을 함께 지고 있다. 하지만, 경제 성장 지표는 중요한 심사 지표로써 지방정부의 경제 이익과 정책 평가와 직접적인 관계가 있다. 때문에 경제 목표와 환경 목표가 상충되었을 때 많은 지방정부들은 종종 환경을 희생하면서 경제목표 실현을 더 격려하며 보장해왔다. 환경 부서가 환경 감독을 강화하고, 엄격하게 환경법을 집행하려면 지방 기업의 환경 비용이 증가할 수밖에 없다. 지방정부는 기업 투자 유치의 질은 높이고, 유치의 속도는 줄여야 한다. 오염 배출 기업 특히 지방 생산액과 이윤이 큰 기업들에 대한 환경 처벌 심지어 강제 조업 중단 정리를 실시하게 되면 현지 경제의 전체적인 성장과 지방 세수 확대에 영향을 주고, 간접적으로는 지방정부의 이익

중국의 환경관리와 생태건설

을 자극하게 되어 많은 지방정부가 나서서 환경 법 집행에 관여하기 때문에 종종 법에 의한 환경보호 업무를 실시할 수 없을 뿐 아니라 엄격하게 법을 집행하지 못하고 있다. 위법 조사가 어려워지면서 많은 오염 배출 기업들이 처벌을 받아야 하지만 처벌받지 않고, 조업 중단을 해야 하지만 하지 않는 경우가 발생한다. 환경보호기구의 인사권과 재정권에 대한 속지 관리체제가 지방 환경관리감독과 환경법 집행의 독립성 부족을 야기하는 제도적 원인임을 알 수 있다.

둘째, 원활한 협조가 이루어지지 않고 있다. 대기 및 강과 하천 오염은 행정적 경계선을 넘어 일어나기 때문에 환경관리에 대한 행정 소속 지역 관리 체제로는 광역적으로 환경오염을 예방하고 통제하며, 관리하고 보상하고 책임을 지는 문제 등을 조화롭게 처리하기가 매우 어렵다. 현재 중국의 지역 환경 협조는 지역을 초월한 환경오염 사고와 분규가 발생했을 때 환경오염 예방과 통제를 위한 광역적인 '사전 협조'보다는 임시적으로 긴급 공조하는 '사후 협조'가 대다수일 뿐 아니라, 상응하는 메커니즘도 심각하게 부족한 상태이다. 아울러 책임과 권한이 분리되어 있고, 수권이 제한적인 환경 부서가 타부서와 효과적으로 협조를 하는 것이 어렵기 때문에 환경보호의 강도가 약화될 수밖에 없다. 광역적인 오염 문제에는 성과 성 사이의 환경오염 문제와 성내의 도시 간의 오염 문제가 있을 수 있다. 이러한 광역적 오염문제를 해결하기 위해 실천을 통해서 효과적인 광역적 환경 협력 메커니즘과 운영 모델을 탐색할 필요가 있다. 예를 들어 창장 하류 오염은 창장을 따라 이어져 있는 각 성의 공업 폐수, 농업과 생활 오폐수 및 수상 운송 등 유독 유해 물질들이 여러 지역과 여러 오염원에서 배출되어 발생하는 것이기 때문에 각 성의 배출 주체들이 얼마나 책임을 져야 하는지를 명확하게 할 필요가 있다. 베이징-톈진-허베이, 둥베이, 저장의 장쑤 등 지역의 스모그는 모두 각 지역의 공업, 교통, 생활 대기 오염 가스 배출로 인한 것이다. 각 성과 각각의 배출 주체들이 스모그 발생에 얼마나 기여했고, 책임을 얼마나 져야 하는지에 대해 확실하게 해야 책임을 물을 수 있다.

광역적 환경오염 문제에 직면하게 되면 행정구역별 환경관리체제는 효력을 상실한다. 스모그가 발생했을 때 대다수의 지방정부는 공무 차량과 차량 운행을 제한하고, 광공업 기업의 생산과 배출을 일시적으로 제한하고, 건축 공사 현장의 건설을 중단하는 등 겉핥기식의 응급조치를 취하는데 이는 효율적이고 근본적인 해결책이 되기에는 부족하다.

그 외에 환경보호의 포괄적이고 체계적인 특성에 따라 환경 부서와 기타 부서의 기능들이 서로 교차는 부분이 많아진다. 환경보호의 복잡성으로 인해 환경 부서와 타부서와의 긴밀한 협력이 필요한데, 그 중에 국가 발전개발위원회, 공업, 국토자원, 농업, 임업, 수리, 해양, 건설, 과학기술, 안보, 외교, 지적재산권 등 부서들과의 직능 교차가 필요하다.

셋째, 행정 주도이다. 현재, 중국의 생태 환경 보호 관리는 행정 수단에 치중한 것이 비교적 많고, 시장 수단에 의한 것은 비교적 적다. 오염 물질 배출에 대한 요금 징수는 환경 부서가 오염 배출을 억제하고, 생태 환경을 보호하는 중요한 행정관리 수단이다. 오염 물질 배출 요금을 재정 예산에 포함시켜, 환경보호 특별 자금으로 관리를 하면서 주요 오염원과 지역적 오염 방지 및 관리, 오염 방지 및 관리에 관한 신기술 개발과 시범, 응용 및 국무원이 규정한 기타 오염 방지 및 관리 항목에 주로 사용된다. 이론적으로 배출 부과금은 기업이 생산을 위해 배출하는 오수와 폐수가 외부 환경에 영향을 주는 것에 대해 지불하는 환경 비용이다. 납부된 금액은 재정 수입으로 전환되어 재정과 환경 부서가 환경 외부성Environmental externality을 해소하기 위해 사용하며, 이러한 재정 수입을 효과적으로 환경 이익으로 전환해야 한다. 현재의 제도적 구도에서는 오염 배출 부과금 사용 부분에서 다음과 같은 문제가 존재한다. 첫째, 재정 예산 편성 및 관리부서가 환경오염 방지 및 관리, 환경기술 연구개발 시험 보급, 환경 프로젝트 건설 등 환경보호 자금이 필요한 정보에 대해 충분히 파악하지 못하고 있다. 둘째, 환경보호 자금 사용 부서는 자금을 배분하고 사용하는 데 있어 실질적인 상황에 따라 구체적이고 정확하게 적시에 통제하기가 어렵다. 셋째, 현재의 오염 배출에 대해 부과해 얻은 수입으로는 환경보호 방지 및 관리, 복원 및 발전 자금의 수요를 만족시키기에는 턱없이 부족하다. 넷째, 부과금의 지출 행방과 구조에 대한 정보 공개가 불투명하고, 대중의 감독이 부족하다. 산재된 이러한 문제들이 부과금 사용의 환경 효율에 영향을 준다.

넷째, 레드 라인에 결함이 있다. 생태 레드 라인을 정하는 것은 생태 환경 악화의 레드 라인을 지키기 위한 것이다. 하지만 생태 레드 라인을 확정하는 것은 복잡한 시스템 작업이다. 슬로건을 제의하고 실시하기까지가 매우 어렵기 때문에 경제 발전 목표와 환경보호 목표의 조화, 국가와 지방 이익의 조화, 지역 간 이익 조화, 부서 간 책임과 권한과 이익 조절 등 난제를 극복하고, 점차적으로 이익을 조율하고 생태 보상에 관한 메커니즘을 구축해야 한다. 생태 레드 라인 보호 제도를 완비하는 것은 임지, 삼림, 습지, 사막 식생, 생물종, 수리, 해양, 영구기본농지 등 레드 라인의 조합을 정하는 것과 관계가 있기 때문에 전국적으로 깊은 연구 조사를 통해 과학적으로 경제, 환경 제도 등 여러 가지 요소들을 종합한 후 확정을 한다.

생태 레드 라인을 확정해 생태 공간과 자원 저장량에 대한 하한선을 정하는 것 외에도 조건이 되는 지역에서 점차적으로 오염 물질 배출의 상한선을 확정하는 것을 모색해야 한다. 만약 오염 물질 배출 총량의 상한선이 없으면, 기준에 맞춰 합법적으로 오염 질물을 소량 방출하는 기업의 개체수가 끊임없이 증가하면서 지역 환경의 질이 표준 미달이 될 수 있다. 예를 들어 현재 환경 부서가 주요 오염 물질 배출 기관과 배출원에 대한 감독과 통제에 주요 자원과 정력을 쏟아 붓고 있지만, 합법적 기준에 맞게 미량 배출하는 개체에 대한 효과적인 관리 대책이 부족하기 때문에 관리 감독의 사각지대가 많이 있다. 합법적 기준에 따라 미량 배출하는 개체수가 비교적 적기는 하지만, 배출 집단의 규모가 방대해 총배출량이 커질 수 있다. 때문에 환경에 대한 영향은 무시할 수 없다. 베이징을 예로 들면, 베이징시가 배출 부과금으로 징수한 금액은 2002년의 1억 9,200만 위안에서 2012년의 3,400만 위안[01]으로 크게 줄어들어 베이징시의 관할지역에서 위법 배출이 크게 줄어들었다는 것을 어느 정도 설명해 준다. 하지만 최근 2년 동안 빈번하게 스모그가 발생하고, 시 중심지역에서는 별빛이 비치는 밤하늘을 볼 수 없는데 이것은 합법적 기준에 의한 배출이 누적된 결과라고 볼 수 있다. 그 중 합법적으로 배출되는 방대한 수의 자동차 매연이 가장 큰 공헌을 했다. 그 외에 공업, 건축 등 부분에서도 방대한 수의 집단이 합법적으로 배출을 하고 있다. 이들은 대다수가 환경 보호 관리감독과 법을 집행하는 사각지대에 있다. 이렇게 누적된 배출들로 인한 환경 외부성은 환경의 자정 능력에 맡겼지만, 환경용량을 초과해 심각한 환경 문제가 생기면 정부가 다시 거액의 자금을 들여 해결하고 있다. 배출 기준을 끊임없이 높인다고 해도 합법적 기준에 의해 배출하는 총량이 여전히

---

01   《2000-2012년 각 지역 오염물질 배출 요금 징수상황 대조표》, 중화인민공화국 환경보호부
      홈페이지 http://hjj.mep.gov.cn/pwsf/gzdt/201312/P020131203550138828737.pdf, 마지
      막 방문일: 2014년 5월 23일.

중국의 환경관리와 생태건설

막대하기 때문에 무시할 수 없다. 합법적 기준에 의한 배출을 어떻게 예방하고 관리하며 억제하는지는 더 연구할 필요가 있다.

다섯째, 법 집행의 부재이다. 생태 환경 보호 법 집행의 빈자리는 여러 부분에서 나타나는 데 구체적으로 다음 네 가지를 포함한다.

(1) 농촌 생태 환경 보호를 위한 법 집행이 심각하게 부족하다. 현재, 향진乡镇 1급에 환경보호 기구 편제가 심각하게 부족하다. 일부 지역에서 환경보호 연락원, 환경 감사 분대 혹은 중대 등 다양한 형식의 환경보호 기구를 설립했지만, 전체적으로 많은 농촌 지역에는 통일된 규범을 가진 말단 환경보호 기관과 환경보호 인력의 배치가 부족하다. 또한 환경보호에 대한 전문 자질이 떨어지고, 감사 능력도 강하지 못해 환경보호의 대열이 불안정하고, 농촌의 환경보호 역량은 상당히 취약하다. 오랫동안 농촌 경제가 급속히 발전하고, 향진 기업의 수와 규모가 빠르게 성장하면서 지역과 도시 발전에 따라 도태된 산업과 생산력들이 농촌 지역으로 이전했다. 향진 정부도 투자 유치와 토지 자원 개발 강도를 강화했고, 낙후된 환경보호 기술과 취약한 환경관리감독으로 인해 기업이 몰래 오염 물질을 배출해 생태가 파괴되는 현상이 비교적 보편적으로 일어나고 있다. 이러한 요소들이 모두 농촌 지역에서 현실적으로 환경 위협을 가하고 있다. 농촌 생활 오수와 생활쓰레기 배출, 농약 화학 비료에 의한 오염 등으로 인한 환경 문제는 효과적인 통일 환경관리 체계에 아직 포함되어 있지 않았고, 기존의 환경보호 능력이 농촌 환경보호의 수요에 적응하기에는 한참 부족하다.

(2) 환경 법 집행 규범이 부족하다. 오염 배출 총량에 대한 통제가 없는 상황에서 많은 지역의 오염 물질 배출 기업들은 규정에 따라 배출 부과금을 납부하는데 환경보호 기관은 소극적으로 감독을 할 뿐 아니라 심지

어는 기업의 배출 부과금을 높여 법 집행 수입을 늘리고 싶어 한다는 것이 일반적으로 존재하는 문제이다. 직무유기와 무질서한 집행은 환경 부서를 포함한 모든 직능 부서의 공통된 문제이다. 현지 환경 보호와 오염 방지를 위한 원초적인 엄격한 관리 감독이 없고, 심지어는 환경 법 집행의 권력을 이용해 기업을 협박해 사욕을 채우는 도구로 보고 있다. 이러한 것들은 환경보호 시스템 내부 교육, 감독 관리, 기율 검사, 책임 추궁 등이 내재된 제약 시스템이 부족하다는 것을 반영하는 것으로 완비를 할 필요가 있다.

(3) 취약한 환경관리 기반이 법 집행에 영향을 준다. 환경 입법, 환경 설비, 환경 과학 연구는 환경관리를 지탱하는 기반 조건이다. 예를 들어 토양 오염 문제 상황이 심각해진 것은 오랫동안 토양 환경보호를 경시하고, 토양 보호 입법이 늦게 이루어진 결과이다. 환경관리 감독법 집행 과정에서 보편적으로 증거 수집이 어려운 상황이 존재한다. 예를 들어, 많은 광공업 기업들이 폐기 가스, 오수와 고체 폐기물을 밤에 몰래 배출하는데, 특히 이렇게 몰래 배출된 폐기 가스는 바람이 불면 연기처럼 사라져 첨단 관측 설비가 없다면 증거를 수집하기가 어렵기 때문에 법으로 처벌하기가 매우 힘들다. 환경오염의 '원인'과 '결과'는 복잡한 관계를 가지고 있다. 환경오염을 일으킨 원인과 환경오염으로 인한 결과를 정확히 파악하기 어렵다. 때문에 환경 기초과학 연구를 강화해야 한다. 예를 들어, 베이징-텐진-허베이 지역의 스모그 성분과 구성, 소스의 기여도 등 기초적 문제에 대한 연구를 많이 하고, 비교적 성과를 보이기는 했지만, 대다수가 상태 분석에 머물러 있고, 원인을 추적해 그 영향과 파장을 확실하게 밝히지 못하고 있어 환경 외부성의 추정을 정확한 정책 결정의거로써 고효율 저비용의 근본적인 대책을 마련하는 데 사용하기는 어렵다. 많은 지역에서

환경오염이 주변 주민들의 건강에 심각한 영향을 주고 있지만, 오염과 주변 촌민의 질병과의 인과관계를 추정하기가 너무나 어렵고, 개인에 대한 피해를 과학적으로 그 원인을 규명하기는 더 어렵기 때문에 환경에 대한 책임 추궁과 환경 사고로 인한 손해 보상이 이루어지기가 더욱 힘들다. 이런 장애를 극복하고, 환경보호 관리를 강화하는 데는 환경 기초과학연구 기반의 지지가 절대적으로 필요하다. 하지만, 중국의 환경 기초과학연구는 상대적으로 미약하고, 투자 역시 부족하다. 2013년 환경보호부의 지출 예산 중 과학기술 지출 예산은 15억 2,409만 9,800 위안인데 그 가운데 기초연구에 대한 예산 지출은 단지 0.39[02]%인 600만 위안에 머물렀다.

　　(4) 불완전한 환경 신고 공개 제도가 법 집행에 영향을 준다. 전국 각지에서는 보고도 못 본 척하는 오염 문제들이 많고, 기업들이 위법적으로 몰래 오염 물질 배출하는 경우가 수시로 발생한다. 주변 환경에 대한 영향이 심각해지고 나서야 환경보호 부서와 지방정부가 중시하기 시작한다. 이는 불완전한 환경보호 감독 신고 제도 체제와 원활하지 않은 신고 루트와 불편한 신고 절차 때문인데 대중들이 감독하고 신고하고 고발할 수 있는 편리한 제도 체제를 마련해야 한다. 또한, 대중들이 상황을 알고 감독을 할 수 있도록 환경오염, 환경용량, 환경산업, 환경기술, 비용 집행 등 기초적인 데이터베이스를 점차적으로 구축하고 공개해야 한다. 이는 환경 관리 촉진에 매우 유익한 것들이다.

02　　《환경보호부 부서 예산 2013》, 중화인민공화국 환경보호부 홈페이지, http://www.mep.gov.cn/zwgk/czzj/, 마지막 방문일: 2014년 5월 23일.

제2절 생태 레드 라인 제도

레드 라인은 일반적으로 각종 용지의 경계선을 가리킨다. 때로는 길을 따라 건축 위치를 확정한 건축선을 경계선 즉 건축 경계선Boundary Line of Building으로 부른다. 이것은 도로경계선과 겹칠 수도 있고, 뒤에 있을 수 있지만 절대로 도로경계선을 넘어서는 안 되며, 건축 경계선 밖에 건축물을 지을 수 없다. 경계선의 제도적 강성으로 인해 이런 개념은 일반적으로 강제성이 따르는 레드 라인 예를 들어 경작지 경계선에 사용되고 있다. 생태 레드 라인은 실질적으로 생태 안전선으로 정상적인 생태 기능 보호와 생태 서비스를 위해 설립된 법적 강제성을 가지는 통제 경계선이다.

자연 존중의 가장 기본은 자연 공간에 대한 인식을 하는 것이다. 이를 바탕으로 자연 생태 기능 유지를 위해 일부 국토 공간을 공업 문명의 이용과 간섭을 피하고, 자연 혹은 상대적인 자연 상태로 남겨 두어야 한다. 주요 기능을 구분하고, 확정하며 실행하는 것은 '레드 라인' 개념을 직접 응용한 것이라 말할 수 있다. 예를 들어 생태 장벽으로써 중요한 생태 서비스를 제공하는 기능 지역, 생태 환경 민감 지역과 취약지역 등 생태 기능을 보장하기 위해 일부 자연 공간은 반드시 개발을 금지해야 한다. 여기에 포함된 지역에서의 공업화, 도시화 개발을 금지함으로써 멸종 위기에 처한 중국의 대표적 동식물 품종과 생태 시스템을 효과적으로 보호하고, 중요한 생태 시스템의 주체적인 기능을 수호한다.

생태 안보는 공간적인 경계선만으로는 부족하다. 공기와 물은 유동하고 순환되기 때문에 이런 생태 매개체에 대한 안전 보장은 지역과 공간적 범위를 초월해 공업화와 도시화의 직간접적인 영향을 받는다. 생태 매개체의 안전은 자연 생태 시스템과 사회 경제 특히 인류의 생존을 보장한다. 공업화, 도시화는 자연계 시스템 곳곳에 영향을 주고 있기 때문에 생태 매개체의 품질 안전 표준을 마련해 사람들이 신선한 공기와 깨끗한 물을 마시고, 마음 놓고 음식을 먹을 수 있도록 인류의 생존을 수호하고 보장해야 한다. 때문에 생태 매개체의 레드 라인은 공간적 한계 속성을 가지는 것이 아니라 질의 표준으로 대기환경, 수자원 환경, 토양 환경의 질 등 생태 시스템과 인민 대중의 안전과 건강을 확보하는 것과 관련이 있다. 생태 매개체는 생태 시스템의 중요한 성분으로써 일정한 자아 순환과 정화 능력을 가지고 있다. 하지만, 대규모 공업화 생산으로 인한 많은 오염 물질 배출, 대규모 인구 집중으로 인한 오염 물질 배출은 생태 매개체의 정화 능력을 초월해 생태 매개체의 질을 악화시켰다. 생태 매개체의 질을 통제하는 레드 라인은 오염 물질 배출 총량이 자연정화의 한도를 넘어서는 안 되고, 오염 물질 배출량을 효과적으로 통제하고 줄여야 하며, 자연생태 시스템의 리스크를 관리하고 통제해야 한다. 다시 말해 생태 매개체의 질에 대한 레드 라인은 환경 표준, 오염 물질 배출 총량과 환경 리스크 관리를 포함한다.

생태 시스템은 자연 생산 기능을 가지고 있다. 인류의 생존과 발전은 생태 시스템의 물질 생산에 의존한다. 자연생태 시스템에서의 물질 획득과 이용이 생산보다 많다면 자연 생산력은 황폐화될 것이다. 때문에 생태 시스템의 자연 생산력 수준도 생태 안전 레드 라인 즉 생태 물자 소모의 레드 라인을 구성한다. 인류 사회의 경제활동이 생태 시스템의 생산에 대한 총 이용량은 자연 생산력 수준보다 적어야 한다. 우리는 기술과 경제 수단을 통해 자원과 에너지를 절약해 에너지와 수자원, 토지 등 자원의 고효율 이용을 보장할 수 있다. 하지만, 자연이 자원을 생산하는 수준이 우리가 이용할 수 있는 최대치이다. 물 소모 레드 라인의 기초는 물이 순환하면서 지질 및 지형과 상호 작용을 통해 형성된 수자원량이다. 토지자원

이용의 레드 라인은 국토 공간 개발 구도를 최적화하고, 토지자원을 원활하게 이용하고 보호하는 것을 위한 용지 배치를 요구하며, 경작지, 삼림, 초지, 습지 등 자연자원을 효과적으로 보호하는 것이다. 에너지 이용의 레드 라인은 특정 경제 및 사회 발전의 목표 하에서의 에너지 이용 수준으로 에너지 총 소모량, 에너지 구조와 단위당 국내총생산 에너지 소모 등을 포함한다.

생태 레드 라인의 실시는 인류 밀집 지역 특히 도시에서 대표적이고 특별한 의미를 가진다. 한정된 공간에 인구가 고도로 밀집되어, 강도 높은 경제 활동을 하고, 과도하게 에너지를 소모하며 자연환경 수용력이 과부화되었고, 고차원적인 정보 물질의 흐름이 집중되어 있기 때문이다. 취약한 생태 레드 라인 의식으로 인해 생태 수용 능력의 강성 제약을 무시한 메가 도시들은 끊임없이 맹목적으로 '고층' 빌딩을 올리면서 도시 주민들의 환경이 악화되었고, 스모그가 도시를 뒤덮고 있으며, 바쁜 일상에 지친 주민들의 수입은 높아졌지만, 손실은 더 커진 것이다. 우리의 삶의 질과 미래가 파란 하늘과 맑은 물과 함께 사라진 것이다.

생태 레드 라인은 강성 제약을 가진다. 일반적으로 도시는 규모 경제 효과를 가져 광활한 배후지에서 자원을 얻을 수 있고, 기술은 환경 제약을 끊임없이 완화할 수 있다. 때문에 도시의 경계는 끝없이 확장되고, 도시 규모는 끊임없이 확대되어 생태 레드 라인은 필연적으로 강성 제약을 형성하지 않는다. 하지만, 메가 도시의 '도시병'이 악화되는 것에서 생태 레드 라인에 강성이 존재하고, 끊임없이 조여 오고 있음을 알 수 있다. 규모 경제를 가지고 있는 도시가 규모는 있으나 경제적이지 않기도 하다. 도시 공간의 확대는 반드시 비경제적인 교통 문제를 야기한다. 도시의 수자원이 부족하면 조수(調水: 물을 끌어 옴)를 해 수자원 이용 효율을 높인다.

하지만 조수는 수자원의 양을 공간적으로 이동해 사용하는 것으로 강성 제약을 가지는 수자원 양을 늘린 것은 절대 아니다. 기술 혁신은 수자원 이용 효율을 높일 수 있지만, 기술 혁신에는 시간과 비용이 필요하다는 것을 알아야 한다. 만약 기술 혁신으로 효율을 높인 생산 속도가 수자원에 대한 수요 증가 속도보다 뒤처지면 도시의 확장이 환경 레드 라인에 근접하게 되거나 초월하게 되는 것은 필연적이다. 기술 이용은 효율을 높이지만 수자원 고갈을 가속화시키는 양면성을 가진다. 예를 들어 건조 지역에 대한 착정 기술이 발전할수록 지하수의 고갈 속도가 빨라진다. 더 중요한 것은 일정한 시공간이라는 조건 속에서 기술이 무한대로 발전할 수 있는 것은 절대 아니다. 인간과 동식물은 물에 대해서 생물학적으로 확실히 강성 수요를 가진다. 때문에 일정한 기술 경제와 시공간의 조건에서 생태 레드 라인은 필연적으로 강성적이고, 대도시의 경계를 제약하고, 도시 사회를 관리하는 기초이자 목표라 할 수 있다.

과학적으로 생태 레드 라인을 인식하고 검정한다. 18기 3중 전회는 생태 레드 라인 확정을 명확하게 요구했다. 생태 레드 라인을 과학적으로 어떻게 책정할 것인가? 우선 총량 즉 절대량의 레드 라인이다. 우리는 산업구조 조정을 통해 주어진 환경용량 수준에서 생산량을 높일 수 있을 것이라고 말하지만, 산업구조 조정은 환경용량을 높이는 절대적인 수치는 아니다. 수자원이건 대기이건 자연의 환경용량은 일정하다. 때문에 자연의 본질적인 환경용량은 과학이 검증해야 한다. 예를 들어, 한 지역의 수자원 총량은 유입되고 나가는 지하수와 지표수의 총합을 말한다. 대기가 흡수할 수 있는 오염 물질질의 양도 정해져 있다. 그렇지 않다면 스모그는 생기지 않을 것이다. 둘째는 공간 레드 라인이다. 확실하게 공간적 범위를 가진 자연보호구, 수자원보호구, 도시 녹지는 환경보호 레드 라인이 상대적으로 명확하게 구분된다. 마지막으로 속도 레드 라인은 단위당 생산량 혹은 단위 면적, 1인당 자원 소모량 혹은 오염 물질 배출량으로 표현된다. 예를 들어 단위당 GDP 에너지 소모, 이산화탄소 배출량, 1인당 생활쓰레기 생산량이 있다. 속도는 총량과 공간의 레드 라인과는 달리 변화하고 조절이 가능한 것으로 총량의 제약과 기술 수준의 제한을 받는다. 도시경계의 확장은 환경의 기본적인 수용력의 레드 라인 범위 안에서 공간적 레드 라인을 확정하고, 속도의 레드 라인을 조절하면서 도시의 지속성과 거주의 적합성을 확보해야 한다.

전체 사회의 레드 라인에 대한 의식을 수립한다. 인류 집거지의 생태 레드 라인이 도시화와 공업화 과정에서 무너지는 이유는 도시 사회는 이익을 추구하면서 레드 라인에 대한 의식이 부족하기 때문이다. 강력한 정부가 산업을 선택하고, 자원을 이용하는 데에서 추구하고 고려하는 것은 부의 축척, 경제성장과 재정 수입이며, 환경 부채는 정부 결산과 심사평가에 포함하지 않고 있다. 기업은 생산에서 언제나 이윤과 생산의 압박과 유혹으로 인해 환경에 대한 책임 의식을 덜 중요하게 생각하고 있다. 기업은 생산을 위해 자체적으로 우물을 파서 지하수를 기준 초과 이상으로 채굴하고, 혹은 비용을 줄이기 위해 절수기술과 설비투자를 하지 않고 단기적인 눈앞의 이익만을 고려하고, 총량과 속도 레드 라인의 제한을 무시하고 있다. 소비자들은 환경 레드 라인 파괴로 피해자가 되기도 하지만 환경 레드 라인을 파괴하는 조력자가 되기도 한다. 토지자원 부족은 많은 소비자들이 부동산을 투자 상품으로 보고, 대량으로 매점매석을 하게 되면서 집값이 고공행진을 하게 되는데 이 또한 제한적인 자원에 대한 낭비다. 교통 체증, 대기오염, 온실가스배출은 차량을 이용하는 모두의 책임이다. 정부, 기업, 소비자는 마치 환경 레드 라인을 남의 일로 간주하고,

중국의 환경관리와 생태건설

자신은 피해자일 뿐이며 타인이 행동을 취해야 한다고 생각하고 있다. 전체 사회가 레드 라인 의식에 대한 자각이 부족하다면 생태 레드 라인을 지킬 수 없다.

생태 레드 라인을 엄격하게 지킨다. 환경 레드 라인을 확보하려면 우선 명확한 입법과 엄격한 법 집행이 필요하다. 지하수가 기준 이상으로 채굴되고, 녹지가 잠식되며, 오염 물질이 무절제하게 배출되는 이유는 생태 레드 라인을 확립하는 법적 지위가 없기 때문이다. 법률은 강성을 가진다. 환경 레드 라인을 넘는다면 위법으로 처벌을 받아야 한다. 베이징의 수자원 레드 라인이 무너지면서 수자원이 부족해지자 정부는 수자원을 보호하고 이용하는 입법적인 제한을 고려하지 않고, 조수를 통한 해결을 원하고 있다. 스모그가 점점 가중되는 상황에서 법률 수단이 아닌 정책 수단을 통해 통제의 방법을 찾고 있다. 둘째, 도시 계획은 반드시 도시 형태와 산업구조를 고려해야 한다. 메가 도시의 공간과 산업 계획은 대체적으로 관리와 경제적 측면을 고려한 것으로 환경용량 레드 라인의 요구에 대한 고려가 부족하다. 예를 들어 도시에서 기능 지대를 설정하는 데 있어서 고등교육 지구, 공업단지, 문화지구, 의료보건지구, 주택지, 상업지구들은 경계가 명확하고 서로 중첩되지 않는다. 관리는 편리해 보이지만 직장과 거주지가 분리되고, 기능 공간이 격리되는 결과가 야기된다. 그렇기 때문에 메가 도시는 행정 권력의 우세를 이용해 각종 양질의 자원을 독점함으로써 도시 경계를 끊임없이 확장한다. 메가 도시 계획에서 직장과 거주지가 혼합되고, 기능이 중첩되기 때문에 다소 포기해야 하는 부분이 필요하다. 메가 도시가 권력이 집중된 우위를 이용해 뭐든지 하고, 포기하지 않는다면 도시 인구와 규모를 통제한다는 것은 빈말이 될 뿐이다. 마지막으로 강력한 경제 수단을 통해 소비 수요를 조절함으로써 생태 안전 레드 라인을 확보해야 한다. 메가 도시의 높은 부동산 가격은 떨어지지 않고 있다. 종량과 종가에 따라 부동산세를 산정해 징수한다면 부동산 자원의 유휴 상황이 효율적으로 변할 수 있을 것이다. 수도, 전기, 석유 누진제는 자원 낭비와 오염 물질 배출을 효과적으로 억제할 수 있다. 사실 환경의식을 형성하고 강화하기 위해서는 법제와 정책적 수단이 효과적으로 실시되어야 한다. 자연을 존중하고, 생태 레드 라인에 경외심을 가지며, 인류의 거주지 환경에 대한 관리가 적절하게 이행되어야 한다.

제3절 생태 보상 메커니즘

공업 문명의 제도 틀에서 시장 공급과 수요 관계가 있는 자연 자원에 대해 시장가격은 어느 정도 자연 자원을 유상으로 사용하지만, 다수의 상황에서 이런 시장가격은 단지 노동 가치만을 반영하고, 자원의 희소 정도와 재생/대체 비용은 반영하지 않는다. 자원의 유상 사용은 인류의 생활과 생산 활동이 자연 자원의 영속적인 이용과 생태 기능의 정상적인 운영을 전제로 누리는 생태서비스와 소비하는 자연 자원에 대해 그 가치와 희소 정도에 따라 상응하는 대가 혹은 비용을 지불하는 것을 요구한다.

1. 자연 증가하는 생태 자원

우리가 말하는 생태 보상은 자연자원과 생태 자산 소유자의 재산권 사용료 혹은 특허 사용료와 생태서비스를 제공하는 생태 시스템 유지보호비용을 포함한다. 때문에 생태 보상은 실질적으로 생태 자산 소유자들에 대한 보상으로 나누고 자산 수익 배당과 기회비용 손실을 포함한다. 원칙적으로 생태 자산 소유자는 자연자원 보호에 관한 법률과 법규를 준수해야 하고, 자연자원을 파괴할 권리가 없는 한 생태 환경을 파괴하지 아니하고 보상을 해서는 안 된다. 다른 한편으로는 생태 자산 소유자가 생태 서비스 기능을 훼손한다면, 스스로의 지속 가능한 발전도 위협을 받게 된다. 사회주의 제도에서 정부는 개인의 토지 등 생태 자산에 대한 소유권을 허용하지 않고, 사용권만을 인정하고 있다. 공동의 부를 추구하는 사회주의는 생태가 취약하고 생태 서비스 기능을 하는 생태 자산 용익권자들에 대해서도 발전 권익을 보장해야 한다. 때문에 생태 보상은 실질적으로 생태 자산의 생태 서비스 기능이 발휘되는 것을 보장하기 위해 생태사용권자의 기회비용에 대한 시장 보상이다. 사회주의 자연 자원 소유권의 법률 구도에서 생태 보상 제도 혁신은 중점 생태기능구역의 이전에 대한 지출, 지역 간 수익 지불과 시장 서비스의 생태 보상제도 체제를 구축해야 한다.

중요한 생태 기능을 가진 자연보호구역, 수원보존구역, 습지수계, 삼림 생태 시스템에 대한 생태 기능 서비스의 대상과 범위는 국지적인 것이 아닌 것은 분명하다. 하지만 관련된 지역 내의 주민들은 대대손손 생태 시스템의 생산 기능에 의존해 생존한다. 이들 지역의 생태 서비스 기능을 보호하고 발휘하기 위해 현지 주민들은 단기적으로는 높은 경제적인 보상을 주는 발전 기회가 될 수 있는 공업화와 도시화 발전을 위한 오염과 파괴를 포기해야 한다. 사실 국가에서는 생태 환경 보호를 위해 중점 생태기능구역의 개발과 이용을 제한했다. 이런 제한은 생태 장벽을 보장해주고, 생태서비스를 유지했지만 생산요소인 생태 자원이 시장에서 자유로이 흐르는 것도 제한함으로써 생태기능지역의 산업 수익률이 동부 및 발전한 지역의 산업보다 일반적으로 낮은 편이다. 생태기능지역의 수익이 지나치게 낮은 것은 국가 생태 환경 안전을 위한 공헌을 했기 때문이다. 이런 의미에서 중앙이 상대적으로 빈곤한 생태기능지역에 지불을 하는 것은 단순히 '빈곤 구제'가 아니며, '은혜를 베푸는 것'은 더더욱 아니고, 생태서비스에 대한 지불을 하는 것이다.

　　정부는 생태 보호의 책임 주체이지만, 그렇다고 지불의 주체가 되는 것을 의미하는 것은 절대 아니다. 생태 보상원칙에 따라 '개발자가 보호하고, 훼손한 주체가 복원하고, 수익자가 보상하고, 오염 주체가 비용을 지불'해야 한다. 때문에 누가 지불해야 하는지의 문제는 사실 이익 관련자들 사이의 책임 문제이다. '생태 보상'의 본질적인 뜻은 생태 서비스 기능의 수익자가 생태 서비스 기능 제공자에게 비용을 지불하는 행위를 의미한다. 때문에 지급 주체는 정부일 수도 있고, 개인, 기업 혹은 지역일 수도 있다. 우리는 완비된 관련 제도와 법규를 마련해 책임과 권리와 이익 및 그 상호 관계를 명확하게 함으로써 생태 보상의 시장화, 전 국민의 참여를 촉진해야 한다. 생태 장벽의 보호를 받아 생태 서비스를 얻어 발전한 지역은 체제적, 정책적으로 지역 간 횡적인 생태 보상을 실시해야 한다. 예를 들어 유역의 수계는 자연적으로 연결이 되어 있기 때문에 상류에서 흐르는 지표수와 지하수가 오염이 되지 않았다면, 하류에서는 상류에 대해 도의적 내지는 실질적으로 생태 보상 의무를 가진다. 일부 생태 서비스 기능은 여행, 천연 샘물, 산과 들의 식품 등을 통해 시장 방식으로 보상을 받는다. 이러한 지역의 생태 농업, 생태 임업, 생태 관광, 재생 가능 에너지 개발 등 특색 있고 우위가 있는 산업에 대한 지원을 통해 은행 대출, 재정 이자 지급, 투자 보조, 세수 감면 등 일련의 우대정책을 모색하고, 현지 환경자원 수용력을 초과하지 않는 특색 있는 산업의 성장을 촉진함으로써 지방정부의 세수와 주민들의 취업에 새롭게 공헌을 하게 된다.

　　다양한 보상 방식을 확립한다. 자금 보상, 식물 보상, 정책 보상, 지적 보상 등 다원화된 보상 방식을 모색해 자금 이전 지급을 기반으로 생태 수혜지역의 생태보호지역에 대한 맞춤 협력, 하드웨어와 소프트웨어 인프라 지원 건설, 산업 이전과 산업체인 확장형 보상, 외지 개발, 단지 건설 등 여러 보상 방식을 전개해 성 지역 간 생태 보상이 장기간 효과를 볼 수 있는 메커니즘을 구축한다. 생태 보상 재정을 카본 싱크, 오염 물질 배출권 거래, 용수권 거래, 보증금 환불 제도, 생태 표식 등 시장 방법과 결합하고, 자금지원을 인재 배출, 취업 훈련, 기술 지원 및 산업 지원과 결합해 생태 보상의 최대 힘을 형성한다.

생태 기능을 발휘하도록 유지한다. 환경이 취약한 생태 기능 지역이라고 해도 자연 복원력과 증식 능력을 가지고 있다. 생태 기능과 관련된 생산성이 있는 인구를 줄이거나 전부 이전시키는 것이 가장 효과적인 생태 보상이다. 개혁개방 이후 동부 지역의 공업화는 많은 생태기능지역의 노동력을 흡수했다. 하지만, 중국의 호적제도와 지방의 이익 보호로 인해 생태취약지역의 농업 이전 인구들은 현지 시민이 되기 힘들었다. 예를 들어 시난西南에 위치한 구이저우貴州성에서는 800만 가구의 인구들이 동부 지역에서 취업해 일을 하고 있다. 이는 생태적 파괴를 줄이기 위해서는 아니었지만 객관적으로 보면 구이저우의 생태 압박을 줄일 수 있었다. 만약 이들이 동부로 영입되지 못하고 호적지로 돌아오게 된다면 구이저우의 생태 환경은 금전적 보상만으로는 근본적인 개선은 불가능할 것이다. 농업 이전 인구에게 우선적으로 현지 호적을 부여하는 것은 사실상 근본적인 생태 보상 방법이다. 구이저우는 생태서비스를 제공하고, 생태 자산을 수출했다. 예를 들어 깨끗한 공기와 물은 카본 싱크를 저장했고, 생물의 다양성을 증가시켰다. 구이저우의 농민공을 받아들인 동부 지역은 이러한 생태 상품을 누렸다. 지역적 생태학적 경제적 협력자로서 교차 지방 및 유역 지방의 보상으로 해안 지방은 800만 명의 생태 이민자들이 다시 돌아오는 것을 피해 생태계의 파괴를 막고 빈곤 퇴치 기금의 지급을 막기 위해 구이저우 이주 노동자의 정착에 우선 순위를 둘 책임이 있다.

　서부의 생태 취약 지역의 공업화와 도시화 수준이 비교적 낮은 것은 이들 지역이 개발에 사용할 수 있는 공간이 유한한 것과 관련이 있다. 예를 들어 윈난云南·구이저우·쓰촨四川성, 후난湖南·후베이湖北 서부 지역은 산세가 높고 경사가 심해 산업 개발 경쟁력이 떨어지고, 도시의 토지 개발 여건도 제한을 받는다. 만약 경제 발전 성격의 생태 이민과 영지 공업단지Enclave Industrial Park 건설을 계획한다면 외지 공업과 도시 개발이 실질적인 효과 면에서 자발적인 농업 이전 인구의 현지 시민화보다 더 좋다. 환경보호로 발전 기회를 잃은 것을 보상하기 위해 하류 유역의 산업 클러스터 지역에 '영지 공업 단지'를 건설하고, 이주 기업과 다른 지역 이민자 개발을 통해 단지의 세수 혜택과 발전 이익을 함께 누릴 수 있도록 노력한다. 아울러 산업과 인구가 전출된 수원지 혹은 중점 생태기능지역에서 생태 복원형 3차 산업, 관광산업, 생태 농업, 산지 특색 산업 등을 발전시켜 새로운 생태 경제 고지를 마련함으로써 '일방적인 수혈'을 '양방향 수혈'로 전환하고, 생태 보상 제도 구축을 중요한 생태기능지역 발전 지원과 유기적으로 결합해 생태기능지역의 환경을 보호하고, 산업을 집약하고, 에너지 절약 및 온실가스 감축을 촉진하고, 경제구조의 녹색 전환을 추진함으로써 다자의 상생을 실현한다.

　산업 업그레이드와 투자 지원, 생태 산업 체인 확장도 효과적인 생태 보상 방식이 된다. 생태 취약 지역에는 국가지질공원, 삼림공원, 경치가 좋은 관광지들이 많이 있어 생태서비스의 시장 가치를 가진다. 이들 지역은 자금과 기술, 인프라 하드웨어와 소프트웨어가 부족해 산업 전환과 업그레이드를 촉진해야 한다. 이들 지역의 산업 전환과 업그레이드 투자를 위해 보조를 하고, 도로, 호텔 등 인프라와 학교, 병원, 문화시설 등 사회 인프라를 건설함으로써 생태 보상을 보호와 발전의 동력으로 전환한다. 지역 생태 보상의 이익 관계자는 구매 계약 체결, 공장 건설 협력 등 방식을 통해 산업 사슬을 보충하고 연장한다. 런화이仁懷현의 상류 지역인 구이저우의 비제畢節는 마오타이茅台酒 양조장의 표준에 맞는 하류 유역의 수질을 유지하기 위해 수원을 파괴하는 개발을 포기해야 한다. 마오타이 양조장은 자금 보상 외에도 구매 협의 체결을 통해 상류 지역이 양조 산업 체인에서 원료가 되는 수수를 심고, 포장 상자 제작 등을 맡도록 유도해 생태공동체의 형성을 고려할 수 있다.

시장 수단도 효과적인 생태 보상 방법이다. 생활하수 처리 비용은 1t 당 1위안이고, 하루 3만t을 처리하는 오수처리 공장의 1년 운영비는 1억 위안을 넘는다. 습지의 생태 정화 기능을 이용한다면 대량의 오수처리 비용을 절약할 수 있을 뿐 아니라 대규모 녹색 식물의 생식으로 이산화탄소 흡수와 에너지 대체 기능을 가지게 된다. 이산화탄소 배출 기준치를 초과한 기업이 카본 싱크를 구매하거나 식수조림에 투자를 함으로써 생태 보장을 실시할 수 있다.

2. 재생 불능 자원

재생 불능 자원의 이용은 지속 가능한 문제는 아니지만 지표 생태 시스템의 복구, 대체 자원의 연구 개발과 이용 및 자원 소유자 권익 가치라는 세 가지의 생태 보상이 존재한다. 중국 법률은 지하 광산의 소유권은 국가에게 있다고 규정하고 있기 때문에 소유자 권익은 국가의 강제 수단을 통해 실현할 수 있다. 하지만, 지하 광산 개발은 토지자원 개발과 이용과 관계가 있고, 토지 사용자의 권익 보상과도 관계가 있다. 중국은 광산

자원 개발에 있어서 선도적인 역할 때문에 상응하는 생태 보상을 소홀히 해 많은 생태 채무가 생겼는데 특히 자원이 고갈된 도시들에서 가장 두드러진다. 자원 고갈로 인한 생태 환경 위기와 단일한 경제구조는 자원이 고갈된 도시의 사회 경제 전환과 생태 복원에 많은 어려움을 주고 있다. 재생 불가능한 자원의 개발과 활용은 재생 불가능한 자원의 개발을 위한 장기적인 보상 체계를 확립할 필요가 있다.

자원 개발이 국가를 위해서는 큰 공헌을 했지만 소재지 도시의 사회와 생태에는 많은 빚을 남겼다. 자원이 고갈되면서 채굴 비용이 상승하고 자원 개발의 한계 수익이 끊임없이 떨어졌고, 산업구조가 단순한 자원형 도시는 자원 고갈에 직면하게 되면서 성장 동력을 잃었으며, 심각한 생태 파괴와 저하된 회복 능력으로 인해 경제 성장 속도가 주춤해지면서 사회 불안 등 여러 가지 어려움들이 나타나게 된다. 그 예로 닝샤寧夏 스쭈이산石嘴山은 오랜 시간의 석탄 채굴로 인해 대량의 고체 폐기물과 유해가스가 배출되었고, 채굴한 지역의 지표가 함몰되고, 수계가 파괴되고 오염되었으며, 식생이 파괴되고 멸종되었고, 토지 자원이 무의미하게 점용되고, 수자원이 유실되는 등 심각하게 환경을 훼손하는 문제들이 발생했다. 하지만 이러한 문제들은 자원 개발 시기에는 관심 밖에 놓여 해결되지 않고, 끊임없이 축적되어 자원 고갈형 도시의 생태 위기를 조성했다. 경제 및 사회적 측면에서 이런 자원형 도시의 건설과정에서 보이는 단일한 산업구조와 비합리적인 도시 공간 구도, 완비되지 않은 사회보장체제는 자원형 도시가 쇠퇴기에 접어들면서 산업의 뒷받침이 부족해지고, 일자리가 사라지면서 발전 동력 부재와 사회갈등을 야기하고 있다. 자원형 도시의 성장과 성장기에 이러한 문제들은 종종 급속하게 성장하는 경제와 도시화에 의해 감춰졌고, 쇠퇴기에 들어선 후 이렇게 감춰졌던 문제들이 불거지면서 자원형 도시의 사회 안정과 경제 발전과 생태 안보에 심각한 영향을 주고 있다.

자원 개발의 '입지 우위'는 실질적으로 지역의 생태학적, 사회적 비용으로 자원 개발의 원가를 절감하고, 소득을 이전하는 비용이다. 닝샤의 석탄이 풍부한 지역은 인구는 희소하고, 지면 공간 점용에 대한 보상이 낮다. 이런 '입지 우위'의 인식에서 생태계 파괴와 사회 개발 비용을 소득으로 전환하고, 투자자의 이익과 국가의 세금으로 만들어 이런 비용이 자원형 도시 소재 지에서 끊임없이 쌓이고 확대되면서 자원 고갈형 도시의 사회와 생태 위기가 더욱 심화된다. 닝샤에서 송출하는 석탄 전기 에너지의 표준 전기 가격은 유입 지역보다 훨씬 적은데 사람들은 이를 '입지 우위' 때문이라고 이해한다. 닝샤 동쪽에서 직접 산둥山東으로 송출한 화력 전기를 예로 들면 석탄 전기에너지의 가격은 kWh당 0.3213위안이다. 닝샤 탈황탈질 석탄 연소 표준 전기 값은 kWh당 0.2841위안, 송전의 끝 부분인 산둥의 전기에너지의 가격은 kWh당 0.4356위안, 산둥 현지의 탈황탈질 석탄 연소 표준 전기 가격은 kWh당 0.4432위안이다. 국가전력공사 닝샤 전력은 닝샤 동쪽에서 산둥까지 ±660kV 직류 송전 프로젝트를 통해 송전량은 산둥성 전체 전력사용량의 9%를 차지하고 있다. 2011년부터 가동되어 2014년 6월까지 이미 1002억 3,800만kWh의 전기를 산둥에 송전함으로써 산둥은 이산화탄소, 이산화황과 질소 산화물 배출을 각각 7,870만 톤, 22만 톤과 19만 3,000 톤을 줄일 수 있었다. 지역 간의 '비교 우위'가 만들어낸 이익은 송배전 비용을 고려해 kWh당 0.1위안으로 계산하면 3년간 100억 위안을 넘는 이익이 발전 업체, 송전망과 산둥의 최종 소비자들의 이윤으로 되었다. 오염 물질이 닝샤에 남고 자원고갈 이후의 경제와 사회 전환 및 생태 복원의 책임은 닝샤에서 져야 한다. 이런 이전 소득의 상당부분은 자원 고갈형 지역의 사회 경제 전환과 생태 유지비용으로 현지에 잔류할 필요가 있다.

　재정 이전 지불 위주의 보상은 '사후에 부채를 갚는 것'으로 보상 주체가 어긋날 수 있다. 2001년 국가 '10차 5개년 계획' 요강에서 자원 고갈형 도시에서 후속 산업과 대체 산업의 발전을 추진할 것이라고 처음으로 명확하게 제시했다. 자원 고갈형 도시의 전환을 촉진하기 위해 중앙에서는 재정 이전 지불을 통해 산업 전환과 생태 환경 복원 및 인프라 건설에 사용될 대량의 자금을 이체하여 지불했다. 2013년 지방의 자원 고갈 도시에 대해 중앙이 지불 이전한 규모는 전년도보다 5% 늘어난 168억 위안에 이르렀다. 자원 고갈형 도시에 대한 이런 재정 이전 지불은 결국 '빚을 갚은 것'이다. 즉, 생태와 사회가 이미 훼손된 후에 사후 보상과 구제 조치를 취함으로써 부채를 상쇄한 것이다. 2007년 시작된 첫 자원 고갈형 도시로써 스쭈이산시는 중앙 정부로부터 매년 평균 3억 여 위안을 받아 총 20여 억 위안의 재정 보조를 받았다. 이 자금들은 대부분 스쭈이산시의 판자촌, 석탄재 잿더미 산 지역 개조, 빈 갱도, 탄광 함몰지역 관리, 광산지역 이주 프로젝트 및 개발구의 인프라 건설에 사용되었다. 이주 프로젝트에만 총 6억 위안이 소비되었다. 이를 통해 전환을 위한 보조금 대부분이 '과거의 잘못을 청산'하는데 사용되고, 현지 산업구조 전환과 산업 발전을 이어가는 데는 힘이 미치지 못하고 있음을 알 수 있다.

　이런 재정을 이전해 지불하는 종적인 보상 방식의 보상 주체는 국가이다. 자원형 도시에 대해 환경 손실을 야기한 자원 기업 및 자원 개발로 큰 수익을 얻은 자원 수입 지역이 상응하는 보상 책임을 지지 않아 '개발자가 보호하고, 수익자가 보상하고, 오염유발자가 정비 관리한다'는 기본 원칙을 진정으로 실현할 수 없었다. 생태가 파괴된 후 정비하는 데 막대한 비용이 들고, 환경 훼손은 불가역적이다. 때문에 자원 고갈형 도시의 사후 보상은 겉핥기식의 방법으로 근본적인 것은 아니다.

기존의 생태 보상 체제는 장기적인 효력을 가진 메커니즘이 부족하다. 자원 개발에 대해 생태 보상 메커니즘을 구축하기 위해 각급 정부 부서 모두가 상응하는 시도를 했다. 석탄 자원을 예로 들면 석탄을 개발하는 성에서 주로 실시한 것은 석탄 지속 가능 발전기금을 징수하거나《광산자원법》에 따라 광산 환경 복구 보증금 제도를 마련하는 것이다. 이 두 가지 기금의 인출과 사용은 다르지만 이 두 가지 기금 모두 징수, 사용과 관리에서 부족한 부분이 있음을 알 수 있다. 첫째, 상응하는 법규의 보장이 부족하기 때문에 두 기금은 징수와 관리 과정에서 종종 여러 가지 제동에 걸려 인력과 물자를 대거 투입해 감독 관리와 통제를 해야 한다. 산시山西성의 석탄 지속 가능 발전기금은 국가발전개발위원회가 비준을 했고, 기타 성들의 각종 기금들은 모두 성 정부 혹은 각 시와 현이 스스로 방법을 제정하고 비준한 것이다. 여러 차례 바뀐 징수 기준과 상응하는 체제 보장의 부족으로 인해 기금의 징수가 불안정하고, 장기적인 효과를 볼 수 있는 메커니즘이 결핍되어 있다. 둘째, 석탄 기금 징수는 지방정부의 재정 수입을 어느 정도 늘렸지만 사용되는 곳과 방향에 대한 효과적인 관리감독 조치가 부족하다. 셋째, 광산 환경복원관리보증금을 보면 이 부분의 자금이 기업이 소재한 광산 지역의 생태 회복과 환경관리에 국한되어 있어 광산자원 개발로 인해 광구를 벗어난 지역의 생태계 파괴와 환경오염에 대해서는 어쩔 도리가 없다.

자원 이용의 '비교 이익'을 자원형 도시의 사회 변환과 생태 파괴의 비용으로 함께 보상함으로써 장기적인 효과를 가진 메커니즘을 형성한다. 자원 개발에 대한 사후 보상은 자원고갈 시기로 이미 들어서고, 생태 환경이 훼손되어 사회적 위기가 발생한 전제하에서 실시되는 피동적인 전환이다. 최근 자원 고갈형 도시의 전환을 실천하는 과정에서 이런 사후 보상 방식은 막대한 비용 지불에 반해 거둬들이는 성과가 종종 기대에 미치지 못하는 것을 볼 수 있다. 아직 쇠퇴기로 접어들지 않은 자원형 도시 예를 들어 닝둥寧東에너지중화학공업기지는 개발과 건설 과정에서 '입지 우위'가 만든 '비교 이익'의 일부 수익을 장기적으로 생태와 사회에 대한 보상, 산업 다원화, 생태 관리, 사회 민생 보장에 사용해 단순한 자원형 도시에서 복합형 도시로 전환해야 한다.

이렇게 보상의 주체는 중앙 정부가 아니라, 자원 이용에서의 직접적인 수혜자가 되어야 한다. 함께 보상이 이루어져야 하며 빚으로 남겨 차후에 갚을 수는 없다. 보상은 장기적인 효과가 있어야 하며 단절되어서는 안 된다. 당연히 보상 수익도 헛되게 사용되어서는 안 되고, 미래 지향적이고 계획적으로 사용해야 한다. 자원의 재산권을 명확하게 하고, 자원 개발의 상당 부분을 생태와 사회 보상에 사용해야 한다. 《광산자원법》에서는 광산 자원은 국가 소유이고, 공무원이 광산 자원에 대한 국가의 소유권을 행사한다고 규정하고 있다. 하지만 실천 과정에서 자원의 국가 소유권은 실질적으로 개발 이용 기업의 소유로 전환된다. 자원의 소유권, 사용권과 경영권의 혼란으로 자원 개발의 이익 주체가 보상 책임 주체와 심각하게 괴리되는 상황이 생기게 되었다. 보상을 승낙하는 것은 사실 광산지역 주민들의 생태와 권익을 인정하는 것이다. 이렇게 인정된 권익이 자원 재산권의 일부임을 확인하고, 건전한 법체계와 정책 체계를 확립하는 것은 자원 개발 보상 체제의 책임 주체를 명확하게 하는 관건이며, 안정적이고 장기적인 효과를 보는 보상 메커니즘을 구축하는 기본적인 요구이다.

중국의 환경관리와 생태건설

제4절 생태 관리

현행 중국의 환경과 생태 보호 관리 체제는 공업 문명 아래에서 부문별 세분화된 상명 하달 구조의 강제 단속 행정이다. 중앙과 각급 정부가 상응하는 직능 부서를 설치해 정책, 지령, 표준 등의 수단을 실시하고 있다. 중국은 커다란 인구 부담과 농경지 자원 부족 및 심각한 생태 파괴가 일어나고 있지만 별도의 생태보호기구가 설립되어 있지 않다. 환경보호와 경제 성장 사이의 갈등이 꾸준히 드러남에 따라 중국 환경보호 관리 전문 기관의 설립이 끊임없이 강화되고 업그레이드 되고 있다. 1972년 중국 정부는 대표단을 파견해 유엔인간거주회의에 참석했고, 이듬해인 1973년에 국가 건설위원회에 환경보호판공실을 설립했다. 15년 후 국가 건설부에서 국무원 직속기관으로 국가환경보호국을 분리시켜 설립했다. 25년 후 국가환경보호국은 국가환경총국으로 승격되었고, 35년이 지난 2008년에는 최종적으로 국무원의 부서인 환경보호부가 되었다. 내부에 설치된 부서들은 정책 법규, 과학기술표준, 오염 물질 배출 총량 통제, 환경영향평가, 환경 모니터링, 오염 방지와 퇴치, 자연생태보호, 환경 감독 등의 사와 국을 포함하고 있는데 역시 상명 하달 구조의 관리가 이루어진다. 아울러 전통적인 거시 관리 부처와 자연자원의 이용과 관리 부처 예를 들어 국가발전개발위원회 내에 설립된 자원환경사, 기후변화대응사, 수리부, 농업부, 공업과 정보화부, 국가임업국, 국가에너지국, 국가해양국, 중국기상국 등도 각각 자원, 환경, 생태 등 관련 기구를 증설하고 직능을 강화했다. 지방의 성, 시, 자치주, 현(구) 모두 환경보호청(국)을 설립했다. 각 성과 직할시 내의 시(구, 현)는 상응하는 환경보호국을 설치했다. 행정지도체계를 보면 업무 지시부분에서 환경부-환경청-환경국의 수직적 관리 방법을 실시하고 있고, 인사와 재무 권한에 있어서는 각급 지방정부가 환경보호청

(국)의 속지 관리 방법을 실행한다. 즉, 환경보호청(국)의 인력 편성, 직무 임명과 해임, 경비 지불은 각급 지방정부가 책임진다.

법규, 제도, 수단, 방법, 메커니즘 관리적 측면을 보면, 전인대와 환경보호 전문 기관 및 관련 부서는 《환경보호법》, 《수질(대기, 소음, 고체 폐기물)오염 방지법》, 《에너지 절약법》, 《청정 생산 촉진법》, 《오염 물질 배출 부과금 징수 관리 조례》, 《수질오염 물질 배출 허가증 관리 임시 방법》, 《오수처리 시설 환경보호 감독 관리 방법》, 《오염 물질 배출 신고 등록 관리 규정》등 법률 법규 및 각종 오염 물질 배출 표준이 주체가 되는 환경보호 법률 체계를 포함한 일련의 법률, 법규와 정책을 제정 및 개정하고 완비했다. 법률과 법규에 의해 상응하는 행정 허가, 오염 물질 배출 허가증, 오염 물질 배출 부과금 징수, 환경 영향 평가, 환경 감독 및 '3동시(三同時: 주요 공정에서 오염 방지 시설을 동시 설계, 시공, 투자해야 하는 것)', '한시적 관리', '오수 및 폐수 신고 등록', '오염 물질 총량 통제', '도시 환경 종합 정량 관리 심사' 등 환경관리 제도를 마련하고, 환경 모니터링, 환경 원격 탐지, 오염 물질 배출 총량 통제, 중점 유역(업종, 배출 기업)에 대한 감독 통제, 오염 방지 및 관리, 환경 법 집행 등 관리 수단의 사용을 추진했다. 환경과 생태 보호의 중점 목표를 국민경제와 사회발전 5개년 계획의 구속성을 가지는 수단으로 포함시켰고, 심각한 환경문제가 있는 부분에 대해서는 특별 오염 관리 시스템을 가동하고, 일부 지역은 오염 배출권 거래 기준 가격을 오염 배출권 거래 메커니즘에 도입했고, 환경 공보, 환경 정보 공개, 교육과 홍보, 국제 협력, 신고 접수 등 일상적인 환경관리 업무를 잘 처리해왔다. 상술한 이런 요소들이 현재 중국 생태 환경 보호 관리 체제의 기본적인 구조를 형성했다.

전반적으로 중국의 생태 환경 보호 관리 시스템 건설은 비교적 완비된 공업 문명 모델의 기구 체제와 법률 및 법규 체계를 형성했고, 생태 환경 보호의 목표 또한 국가 경제와 사회 발전 5개년 계획의 구속성 지표가 되었고, 정부 관리의 성과를 평가하는 중요한 내용이 되었다. 하지만 이런 체제 구조로 생태 관리의 수요를 만족할 수는 없었다.

우선, 생태 환경 보호 관련 기구 설치와 직능 구분이 분산되어 있다. 환경보호 전문 기관 외에도 통합 관리 부서, 기타 기능 부서 모두 내부에 생태 환경 관련 부서를 설치해 조직이 중복되어 기능과 책임이 교차하고 있다. 오염 통제, 생태 보존, 기후변화, 수자원 환경 보호, 교통환경 보호, 농업환경 보호, 임업과 야생동식물 등 생태 환경 보호, 해양환경 보호, 기상 환경 등 생태 환경 보호 관련 직능이 부처별로 분산되어 있다.

다음으로 생태 환경 보호 법규, 정책, 기구는 상대적으로 취약한 위치에 있다. 첫째, 경제성장과 비교해서 생태 환경 보호는 취약한 위치에 있다. 각 지방과 각급 정부는 모두 경제기술 지표를 먼저 달성한 후에 생태 환경 보호 관련 지표를 완성하려고 노력한다. 둘째, 다른 기능 부서와 비교할 때 생태 환경 보호 기구는 취약한 위치에 있다. 경제성장 목표가 환경보호 목표보다 우선시되고 있다. 때문에 각급 지방정부의 기구 조성에서 경제성장 촉진 기능을 가진 부서와 경제 자원을 장악하고 통제하는 부서와 환경보호 기구를 비교했을 때 권력과 지위 모두 취약한 위치에 있기 때문에 이들 부서와 업무 협조에 어려움이 비교적 크다. 셋째, 정부 권위와 비교했을 때 환경보호 관련 법률과 법규의 지위가 약하다. 예를 들어 지역 경제 발전 가속화를 위해 일부 지방 정부는 환경 영향 평가를 거치지 않은 대규모 사업을 추진하면서 생태 환경 보호 관련 법과 규정을 완전히 무시하여 생태 환경이 파괴되고 경제 자원이 낭비된다.

마지막으로 생태 환경 보호 관리가 총체적으로 느슨하다. 첫째, 환경 표준 집행이 상대적으로 느슨하다. 전반적으로 중국의 환경 기준은 유럽과 미국의 기준보다 느슨해 그 구속력과 규범적 역할이 약하다. 거기에 시장 경제의 압박, 환경관리 비용, 환경 법 집행 비용 등 여러 가지 요인들로 인해 환경기준 체계를 실행하는 과정에서 종종 이행되지 못하고, 환경 기준의 제한이 축소되며, 저항과 압박이 크다. 둘째, 환경에 대한 관리 감독이 제대로 이루어지지 못하고 있다. 인적, 물적, 재정적으로 제한적인 말단 환경보호 부서가 오염 배출 기관, 배출원과 다양한 오염 배출 물질에 대해 모니터링을 하고 관리를 해야 하지만 중점적으로 관리 감독을 하기에는 역부족이고, 전면적인 관리 감독은 더더욱 제대로 이루어지기 어렵다. 셋째, 환경 법 집행이 엄격하지 않다. 환경보호 관리에서 일부 지방의 환경보호 기관은 환경법을 엄격하게 집행하지 않고, 기업의 오염 물질 배출을 방임하면서 이를 이용해 오염 물질 배출 부과금과 벌금을 수입으로 확대한다. 또한 지역 경제 성장 및 이익과 세금에 큰 기여를 한 기업이 오염 물질을 배출했을 경우 지방정부의 규제로 인해 엄격하게 환경법을 집행할 수 없는 문제들이 존재한다.

생태 문명 제도 혁신의 가장 근본은 권력 메커니즘의 변화에 있다. 공업 문명의 효율은 일원적이고 권위적인 상명 하달을 기원으로 한다. 생태 문명은 관리 구조의 전환을 의미하는 것이다. 즉, 권위적인 통치와 통제 관리에서 이해관계자가 참여하는 형식의 관리로 전환되었음을 의미한다. 유엔 글로벌 거버넌스의 정의에 따르면[03] 관리는 공적 혹은 사적인 개인과 기관이 동일한 사업을 운영 관리하는 여러 방식이 종합된 것이고, 상

---

03   UN Commission on Global Governance, Our Global Neigbourhood, Oxford University Press,1992.

충되는 이해 관계를 조절해 공동의 조치를 취하고 지속하는 과정이다. 거기에 사람들이 복종하도록 강요하는 권한을 가진 공식적인 기관과 규정과 제도뿐 아니라 각종 비공식적인 협정도 포함한다. 이 모든 것들은 사람과 기관들이 이익에 부합한다고 생각하고 동의하는 경우 권력이 부여된다.[04] 통치와 규제와 달리 관리는 공동의 목표를 지지하는 활동으로, 행동 주체가 꼭 정부일 필요는 없고, 굳이 국가의 강압적인 힘에 의존할 필요는 없다. 때문에 관리와 규제는 근본적으로 다르다. 규제의 권위는 주로 정부로부터 나오는 반면 관리에 권위가 필요하지만 이런 권위가 정부에 의해 독점되지 않는다. 관리는 국가 기관, 국민과 사회의 협력, 정부와 비정부기구의 협력, 공공기관과 민간기구의 협력, 강제성과 자발성이 결합된 것이다. 정부의 권력 통제의 운영은 상명 하달 구조이다. 정책 수립, 명령과 지침 공개, 표준 규범의 수단을 통해 사회적 문제를 한 차원에서 관리한다. 관리와 정비는 다자가 참여하고 상호 작용하는 과정이다. 정부기관, 비정부 기구 및 다양한 민간 부분이 공동의 목적을 통해 협력, 협의, 동반자 관계 구축을 통해서 공동의 목표를 가지고 공공 문제를 처리하며, 사회 문제를 처리하는 권력이 아래에서 위로, 위에서 아래로 가는 다원화 방식을 포함한다. 관리와 정비에서 사회의 힘이 점점 커지면서 여러 가지 효율적인 루트를 통해 공권력에 대해 아래에서 위로 영향을 줄 수가 있다.

제5절 생태법제보장

중국은 반식민지 반봉건 사회, 신민주주의 사회에서 사회주의 사회

---

04   위커핑:《관리와 선치》, 사회과학문헌출판사 2000년판, 제270-271 페이지.

초급 단계로 들어서면서 중화 전통 문명은 서구 공업 문명의 충격과 영향을 받았다. 자연 개조, 기술 혁신, 시장경쟁, 경제글로벌화 등 공업 문명의 가치 요소와 상응하는 체제 메커니즘이 중국의 공업화와 도시화 과정을 추진했다. 중국 경제는 이미 장족의 발전을 이루었고, 환경에 대한 도전 역시 날로 심각해지고 있다.

생태 환경 관련 법률과 규정이 많기는 하지만, 생태 문명 건설 관련 법규는 '단편화'되어 있고, 심지어는 서로 상쇄되는 상황이 존재한다. 예를 들어, 고체 폐기물 자원화 이용 관련 규정은 청정생산촉진법, 순환경제법, 환경보호법 등 법규에서 모두 다루고 있다. 오염 규제와 에너지 절약 법규는 비교적 독립적이다. 오염을 통제하기 위해 에너지를 절약하고, 에너지 절약을 위해 환경보호를 약화시키는 것을 소홀히 한다. 많은 오수처리장과 탈황 시설을 설립했으나, 방치해 운영되지 않고 있는 데, 이는 경제적 이익의 문제 때문이기도 하지만, 법규의 지향점이 다른 것도 중요한 원인이 되고 있다.

생태 문명 건설 관련 법규에 대한 수정이 뒤처져 심화되는 생태 문명 건설의 수요를 만족시키기 어렵다. 예를 들어 거센 사회적 여론 속에서 대기 먼지 PM2.5가 2011년에야 모니터링 시스템에 도입되었지만, 통제 목표와 조치가 심각하게 지연되었다. 삼림의 카본 싱크 기능은 현행 삼림법에서 반영되어 시행되지 않고 있다. 생태 문명 건설 관련 법규는 '거시 조절의 도구'이지만 강성 제약을 하는 절대적인 규칙은 아니다. 실행 과정에서 가소성이 지나치게 강하고, 재량이 너무 크면 '필요에 따라 시행되고', '대상에 따라 집행'되는 법규 집행의 임의성이 강해지기 때문에 위법 기업에 대한 처벌이 불충분하고, 충분하게 집행이 되지 못하고, 심지어는 위법적인 법 집행이 발생해 법규의 권위와 실질적인 집행 효과를 감소시킨다.

생태 문명 건설 관련 법규의 조문은 원칙성은 강하지만 조작성이 약하다. 관련 조문은 세칙, 조례, 정책을 통해 세분화하고 이행해야 한다. 이런 세칙과 정책은 대다수가 지속성을 무시한 임시적 성격을 띠고 있고, 정책은 자주 변하고 연속성을 가지지 못하기 때문에 투자자와 생산기업들은 어떻게 해야 할지를 몰라 성급하게 결정을 내리지 않고 있다. 2005년 반포된 《재생 에너지법》은 4천자 미만의 전문에 기본적으로 운영 부분에 대한 디테일을 포함하지 않았다. 하지만 미국 상원이 2009년 준비한 《미국 전력법》은 이산화탄소에 대한 거래에 대해 하한가는 12달러(인플레 매년 3% 성장)로 상한가는 25달러(인플레 매년 5% 성장)로 아주 명확하게 구체적으로 규정했다.

체제 관리에서 각 부서들 사이, 중앙과 지방 사이 환경관리 체제가 횡적, 종적으로 분리되어 있다. '분산되고 중첩된 관리'로 리스크는 피하고, 이익을 추구하고, 책임을 회피하고 있다. 생태 문명 건설과 관련된 많은 중요한 이슈들에 대한 상호 작용하고 조정하는 메커니즘이 있지만, 관리체제의 권리와 이익의 다양화로 인해 생태 문명 건설에 대한 특정한 요구 사항들은 그 실행 과정에서 부서 간 그리고 지방과 중앙 간의 '권리'게임에서 무시되어 왔다. 관리 메커니즘 부분에서 녹색 발전, 순환 발전, 저탄소 발전은 생태 문명의 루트로써 상응하는 계획과 지표가 있기는 하지만 목표책임제에 대한 심사, 감독체제, 상벌 체제와 대중 참여 메커니즘이 아직 완전히 구축되지 않았다.

세대 내와 세대 간 보상 메커니즘을 보면, 생태 보상 메커니즘은 생태 문명 건설을 격려하는 중요한 제도이나 법률적으로 명확하게 정립되어 있지 않고, 법리적 근거와 시장 시스템이 부족하다. 세대 내의 보상을 보면, 유역 상류에서 생태 환경을 보호하는 것은 법률상 의무이기 때문에 보상을 받는 조건이 되어서는 안 된다. 보상을 받기 위해 파괴를 하는 것은 생태 문명 건설의 뜻에 위배된다. 보상은 엄격한 '시장 공급과 수요' 관계가 아니고, 가격 탄력성이 없지만, 법적 구속력이 있는 지분의 시장 평가에 의해 결정된다. 만약 '생태서비스의 구매'가 가격 탄력성을 가진 시장 계약이라면, 생태서비스는 공공재 속성을 가지고 있기 때문에 '정부 구매(중앙 정부 혹은 지방정부 이전 지급) 혹은 공동구매(강 하류의 정부, 단체 혹은 기업 예를 들어 급수 기업이 사용자 그룹을 대표)는 생태 보상과 생태 서비스 구매의 이중적 속성이 있다. 후세들은 지금의 정책에 대한 발언권이 없기 때문에 세대 간 보상은 사실 현 세대 사람들이 스스로 도의적인 약속을 함으로써 법률을 규정하고 시장 메커니즘을 실행해야 한다.

자원 절약, 환경 보호, 생태건설 등에 관한 각종 법규에서는 에너지 안보, 수질 안전, 식품 안정, 환경 안전, 생태 안전 등의 내용을 다루고 있지만, 대부분 상대적으로 좁은 분야에서 정의되고 표준화되어 에너지, 물, 음식, 환경, 생태가 서로 연결되고 의존성을 가지는 것을 무시하고 있다. 예를 들어 삼림과 생물의 다양성 및 습지 관련 법률에서 생태 안보, 에너지, 식량, 오염 통제 등 핵심 내용들은 제한적이거나 심지어는 완전히 무시된 협의의 생태 안보 형태를 보인다. 생태 문명 건설이 요구하는 생태 안보는 광의적인 것으로 에너지, 수자원, 농경지 보호, 오염 통제 등 여러 부분을 포함한다. 이런 모두를 고려해야 생태 문명을 경제, 정치, 문화와 사회 건설 각 부분과 전체에 함께 융화할 수 있게 된다. 당 18대는 생태 문명 제도 건설 강화를 요구한다. 생태 문명 건설을 제약하는 체제 메커니즘의 장애를 극복하려면 이미 가지고 있는 기반에서 시급성을 인식하고, 생태 문명 체제 메커니즘 건설의 추진과 발전을 심화시키고, 개선하고 확대하고 보장해 나가야 한다.

중국의 환경관리와 생태건설

첫째, 선도적이고 종합적인 생태 문명 촉진 법규의 제정이 필요하다. 시진핑은 18기 중앙 정치국 제1차 정치 학습에서 "중국의 사회 경제가 끊임없이 발전함에 따라 생태 문명 건설의 지위와 역할이 날로 두드러지고 있다. 당 18대는 생태 문명 건설을 중국 특색 사회주의 사업에 포함시켜, 생태 문명 건설의 지위를 더욱더 명확하게 했다"고 밝혔다. 현재 중국의 생태 문명 건설 관련 법률과 법규가 종적, 횡적으로 분열되어 있고, 실현성이 부족하며, 생태 문명 건설의 요구와 맞지 않는 내용들이 많이 있다. 때문에 통솔력 있는 법규를 통해 자원을 절약하고, 환경을 보호하는 기본 국책을 이행하고, 절약과 보호를 우선으로 자연 회복을 중심으로 하는 방침을 관철함으로써 녹색 발전과 순환 발전 및 저탄소 발전을 보장해야 한다.

둘째, 국가 생태 문명 건설에 대한 지도 그룹과 고문위원회를 조직한다. 지도 그룹은 정치, 경제, 문화, 사회와 생태 문명 건설 여러 분야와 관련되며, 생태 보장 건설이 각 분야와 모든 과정에 스며들 수 있도록 사무국은 이익 관계가 없거나 중립적인 기관에 설치한다. 생태 문명 건설 관련 분야 전문가들로 구성된 고문위원회는 생태 문명 건설을 위한 정책 자문과 과학적인 뒷받침을 제공한다.

셋째, 생태 문명 건설 행위 지도 규칙을 편찬해 생태 문명 건설의 실천을 규범화하고 이끈다. 생태 문명은 보편적인 의의와 가치를 가진다. 중국은 국제사회의 일원이자 세계 경제의 정예 요원이다. 중국의 샤오캉 사회 건설은 필연적으로 두 가지 자원과 두 가지 시장을 이용해야 한다. 해외로 진출한 중국 기업들은 지역의 지속 가능한 개발을 주도하고, 세계적인 생태 안보에 기여하기 위해 세계적으로 이행하는 생태 문명 건설의 규칙을 시행해야 한다. 중국에 진출한 외국 기업들 역시 생태 문명 건설 규정을 준수하고, 기업 소재지에서 균형적이고 조화롭고, 지속 가능한 발전을 보장함으로써 아름다운 중국을 건설하는 일원이 되어야 한다.

넷째, '녹색' 경제 정책 추진을 심화한다. '녹색' 경제 정책은 생태 문명 건설 실천에서 기술 혁신을 촉진하고, 시장 경쟁력을 강화하며, 행정 비용과 감독 및 통제 비용을 절감할 수 있는 장점이 있다. '녹색' 경제 정책은 반드시 명확하고 예측 가능하며, 연속적이고, 구체적인 운용성을 가지고, 생태 문명 건설을 위해 지속적인 추진력을 제공해야 한다. 생태 문명 건설 정책 체제의 틀을 마련하는 것을 가속화해야 한다. 생태 문명 건설 공공 재정 제도를 완비하고, 독립적으로 생태 문명 건설을 추진하는 세수 제도를 구축해야 한다. 국가, 업계와 지역에서 자원권과 오염배출권 거래를 할 수 있도록 함으로써 자본시장의 녹색화를 촉진해야 한다.

다섯째, 생태 보상 메커니즘을 구축하고 완비한다. 명확한 법리와 법적 근거와 생태 보상 메커니즘의 실시를 통해 세대 내, 세대 간의 생태 형평성을 제도화한다. 정부재정 이전 지불, 생태 수혜자 지불, 생태 사용자 지불, 환경세eco-tax, 사회 기부 등 다각적인 방법을 통해 생태 보상 자금을 마련할 수 있다. 생태 보상이 연관된 복잡한 이익 관계 조정을 위해 생태 보상 표준 체계, 생태 보상의 자금 출처, 보상 루트와 방법 및 보장 체계 구축을 모색해야 한다.

여섯째, 생태 문명 건설을 위한 심사 평가 체계를 구축하고, 녹색 책임 의식과 생태 문명 생활 방식을 추진한다. 생태 문명의 요구를 반영하는 목표 시스템, 심사평가 방법, 보상과 처벌 메커니즘을 세워야 한다. 환경 감시를 강화하고, 생태 환경 보호에 대한 책임 체계와 환경 피해 보상 체계를 완비해야 한다. 다양한 경로를 통해 에너지 절약, 환경보호, 생태,

저탄소, 녹색 등 주민의 의식을 높이고, 생태 문명의 생활 방식을 형성하게 한다. 저탄소 생활환경을 조성해 건강한 생활방식을 유도한다. 세수 감면, 재정 보조 등 조치를 통해 소비자들의 에너지 절약과 온실가스 감축을 유도함으로써 저탄소 생활을 실현한다. 저탄소 소비를 촉진을 위한 제도 체제를 구축하고 완비한다. 저탄소 사회 분위기를 조성해 대중들의 적당한 소비와 저탄소 소비를 유도한다. 녹색 저탄소 학교, 지역 사회, 기업, 도시를 건설하기 위해 시범 사업을 실시한다.

제10장

새로운 생태 문명의 시대에 대한 전망

새로운 생태 문명의 시대에 대한 전망

생태 문명을 향한 녹색 전환은 하나의 과정이다. 농경 문명에서 공업 문명으로의 전환은 끊임없는 기술 혁신과 자금 축적, 날로 강화되는 제도적 추진 속에서 길게는 300년, 짧게는 100년도 되지 않는 시간 동안에 물질적으로 풍족해지고, 생활의 질이 크게 개선된다. 하지만, 인류의 주거 환경과 자원이 열악해지고, 환경이 악화된다. 생태 문명 시대는 생산력이 떨어져 먹고 사는데 얽매였던 농경 문명 시대로 돌아가는 것이 아니라, 풍족하고 질적이며 지속 가능한 생태 번영 사회로 들어가는 것이다. 또한 경계가 있고 활기차고 안정적인 경제체계가 있고 생태 문명의 제도 규범이 있으며, 생태 안보를 확보하는 국제적인 관리의 틀을 형성하고, 공업 문명의 정수는 충분히 흡수하고 고질적인 폐단은 버리는 생태 문명의 새로운 시대를 여는 것이다.

중국의 환경관리와 생태건설

제1절 생태 번영

인류사회의 발전은 번영을 추구하기 위한 것이다. 생태 번영은 단순한 물질적 번영이 절대 아닌 생태형 번영으로 천인합일의 번영을 의미한다.

인류사회의 변화 발전을 이해하는 데 생산력과 생산의 관계는 매우 중요하다. 생산력의 발전은 더 많은 물질을 생산해 인류사회 발전의 수요를 만족시키기 위한 것이다. 생산관계를 조정하는 것도 생산력의 한계를 초월해 분배 관계를 조정함으로써 더 많은 사회 구성원들이 발전의 성과를 누리기 위한 것이다. 생산력이든 생산관계이든 모두 사회 번영의 실현을 가속화하기 위한 것이다. 인류사회에 거대한 물질적인 부를 가져온 공업 문명은 미국 경제학자 로스토우가 말한 것처럼 고도 대중소비단계로 들어서면서 어느 정도는 물질적인 안락함의 번영이 실현되었다. 하지만 우리가 원했던 번영이 아닌 생태적이고 지속 가능하지 않은 건강하지 못한 번영이다.

우리가 희망하는 생태 번영은 첫째, 생태의 법칙에 부합하는 것이다. 생태 시스템의 각각의 구성요소들은 스스로의 법칙을 가지고 생산하고, 소비하고, 환원하며 비례를 이루어 평형을 유지하고 있다. 만약 고도의 소비가 생태 시스템의 수용력을 넘어서게 된다면 생태 시스템 기능을 파괴하게 될 것이고, 번영도 하루아침에 물거품이 될 수 있다. 인간은 생태 시스템의 일원이자 생태학의 개체로써 자체적인 생태 균형을 가지고 있다. 과식에 운동 부족이라면 체내 기능의 균형이 무너져 질병으로 인해 괴로워진다. 때문에 생태 순환 시스템의 소비는 절대로 다다익선을 말하는 것이 아니다. 그만큼 생태적 물질의 번영은 절대 무한한 것이 아니고, 반드시 극대화되는 것이 아니라는 점이다. 둘째, 반드시 생태 우호적이어야 한다. 물질적인 번영을 얻기 위해 생태를 파괴하는데 이런 번영은 가져서도 안 되고 지속 가능하지 않다. 호수의 물을 퍼내 고기를 잡는 것은 물질적인 부를 얻는 가장 빠른 방법이다. 하지만, 생태 시스템을 훼손해 얻은 번영은 일시적인 것일 뿐이다. 물질적 번영은 반드시 생태 우호적이어야 하며, 생산 및 소비 방식이 생태계의 기능과 운영에 도움이 되어야 한다. 셋째, 물질적 번영은 필요하다. 생태 번영은 물질적 극대화의 번영은 아니지만, 물질의 결핍을 말하는 것은 절대 아니다. 사회의 기본적인 물질이 보장되지 않는다면 번영은 더 말할 필요도 없기 때문이다. 이런 의미에서 공업 문명의 기술 혁신과 사회 장려 제도는 생태 번영의 사회에서도 계속 효용을 발휘할 수 있을 것이다. 빈곤은 사회주의가 아니고, 생태 문명도 아니다. 물질적인 풍족은 생태 번영의 기본적인 요구이다. 넷째, 공동의 번영이 필요한 것이지 한 국가나 민족 혹은 클럽식의 국가 그룹의 번영이 아니다. 지구 생태 시스템의 생산력은 인류사회의 번영을 위해 물질적인 기초를 제공한다. 생태 번영은 제로섬 게임이 아니며, 어떤 민족과 국가를 절대로 배척하거나 배제하지 않는다. 이런 공동의 번영은 절대평균주의가 아닌 다양한 형식의 번영을 말한다. 지구 생태 시스템의 다양성은 생태 번영의 다양성과 차이성을 결정한다. 다섯째, 생태 번영은 물질적인 풍족 뿐 아니라 정신적인 충만을 포함한다. 물질적인 충족에는 한계가 있다. 그러나 정신적인 충만은 인류사회가 진보하는 방향을 제시하고, 목표가 될 수 있다. 물질적 수요에는 한계가 있는 반면, 정신적인 추구는 끝이 없다. 인류의 물질적인 자산은 시간에 따라 가치가 떨어지지만 인류의 정신적 자산은 시간이 흐르면서 끊임없이 가치가 높아진다. 문화와 정신적인 번영이 없는 사회는 생태 번영의 사회가 아니다.

생태 번영 역시 번창한 생태를 의미한다. 번창한 생태는 생태 번영의 기초이자 전제이다. 소위 번창한 생태는 우선 생태 시스템의 다양성을 가져야 한다. 지구의 지형은 빛과 열기, 공기와 물과 함께 어우러져 각각의 특색 있는 생태 시스템을 조성하고 각자의 기능을 발휘하면서 서로 다른 제품과 서비스를 제공한다. 우리가 인위적으로 자연생태 시스템을 파괴하고 소멸시킨다면 그들의 특정한 기능과 서비스도 사라지게 될 것이다. 간척으로 습지 생태계를 잃어버리고, 삼림과 숲을 훼손해 삼림 생태계가 파괴되어 발생하는 가뭄과 장마, 토양과 수자원 유실 등이 바로 좋은 예다. 물질 자산의 생산력과 질을 높이지는 못하고 오히려 생태 시스템의 생산 기능을 해치고 있다. 생태 번영의 또 다른 특징은 생태의 다양성이다. 공업 문명 패러다임에서는 효용 극대화를 위해 사회경제 활동이라는 이름으로 경제적 가치가 있는 동식물을 대량 포획해 멸종에 이르게 했다. 또한, 시장가치가 없는 동식물을 마음대로 훼손해 지구 생물의 다양성이 극감했다. 국부 지역의 환경 파괴로 지역적 생물의 다양성이 훼손되고, 기후온난화로 인해 생물다양성이 줄어들게 된다면 이는 글로벌 문제라 할 수 있다. 생물의 다양성이 부족하게 되면 생태계 기능을 저해하게 된다. 지구 생태계에서 생태 시스템을 지배하는 인류만 남게 된다면 생존을 할 수 있을 것인가? 생태 번영의 세 번째 특징은 높은 수준의 고효율 생산 생태 시스템이다. 자연생태 시스템은 스스로 조절하고 생산할 수 있는 능력이 있다. 녹색 식물의 광합성 작용을 통해 물질을 생산하고, 각종 동물과 미생물은 녹색 식물이 저장한 에너지를 소모하고 전환한다. 이러한 것은 에너지와 물질의 축적과 전환 과정이기 때문에 인류사회는 생태 시스템이 생산하는 것을 취해야만 발전할 수 있다. 인류사회가 자연생태 시스템에 간여하고 파괴를 하지 않았다면, 생태 시스템의 물질적 부는 끊임없이 쌓이고, 생산력도 계속 높아질 수 있다. 공업화가 의존한 화석 에너지도 생태 시스템의 다양성으로 인해 자연생태 시스템에서 물질이 축적되어 만들어진 산물이다. 다양한 생물종과 생태 시스템의 자연 생산력은 번영된 생태를 이루었고, 생태 번영을 위한 물질적인 기초를 마련했다.

생태 형태의 물질 번영과 다양한 생태가 서로 의존하고, 조화롭게 작용하면서 천인합일의 번영을 이루어야만 생태 문명 시대의 생태 번영이라 할 수 있다. 생태적 번영은 자연에 순응하고, 생태계의 생산력을 이용하고, 다양한 생태를 유지하고 보호하면서 높은 생산력을 가지게 되면 생태학적 물질 번영을 보장한다. 문화 생산과 소비, 정신적 생산물의 원천역시 번영된 생태에서 나온다. 시, 사詞와 부賦, 그림에서 음악 작품까지모두 자연 생태 시스템의 다양성 및 복잡성과 밀접하게 관련이 있다. 인류의 역사 이전에 이미 사라진 공룡은 정신문화의 산물에서 보이지 않지만사자, 호랑이, 코끼리, 꽃, 새는 고전작품에서 거의 볼 수 있고, 심지어는토템이 되기도 했다. 물질이 사멸되어 생물 다양성이 사라지면 물질적인부의 생산과 소비는 물론이고 정신 문명의 생산과 소비도 이뤄지기 어려울 것이다. 또 한편으로는 생태 번영은 번창한 생태에도 유리하다. 기술진보로 자연 생산력을 높이거나 과학적 지식으로 자연 생산력을 보호하는 것 모두 생태의 다양성을 보호하고, 생태 시스템의 생산력을 높이는데도움이 된다. 인류가 의식적으로 어획을 금지하고, 휴경하고, 윤작을 하고, 유목을 하는 것은 사실 자연 생태 시스템을 안정시켜 생산력을 회복하기 위한 것이고, 멸종위기의 동식물을 보호하는 것 역시 생물의 다양성을보호해 생태 시스템의 생산력과 생태 서비스 수준을 높이기 위한 것이다.천인합일의 번영은 인간과 자연의 조화이고, 번창한 생태 역시 생태 번영에서는 없어서는 안 되는 기본 요소이다.

제2절 정태 경제

농경 문명 시대에 인류는 자연을 경외하고 자연에 순응하여 경제를 발전시키면서 부를 축적했다. 하지만 자연재해가 발생하면 경제 발전은 원점으로 돌아가는 일이 반복되었다. 공업 문명 시대에 이르러 인류는 자연을 개조하고 정복하면서 경제를 지속적으로 성장시키며 부를 끊임없이 축적했다. 하지만 주기적인 경제위기 즉, 경제 쇠퇴, 회복, 성장, 순환이 반복되는 이런 주기적인 악순환을 벗어나지 못했다. 농경 문명의 악순환이 자연이라는 요소 때문이었다면 공업 문명의 성장-쇠퇴의 순환은 인류 스스로가 원인을 제공했다. 공업 문명의 경계가 없다라는 가정은 인류가 무한한 발전을 할 수 있다는 착각을 하게 만들었다. 성장을 위한 성장은 일정 단계에 이르면 플러스와 마이너스가 교체되면서 힘을 헛되게 쓸 수밖에 없다. 공업 문명 이후의 생태 문명 시대는 생태 번영을 추구하고, 물질의 부를 무한대로 확대하고, 무한한 외연 성장을 추구하지 않는다. 지속적으로 업그레이드 될 수 있지만 물질적인 부의 규모는 증가하지 않을 것이고 할 필요도 없는 정태 경제만이 가능하다.

경제성장은 물질적인 것이다. 물질의 소비와 축적은 지구라는 공간적 제약을 받는다. 때문에 생태 문명 시대의 경제성장이 물리적인 외연 공간측면으로만 본다면 무한적이라고 볼 수 없다. 1920년대 말 미국 경제 대공황 당시 케인스 학파는 총수요 부족은 공공 정책을 통해 정부가 인프라 건설 투입을 함으로써 유효한 수요를 만들어 경제성장을 자극하고 보장할 수 있다고 진단했다. 하지만 문제는 지구라는 제한적인 공간 안에서의 인프라 건설은 무한할 수 없고, 이러한 물리적인 인프라는 포화상태에 가까워지거나 심지어는 초과한 상황에서 공공 인프라 건설이라는 고정 자산에 대한 투자 공간 역시 유한하다. 2008년 글로벌 금융위기 당시 중국 정부는 많은 인프라 건설 프로젝트를 위해 4조 위안을 투입했다. 예를 들어 우한武漢은 투자촉진에 힘입어 10개의 지하철도 건설을 시작했다. 지역 인프라 시설이나 도시 인프라 시설의 건설 규모 역시 무한정 확장할 수도, 할 필요도 없다. 당연히 경제성장을 유지하기 위해 이러한 시설들을 경제 유효 기간 내에 철거하고 재건하거나 업그레이드를 반복해서 할 수 있다. 하지만 문제는 경제는 자극할 수 있지만 물질적인 부의 축적이 증가하는 것은 절대 아니라는 것이다. 한정된 자연자원을 예로 들자면, 화석 에너지, 철강 시멘트 등의 소비는 갱신할 수 없다. 이로 인한 환경오염을 생각하면 득보다 실이 더 많다는 것이다. 우리는 해수를 담수로 만들고, 사막을 개조하고, 식량을 생산하고, 도시를 조성하는 데 투자를 할 수 있다. 투자와 수요 성장은 있으나, 보답이나 축적되는 것은 없다. 그렇다면 이런 성장 역시 무한할 수 없다. 이러한 외연 성장의 공간은 공업 문명 시대에 이미 포화가 되었기 때문에 생태 문명 시대에는 더 이상 경제 성장 동력이 되지 않는다.

인구는 경제성장의 또다른 원천이자 동력이다. 생산력이 부족했던 농경 문명 시대에는 위험을 막고, 자연을 개조하기 위해 많은 노동력을 필요로 했지만, 의료 보건의 수준은 상대적으로 떨어졌다. 기대수명이 짧고, 높은 영아 사망률을 보였다. 이로 인해 출생률이 높았고, 인구 성장이 빨랐다. 공업 문명 시대에는 노동 생산율이 크게 제고되었고, 인구의 기대수명이 늘어나 출생률이 줄면서 인구가 안정 속에서 감소하는 상황이 나타났다. 1980년대 중국은 공업화 초기 단계로, 농촌의 가족계획에 대해 강제수단을 취했다. 2010년대 중국은 여전히 공업화 중기와 후기 단계에 머물러 있고, 농촌에서도 두 자녀 가정이 보편적인 것은 절대 아니다. 생태 문명 시대로 들어서면 자연을 통제하는 인류의 능력도 더욱 높아지고,

인구수도 안정적인 수준으로 가고, 심지어는 줄어드는 상황에 처하게 될 것이다. 호랑이, 사자, 곰 등 자연계의 대형 육식 동물들도 먹이사슬의 끝에 있다고 해서 개체수가 무한대로 늘어나지는 않는다. 자연계도 이러한데 생태 문명 시대로 들어서는 인류 사회도 마찬가지로 무한 성장할 수 없다. 사실, 포스트 공업화시대로 들어선 서구와 일본의 인구수는 이미 줄어들기 시작했다. 인구수는 증가하지 않았지만 생활의 질이 향상되면서 더 큰 성장의 여지를 마련했다. 사실, 개혁개방 이후의 급속한 경제성장은 노동력의 의미로써 인구 보너스가 있었지만 성장의 중요한 요소는 생활의 질을 향상시키는 것이지, 인구수를 증가시키는 것은 절대 아니다. 생태 번영의 생태 문명 시대로 들어서게 되면, 물질적인 부의 수준이 크게 향상되고, 물질 소비도 포화상태가 되면서 물질 소비가 생활의 질을 높이고, 경제 성장에 기여하는 것은 거의 제로이거나 심지어는 마이너스가 된다.

생태 문명 시대에서 외연적 투자 성장의 공간은 제한되어 있고, 인구 성장은 안정되거나 줄어들고 있으며, 생활의 물질 소비는 포화상태가 되는 추세이다. 그렇다면 이런 시대의 경제 생산은 어떻게 될 것인가? 공업 문명의 경제학 이론 콥-더글라스 생산함수를 이용해 생각해보자.

$$Y = AK^{\alpha}L^{(1-\alpha)}$$

그 중 Y는 경제 전체의 산출량, A는 전체 요소 생산율, K는 자본, L은 노동력, a는 상수이다. 이 함수의 관계에서 Y는 자본과 노동력의 증가 함수로 자본과 노동력의 투입이 증가되면 경제 총 산출량 Y가 증가하게 되는 것을 알 수 있다. 앞의 분석에 따르면 생태 문명 시대의 인구 증가는 '0'이기 때문에 노동력의 증가가 거의 없게 된다. 이 때문에 경제체제 물질 산출에 대한 노동력의 공헌이 비교적 유한하거나 존재하지 않게 된다. 그렇다면 자본 증가가 경제 산출에 공헌을 해야 경제 시스템의 물질 생산이 증가하게 될 것이라는 말이다. 앞의 분석에서 알 수 있듯이 생태 문명 시대에 인구의 물질 소비는 이미 포화상태에 놓여있고, 자본 투입으로 과다한 물질 생산이 이루어지지만 시장 수요가 없으면 가치가 없고, 유효한 생산을 이루지 못한다. 때문에 물질 생산과 소비적 측면에서 생태 문명 시대의 경제는 외연 확장의 성장 상태가 아닌 안정 상태다.

물질 생산과 소비 의미에서의 경제의 정상상태는 경제가 성장할 공간이 없다는 것을 의미하는 것은 절대 아니다. 콥-더글라스 생산함수를 이용해서 더 연구해보자. 자본은 무한 증가할 수 있고, 노동력 즉 인구수는 불변하는 것이다. 물질 소비는 포화될 수 있지만 정신 소비, 문화 상품 소비는 포화상태가 되지 않고, 오히려 끊임없이 증가할 수 있다. 이는 자본이 비물질 상품 즉, 문화 혹은 정신 상품 생산에 투입될 수 있다면 경제 시스템의 총생산은 확대될 수 있음을 의미한다. 현재, 물질 생산과 소비가 이미 포화상태가 된 선진 자본주의 국가의 성장률이 0보다 크다는 것이 예가 될 수 있다. 이들 국가의 물질 생산이 크게 증가하지는 않지만, 대다수 증가한 부분은 3차 산업, 즉, 서비스업 생산이 증가했다.

물질 생산과 소비 의미의 경제체제가 제로 성장 혹은 안정 상태에 있다면 이런 경제체제는 생태 시스템에 대한 물질적 수요 역시 상대적으로도 안정되어 있어 무한 증가하지 않을 것이기 때문에 생태 자산의 양은 감퇴되지 않을 것이다. 생태 문명 시대에 인류사회의 물질 소비가 자연생태 시스템의 생산 수준을 초과해 생태 악화를 일으킬 수 있을 것인가? 이런 가능성이 존재하지 않는다고 말할 수 있다. 적어도 피할 수 있다. 그 이유는 생태 시스템이 만드는 과도한 수요가 생태 문명의 외연 확장 성장 시기에 나타났기 때문이다. 대규모 인프라 투자 수요와 인구의 물질 수요가 삶의 질을 끌어올리면서 생태계에 대한 엄청난 압박과 파괴가 빚어지고 있다. 기술 진보로 생태 시스템의 생산은 끊임없이 높아졌지만, 소비는 오히려 포화상태에 놓였다. 때문에 생태 문명시대에서 생태 자산은 원래 가치를 유지하고, 증식되는 상태가 된다.

제3절 전환 도전

생태 문명으로 향하는 새로운 시대에 우리는 이미 공업 문명에서의 도약 실현을 위해 노력하고 있다. 하지만, 공업 문명의 과정이 아직 끝나지 않았다. 기술 병목을 헤쳐나갈 혁신과 사치 낭비적인 불건전한 소비 방식을 종식하고, 함께 빈곤에서 벗어나기 위해 개도국의 경제 성장에 박차를 가해, 세계가 환경 문제를 함께 극복해야 한다.

재배와 양식 기술이 나타나면서 농경 문명이 원시 문경을 대체했고, 증기기관 기술의 발명과 응용으로 인류사회는 문명의 도약을 실현하면서 농경 문명의 한계를 넘었다. 녹색 전환에 박차를 가해 생태 문명 시대로 들어가기 위해서는 자연적으로 기술적 한계에 부딪히게 된다. 전자기 기술과 정보기술은 공업 문명의 전환과 업그레이드를 추진했다. 하지만 우리는 에너지 생산과 소비 기술의 혁명이 필요하다. 공업 혁명의 동력 원천인 화석 에너지는 여전히 사회 에너지 소비의 주체이고, 이는 재생 불가능하고 고갈되는 자원이며, 환경오염 특히 대기 오염의 중요한 원인이 되고 있다. 인류의 장기적인 지속 가능한 발전은 화석 에너지의 연소로 배출되는 이산화탄소로 인한 기후변화에 대응해야 하는 도전을 맞이하고 있다. 포스트 공업 발전 단계로 들어선 성숙한 경제에서 환경오염은 효과적으로 통제되었고, 생태 자산 역시 원상태를 유지하거나 증가하고 있다. 1990년대 초부터 온실가스 배출 감소를 명확하게 제시하고 1997년 선진국의 절대 배출량을 감축하는 《교토 의정서》를 체결하기까지 선진국은 온실가스 배출 감소를 위해 큰 노력을 했지만, 효과는 매우 제한적이었고, 후발 신흥경제권과 저개발경제권의 저탄소 개발에 대한 압력이 더 커졌다. 산업혁명 기술을 선진국이 선도했다면, 생태 문명 시대에 들어선 지금 저탄소 기술은 경제가 성숙한 선진국이나 성장 중인 개도국 모두에게 같은 도전이 되기 때문에 저탄소 기술의 한계를 극복하기 위해 함께 대처해야 한다.

공업 문명의 높은 물질 소비 관성은 녹색 전환의 또 다른 중요한 장애다. 공업화의 대량 생산은 비교적 적은 비용으로 많은 물질적 부를 창조했고, 공업화 과정을 완성한 선진국 국민들은 비교적 높은 물질 소비 수준을 가지고 있다. 중요한 것은 이런 소비 방식과 수준은 건강하지 못하고 지속 가능하지 않다는 것이다. 저렴한 가격으로 많은 고열량의 지방을 소비해 건강문제가 생기자 또 처방약을 대량으로 사용하게 된다. 사람들이 차량을 소유하게 되면서 걷지 않게 되자 과도하게 섭취한 열량을 소모하기 위해 헬스장에 간다. 고열량 지방 섭취, 약 처방, 연료 자동차, 에어컨, 체육관, 이러한 것들은 모두 농경 문명에서 제공할 수 있는 것이 아니라 공업화의 대량 생산에서 만들어 낸 소비품이다. 이런 고액의 물질적 소비는 화석 에너지를 소모하며, 온실가스를 배출해 생태 환경을 파괴하면서 경제 성장을 이끌었다. 이런 소비 형태가 이미 선진국에서 고착화가 되었기 때문에 바꾸기는 어렵다. 이런 소비 관성은 공업화 과정에서 신흥 경제권에서도 보이면서 화석 에너지 소비와 온실가스 배출을 끊임없이 높이고 있다. 이런 소비 패턴을 세계 인구의 절반 이상인 후진국 소비층이 따르게 된다면 생태 문명 전환의 물질적 기초를 뒤흔들게 될 것이다. 건강하지 않고 지속 가능하지 않는 이러한 소비 관성을 끝내기 위해서는 선진국이 솔선수범하고, 후진국은 새로운 개념을 발전시켜 건강한 생활방식을 찾아 녹색 전환 과정을 가속화해야 한다.

그러나 또 한편으로는 선진국의 고액 물질 소비 관성과 대응되는 후진국의 빈곤이라는 함정이 있다. 2000년 유엔은 개발도상국의 기근과 절대 빈곤 퇴치를 취지로 밀레니엄 개발 목표를 제정했다. 15년이 지난 지금 신흥경제권에서 비교적 두드러지는 성과를 보인 것 외에 후진국의 빈곤 인구와 상태는 근본적인 변화가 없었다. 2000년 빈곤 인구는 농촌에 집중되어 있었다. 15년 후, 개발도상국의 도시화가 이루어지면서 빈곤 인구들이 농촌에서 도시로 향했다. 도시는 집중 효과와 규모를 갖추면서 기본적인 도시의 사회서비스를 제공하고, 빈곤 구제를 하는 것이 더 편리해졌지만, 이와 함께 도시의 일자리와 자원 부족으로 인해 도시의 빈곤 인구들이 빈곤의 덫에서 벗어나기가 더 어려워졌다. 2012년 유엔 리우 지속 가능 발전 정상회담에서 밀레니엄 개발 목표의 연장인 글로벌 지속 가능 발전 목표를 제정해 2030년까지 절대 빈곤을 뿌리 뽑아 지속 가능한 발전을 실현할 것이라고 명확하게 밝혔다. 2008년 세계 금융위기 이후, 선진국의 경제성장이 둔화되고 녹색 전환 과정은 느려졌다. 신흥경제권은 중진국 함정을 피해야 하는 압박에 직면하고 있고, 후진국은 빈곤의 함정에서 벗어나야 하며, 공업 문명에서 생태 문명으로 들어가는 시대에 거대한 물질 생산과 소비 장애에 직면하고 있다.

생태 문명 전환에 대한 기술적인 장애물은 생태학적 번영의 지표와 척도이다. 농경 문명은 자급자족 사회로 상품 경제가 발달하지 않아 주로 물물교환을 했다. 화폐로 계산되는 공업 문명은 성숙한 선진 상품 경제를 형성하고 국민경제 계산 체계는 총생산 혹은 증가치로 계산이 되며, 단일 지표를 통해 성장 채산 방법론을 단순화했다. 비록 금본위적인 국민경제 계산 체제에 대해 의문을 제기하며 심지어는 지속 가능한 발전과 생태 보호의 시각에서 비판도 있었지만 여전히 화폐로 생태 손실과 생태 자산을 계산하려고 함으로써 생태 시스템의 가치를 잘못 이해하고 오판을 하고 있다. 그렇다면 생태 문명 시대의 생태 번영은 화폐로 계산해야 하는 것인지 실물로 해야 하는지, 아니면 여러 지표로 계산해야 하는 것인가? 중국은 자연자원 대차 대조표를 편성해 볼 것을 제시했다. 하지만, 대차 대조표는 회사 경영 활동의 재무제표로 시장가격으로 따지는 것이기 때문에 단순하게 금융이나 재무 속성의 대차 대조표를 그대로 쓸 수는 없다. 그렇기 때문에 생태 번영을 계산하는 방법에서 돌파구를 찾게 된다면 생태 문명 건설과 전환에 근본적인 의의를 가지게 된다.

거버넌스 딜레마가 생태 문명 전환에 대한 구조적인 장애물이 되고 있다. 글로벌 측면에서 보면 세계 정부가 없기 때문에 생태 문명 체제 메커니즘과 규약 기준을 주권국가에 강제하기 어려워 생태 문명 패러다임이 효과적으로 이행될 수 없다. 또 다른 한편으로는 글로벌 거버넌스 체제에서의 발언권은 소수 선진국에 집중되어 있는데 이들 국가들은 다른 국가들이 스스로의 국익을 지키려는 것을 외면하고, 세계의 지속 가능한 발전의 실질적인 필요를 무시하고 있다. 유엔은 발언을 할 수 있는 좋은 플랫폼이지만 모든 발언이 같은 무게를 가지지는 않는다. 유엔 밀레니엄 개발 목표는 세계의 정치 합의이지만 그 명성에도 불구하고 실질적으로 이루어지지 않았고, 이행 메커니즘이 부족하다. 지구온난화 협상, 글로벌 지속 가능 발전 목표 제정에 모두가 참여해야 한다. 하지만 녹색 전환의 실천은 통일된 기준과 구체적인 조치가 부족하다. 국가적 측면에서도 권위가 있는 정부가 있기는 하지만 생태 문명 전환에 대한 관리 역시 도전에 직면해 있다. 임기제인 정부들의 행위는 대부분 단기적인 것이 많다. 정부 여러 부서와 여러 지역에서 수직적, 수평적으로 분할 관리되는 시스템과 이익 충돌, 조정의 어려움이 존재한다. 생태 문명 체제 메커니즘에 대한 여러 이익 주체들의 요구에 차이가 있고, 소비자 행위의 변화로 제도적 제약의 어려움이 존재한다.

제4절 실천 모색

하나의 사회 문명 형태로써 생태 문명은 인류사회발전의 필연적인 방향이다. 농경 문명에서 공업 문명으로의 전환과 도약과 비교했을 때 공업 문명에서 생태 문명으로의 전환과 도약은 더 중대하고 더 많은 시간이 걸릴 것이다. 중국의 생태 문명 건설은 스스로 변신을 모색하는 것으로 선진국과 다른 개발도상국의 녹색 성장과 전환에 중대한 참고적 의의가 있다.

정태 경제의 생태 번영 시대로 들어서면 많은 사회 요소가 전환되는 것은 자연스러운 과정이지만, 사회의 선택과 정책 유도로 이 과정을 가속화할 수 있다. 농경 문명은 맬서스의 인구론이라는 저주에 복종할 수밖에 없었고, 공업 문명은 인구 폭발의 신화를 타파했다. 조기에 공업화를 이룬 국가들은 인구성장을 인위적으로 제한하지 않았고, 포스트 공업화 단계로 들어선 선진국의 인구 합계 출산율은 떨어졌다. 낮은 출산율과 사망률로 인해 인구 성장이 자연적으로 끝나게 되어, 현재 많은 국가들은 우대 정책을 내놓으면서 출산을 장려하고 있지만, 그다지 효과를 보지 못하고 있다. 이 과정을 유럽은 수백 년을, 일본은 60년을 거쳤다. 중국은 자금과 기술이 부족한 상황에서도 급속한 공업화를 시작했다. 1980년대 초 실시한 강력한 인구 정책으로 30년이라는 짧은 시간에 인구가 통제되면서 물질적 부의 축적과 소비 수준이 급상승하면서 생태 문명 시대로의 사회 전환을 위한 튼실한 기초를 다졌다. 중국은 30년 간의 가족계획 정책으로 인구 성장 속도와 전체 인구 성장 규모를 줄여 맬서스의 저주를 무색하게 만들었다. 가족계획 정책이 없었다면 중국 인구는 이미 16억-18억 명에 이르렀을 것이다. 3억-5억 명의 출생을 줄여 자원 환경에 대한 압박을 감소시켰을 뿐 아니라 사회 문명 전환을 위해 지대한 추진 역할을 했다. 다른 개발도상국들의 인구 성장은 여전히 비교적 높은 수준을 보이고 있다. 선진국의 자연적인 인구 전환 과정을 채택했다면 오랜 시간이 걸리고, 과정이 더디게 진행되면서 큰 자원 압박으로 인해 엄청난 불확실성이 존재했을 것이다. 중국의 적극적이고 책임감 있는 원대한 가족계획 정책은 이행 초기에는 많은 질의와 비판을 받으면서 장애에 부딪히고 어려움을 겪었다. 하지만, 오늘날 중국은 둘째 출산 정책을 내놓았고, 사람들의 출산 욕구에도 변화가 생겨 인구 전환 형태가 이미 포스트 공업화 단계로 들어선 선진국과 비슷한 상황으로 향하고 있다. 도시화 과정을 보면, 선진국은 도시화, 역도시화 과정을 거치며 사회 서비스가 더욱 개선되었고, 자원 이용과 절약 및 효율이 높아지면서 생태 문명 사회로의 전환에 더 도움이 되었다. 중국의 도시화는 개혁개방 후부터 빠르게 발전했다. 중국은 선진국의 전철을 밟지 않으며 공업화 후기에 역도시화 과정을 거치지 않고, 안정적으로 도시화를 추진해 도시의 규모와 시너지 효과를 더 크게 발휘함으로써 자원 효율을 높이고 환경 파괴의 압박을 줄이면서 생태 자산을 보호하고 늘릴 것이다.

모든 문명은 혁신을 장려하지만, 선택하는 혁신 기술은 다르다. 두 가지 기술 노선이 있다. 첫째는 효율을 높이고 소모를 줄이며, 비용을 낮

중국의 환경관리와 생태건설

쳐 한계 자원을 개발 이용하는 전통적 기술이다. 둘째는 지속 가능한 자원으로 대체하고, 지속 가능하지 않은 자원에 대한 의존을 없애는 혁명적인 기술이다. 공업화 국가의 기술 혁신 노선을 보면 전통적인 기술 연구개발과 이용에 치중해 있다. 이 역시 공업 문명의 효용극대화의 가치 선택과 상관이 있다. 에너지 기술 선택에서 선진국은 전통적인 기술 연구개발에 많은 정력을 투입해 에너지 이용 효율을 높이고, 한계자원을 개발 이용하면서 사람들은 기술을 통해 에너지 효율을 2배, 4배 심지어는 8배를 높이려고 시도하고 있다. 미국은 전통적 화석 에너지에 대한 수입 의존도를 줄이기 위해 한계 상황의 셰일가스 자원을 개발하면서 화석 에너지 분야의 셰일가스 혁명을 일으켰다. 하지만 이런 기술 선택은 첫째 기술 효율 제고로 자원 절약을 상쇄하는 '리바운드 효과'가 존재한다. 둘째, 한계자원도 유한하다는 것이다. 셰일가스 역시 재생 불가능한 자원으로 셰일가스 채굴이 환경에 위협이 되지는 않더라도 자원량은 채굴과 소비로 인해 줄어들고 심지어는 고갈될 수 있다. 선진국은 또한 태양 에너지, 바이오매스 에너지를 포함한 생명 기술을 연구하고 있지만, 공업 문명 이념의 '이윤극대화' 시장 경제 조건에서 이러한 혁명적인 기술 진전은 더디다. 선진국의 기술 발전이 기술 업그레이드에 의한 것이라고 한다면, 중국은 기술 업그레이드와 기술 혁명이라는 두 가지를 병행한 노선을 걷고 있다. 중국은 한편으로는 화석 에너지 효율 향상을 통해 자동차 연비 효율, 화력발전 전환 효율, 건축물 에너지 절약 효율, 철강 시멘트 등 제조업의 효율이 급속한 공업화 과정에서 세계 선두로 빠르게 부상했으며, 해상 석유 가스전을 탐사하고, 저질탄 개발 이용을 하면서 한계자원의 이용을 확대하고 있다. 또 한편으로는 중국은 재생 가능한 자원의 개발과 이용에 끊임없이 박차를 가하고 있다. 중국이 2000년 이전에 수력 자원, 농촌의 바이오가스 자원을 개발한 것은 화석 에너지 자원의 부족을 메우려고 한 것이라고 한다면, 21세기 들어 중국이 풍력, 태양광, 바이오매스 에너지 등 재생 가능한 에너지에 대한 대규모 투자와 이용은 자발적인 에너지 혁명 전환의 노력을 하는 것이라고 볼 수 있다. 2010년대에 들어서면서 중국의 풍력발전기와 태양광 발전기는 선진국의 수준과 규모를 뛰어 넘어 세계 에너지 생산과 소비 혁명을 이끌고 있다. 중국의 에너지 기술 전환은 이미 전통적 기술 업그레이드에서 획기적인 기술 혁신의 궤도로 들어섰다고 할 수 있다. 화석 에너지는 공업 문명의 원동력이다. 생태 문명은 반드시 재생 가능한 에너지에 의해 이루어져야 한다. 중국의 에너지 기술 혁신은 생태 문명 건설을 강력하게 추진하고 있다. 다른 개발도상국들이 공업 문명의 화석 에너지를 이용하는 길을 걷는다면 자원 고갈, 환경오염, 이산화탄소 배출이라는 현실적인 어려움에서 빠져나올 수 없다. 안 되는 걸 시도하는 것보다 중국의 생태 문명 건설 실천 경험을 참고로 재생 가능한 에너지 기술을 개발 이용하는 것이 더 나을 것이다.

사회 문명 형태의 전환은 체제 메커니즘과 제도 혁신이 필요하다. 공업화 과정에서 공업 문명의 폐단으로 어려움을 겪을 대로 겪은 선진국은 환경보호기구를 설립하고, 환경보호법규와 표준을 발표하면서 많은 제도적 혁신을 했다. 이런 제도 모델은 대다수가 이미 중국을 포함한 개발도상국에 채택되어 어느 정도 효과를 얻었지만, 지속 가능한 발전의 수요를 확보하고 생태 문명 전환을 가속화할 수는 없었다. 우리는 제도 혁신을 더 해야 한다. 중국은 2000년대 초 생태 문명 건설을 제시해 공업 문명에 대한 깊은 반성과 생태 문명의 새로운 길을 모색하는 부분에서 긍정적인 역할을 했지만, 체제 메커니즘 부분의 제도 혁신은 없었다. 2010년대로 들어서면서 중국 정부는 생태 문명 제도 혁신에 관한 구상을 체계적으로 제시하고, 가장 엄격한 원천적 보호제도, 손해배상제도, 책임추궁제도를 실시할 것이라고 밝히면서 환경관리와 생태복원제도를 완비해 제도를 통한 생태 환경 보호를 강조했다. 자연자원자산 재산권제도와 용도 관리단속제도 완비를 포함하고, 생태 보호 레드 라인을 설정하고, 자연자원 대차 대조표를 편성해 지도 간부들에 대해 자연자원 사외 감사를 실행하는 것을 모색한다. 생태 환경 손해 책임 종신 추궁제를 구축하고, 자원 유상 사용 제도와 생태 보상 제도를 실행하며, 생태 환경 보호관리 체제를 개혁한다.

이러한 새로운 구상들은 자연자원 소유권제도와 용도 통제 제도와 같은 공업 문명 제도의 요소들을 이용하고 더 심화시키고, 생태 레드 라인과 생태 보상 제도와 같은 생태 문명 건설의 새로운 제도 장치를 마련하고, 자연자원 대차 대조표 작성과 같은 실시 가능한 것들을 더 모색해야 한다. 공업 문명 제도의 틀 역시 농경문화 제도 체제에서 비교적 긴 시간을 통해 점차로 구축되고 완비된 것이기 때문에 생태 문명 제도 혁신이 한 번에 성공하기를 기대할 수는 없다. 실천 모색과 사고의 전환이 중요하다. 선진 자본주의 국가에서는 경제가 포화상태에 이르거나 주기성 경제 위기가 생길 때면 근린궁핍화의 경쟁적 발상으로 통화의 양적완화와 무역장벽 정책을 통해 위기를 전가하면서 자신의 이익을 극대화해왔다. 중국은 2008년 세계 금융위기에 대응하기 위해 선진국들이 습관적으로 사용하던 투자확대 정책을 취한 결과 이런 정책은 생태 문명 전환에 절대로 유리하지 않다는 것이 증명되었다. 국민경제와 사회발전의 제13차 5개년 계획(2016-2022년) 기간 동안 여전히 경제 고속 성장을 예측하고 있다. 생태 문명 건설의 실천, 인구와 경제 발전의 실제 상황 및 생태 문명 제도 혁신에서 생태 레드 라인과 생태 보상 등 배치에서 우리는 중국 경제가 뉴노멀로 들어서고 있다는 것을 알 수 있다. 인구는 거의 제로에 가까운 성장을 하고, 노동력의 공급이 부족하고, 인구 노령화를 보이며 경제 성장률이 크게 둔화되었지만 사회 물질적 부가 비교적 높은 수준을 보이며 생태 환경이 전체적으로 개선되고 있다. 중국은 경제의 뉴노멀 상태를 인정하고 통제하면서 문명 전환을 추진할 것이다.

중국의 환경관리와 생태건설

○ 맺음말

　　중국의 생태 문명전환은 사회 경제 각 부분에 걸친 방대한 프로젝트이다. 학술적, 전략적, 현실적으로 중요한 과제에 대해 이론과 실천적 측면에서 깊이 연구할 필요가 있다. 우리는 국가 인문사회과학 연구기관으로써 관련 연구에 관심을 가지고 체계적으로 이행해왔고, 국가자연과학기금, 국가사회과학기금, 국가과학기술부 과학기술지탱계획, 973계획, 특별 국가 재정, 중국사회과학 철학 사회 혁신 공정, 국가발전개발위원회, 국가환경보호부, 국가 공업과 정보부, 중국 기상국 및 지방 정부, 영국 해외발전기금, 스위스 국제개발처, 미국 에너지기금회, 유엔 정부간 기후변화 위원회 기금, 중국-홍콩 중화에너지기금 위원회 등 기관과 부서에서 과제 연구, 설문 조사 및 학술 교류에 도움을 주었다.

　　첸홍보陳洪波, 첸잉陳迎, 주셔우-센朱守先, 좡구이양莊贵阳, 양본판梁本凡, 리칭李慶, 왕모우王謀, 정옌鄭艷, 리멍李萌, 류저劉哲, 류장숭劉長松, 류창이劉昌義, 시에신루謝欣露, 저우야민周亚敏, 왕란王苒 등 나의 연구진 동료와 학생들이 과제 연구에 참여하고, 학술 사상에 기여를 했고 연구 보고를 작성하고 연구 소재를 분석하는 등 적극적으로 참여해 주었다. 이들은 연구팀의 일반 연구원이자 협력자로 공저 혹은 독립 저자의 방식으로 연구 보고서와 논문을 쓰고 발표했다. 이 책의 기후용량, 생태 문명 포지셔닝, 공업화 과정, 옌쟈오燕郊 사례, 생태 제도 혁신에 관한 부분에서 일부는 공동 연구에 기초한 자료와 결과물이다.

　　연구팀 외에 평페이란彭沛燃, 하오웨이징郝偉静, 슝젠빈熊健瀕, 슈에수펑薛蘇鵬 등 이 책의 편집과 정리를 지원해 주고 책임감 있게 버팀목이 되어준 팀이 있었다. 특히, 올해 팔순이 되신 모친의 이해와 지지에 감사를 드리고, 시간이 부족해 모친을 보살피지 못한 나를 너그러이 봐 준 형제자매들, 묵묵하게 생활을 도맡아 온 아내 두야핑杜亚平과 일이 바빠 시간을 잘 내지 못했던 본인을 이해해 준 딸에게 감사를 표한다.

이 책의 내용 연구를 지원해 주신 국내외 기관과 부서, 선임 연구진과 젊은 연구원들, 지원팀과 가족들의 노고에 감사 드린다.

○ 참고문헌

Lee, Bernice, et al., *Resources futures*, London: Chatham House, Vol. 14, 2012.

Billiton BHP, "Steelmaking materials briefing", presentation by Marcus Randolph, 30 September, 2011.

Kenneth E. Boulding, "The Economics of the coming spaceship Earth", *Environ-mental Quality in a Growing Economy*, Ed. Henry Jarrett, Baltimore: The Johns Hopkins Press, 1966.

BP(British Petroleum), BP Statistical Review of World Energy 2012, June 2012. 〈http://www.bp.com/content/dam/bp/pdf/Statistical-Review-2012/statistical_review_of_world_energy_2012.pdf〉.

Cairncross, A., "What is deindustrialisation?" *Deindustrialisation*, Ed. Blackaby, F. , London: Pergamon, 1982.

Chang, Gordan, *The Coming Collapse of China*, NewYork: Random House, 2001.

Chin, Lawrence, "*Public Housing Governance in Singapore*: *Current Issues and Challenges*", 2004 〈http://www.housingauthority.gov.hk/hdw/ihc/pdf/phgslc pdf〉.

Costanza, Robert, "Embodied energy and economic valuation", *Science*, 210. 4475(1980): 1219-1224.

Daly, Herman E, and Kenneth Neal Townsend, *Valuing the earth*: *economics, ecology, ethics*, MIT press, 1996.

Daly, Herman E. , ed, *Economics, ecology, ethics: Essays toward a steady-state economy*, SanFrancisco: WH Freeman, 1980.

Daly, H. E, *Steady State Economics*, 2nd edition, Washington D.C. : IslandPress, 1991.

Daly, Herman E., "Allocation, distribution, and scale: towards an economics that is efficient, just, and sustainable", *Ecological Economics*, 6. 3(1992): 185-193.

Diamond, Jared, *Collapse: How Societies Choose to Fail or Succeed*, NewYork: PenguinBooks, 2005, ISBN 0-14-303655-6.

Dinan, Desmond,ed., *Origins and evolution of the European Union*, Oxford University Press, 2014.

Duchin,Faye,"Industrial input-output analysis: implications for industrial ecology", *Proceedings of the National Academy of Sciences*, 89.3(1992): 851-855.

Duncan, Richard C., "The Olduvai theory: energy, population and industrial civilization", *The Social Contract*,16.2(2005): 6.

EEC,Commission Regulation(EEC) No 1272/88 of 29 April 1988 laying down detailed rules for applying the set-aside incentive scheme for arable land, EUR Lex European Commission, 29 April. 1988.

Assessment, Global Energy, "Global Energy Assessment, Toward a Sustainable Future", *Cambridge, UK, and Laxenburg, Austria: Cambridge University Press and the International Institute for Applied Systems Analysis*(2012).

Georgescu Roegen, Nicholas, "Energy analysis and economic valuation", *South-ern Economic Journal*(1979): 1023-1058.

Greer, Diane, "Energy efficiency and biogas generation at wastewater plants", *Biocycle*, 53.7 (2012): 37-41.

Hoogeveen, Jippe, Jean Marc Faurès, and Nick Van de Giessen, "Increased biofuel production in the coming decade: to what extent will it affect global fresh water resources?" *Irrigation and Drainage*, 58.S1(2009): S148-S160.

Krishnan, Rajaram, Jonathan Harris, and Neva R. Goodwin, eds., *A survey of ecological economics*, Vol.1, Washington D.C.: Island Press, 1995.

Leiss, William, *Domination of nature*, McGill-Queen's Press-MQUP, 1994.

Leiss, William, *Limits to Satisfaction: an essay on the problem of needs and commodities*, McGill Queen's Press-MQUP, 1988.

Lennon,J., "Base metals outlook: Drivers on the supply and demand side", presentation, February 2012, Macquarie Commodities Research, 2012, ⟨http://www.macquarie.com/dafi les/Internet/mgl/msg/iConference/documents/18_JimLennon_Presentation.pdf.⟩.

Meadows, Donella H., et al., *The Limits to Growth*, New York: Universe Books, 1972.

중국의 환경관리와 생태건설

Mill, J. S. , *Principles of Political Economy*, John W. Parker, London, Vol. II, 1857.

Molden, David, et al., "Improving agricultural water productivity: between optimism and caution", *Agricultural Water Management*, 97.4(2010): 528-535.

Morrison, Roy, *Ecological democracy*, Vol. 4, Boston, MA: South End Press, 1995.

Odum, Howard T. , and Elisabeth C. Odum, *Energy Basis for Man and Nature*, NewYork: McGraw Hill, 1976.

Pitelis, Christos, and Nicholas Antonakis, "Manufacturing and competitiveness: the case of Greece", *Journal of economic studies*, 30.5(2003): 535-547.

Rawls, John, *A Theory of Justice*, Oxford: OxfordUniversity Press, 1972.

Rees, William E., "Ecological footprints and appropriated carrying capacity: what urban economics leaves out", *Environment and urbanization*, 4.2(1992): 121-130.

Rowe, Stan J., "Ecocentrism: The chord that harmonizes humans and earth", *TheTrumpeter*, 11.2(1994): 106-107 .

Russell, Bertrand., *The prospects of industrial civilization*. London and NewYork: Routledge, 2009.

Schwarzenbeck, N., W. Pfeiffer, and E. Bomball, Can a waste water treatment plant be a powerplant? Acasestudy, *Water science and technology*, 2008, 57(10): 1555-1561.

SEI, "Understanding the Nexus, background paper prepared for Bonn conference on Water, Energy and Food Security Nexus: solutions for the green economy", 16-18 Nov. 011.

Sen, Amartya, *Development as freedom*(2nd ed.), NewYork: Oxford University Press, 2001.

Slesser, M., "Towards an Exact Human Ecology", *Towards a More Exact Human E cology*, Ed. P. J. Grubb and J. B. Whittaker, Massachusetts: Cambridge and Oxford England: Blackwell Books, 1989.

Soltau, Friedrich, *Fairness in International Climate Change Law and Policy*, NewYork: Cambridge University Press, 2009.

Subramanian, Arvind: 《개방된 글로벌경제체계 보호: 중국과 미국을 위하여 설계한 전략적 청사진》,《미국Peterson국제경제연구소 정책 속보》, 제13-16페이지.

《포동미국경제통신》 제13기(총제347기), 2013년 7월 15일.

Wayne M. Morrison, "China's Economic Rise: History, Trends, Challenges, and Implications for the United States", Congressional Research Service, February 3, 2014; Wayne M. Morrison:《중국의 경제부상: 역사, 추세, 도전과 미국에 대한 영향》. 미국국회연구소, 2013년 7월.《포동미국경제통신 통신》 제16기 (총제350기), 2013년 8월 30일.

UN Commission on Global Governance, *Our Global Neigbourhood*, NewYork: Oxford University Press, 1992.

UN, *Proposed Sustainable Development Goals*, UN Open Working Group, 2014.

United Nations, Department of Economic and Social Affairs, Population Division, *World Population Prospects*, 2011.

WCED(World Commission on Environment and Development), *Our Common Future, Oxford*: Oxford University Press, 1987.

WongTai-Chee and Xavier Guillot, A Roof Over Every Head: *Singapore's Housing Policy between State Monopoly and Privatization*, IRASEC-Sampark, 2004, 256pp. ISBN: 81-7768-099-9.

World Bank, World Development Indicators, http://data.worldbank.org/datacatalog.

World Steel Association, http://www.worldsteel.org/zh/media centre/press re leases/.

Ye, Qianji, "Ways of Training Individual Ecological Civilization under Nature Social Conditions", *Scientific Communism*, 2nd issue, Moscow, 1984.

2050년 중국 에너지와 탄소 배출연구프로젝트팀:《2050년 중국 에너지 및 탄소 배출 보고》, 과학출판사 , 2009년.

바이쳰(白泉), 주웨이중(朱跃中), 슝화원(熊华文), 톈지위(田智宇):《중국 2050년 경제와 사회 발전 상황》, 프로젝트팀《2050년 중국 에너지 및 탄소 배출 보고》, 과학출판사, 2009년.

편집부:《국외 대기오염퇴치 구역협력기제》,《환경보호》2010년 제9기.

차이팡(蔡昉):《중국경제 발전의 비밀 분석》, 중국사회과학문헌출판사, 2014년.

천쟈궈이(陈佳贵), 황췬휘이(黄群慧), 뤼테(吕铁), 리쇼화(李晓华):《중국 공업화 과정 보고(1995-2010)》, 사회과학문헌출판사, 2012년.

천루이칭(陈瑞清): 《사회주의 생태 문명을 건설하여 지속 가능한 발전을 실현하자》, 《내몽골통일전선리론연구》 2007년 제2기.

천중싱(陈宗兴), 주광요(朱光耀): 《생태 문명 건설》, 학습출판사, 2014년.

단터(丹特), 하루이(哈瑞): 《인구절벽》, 쇼쇼 옮김, 중신출판사, 2014년.

덩지원(邓集文): 《생태 문명 건설은 우리 나라 환경보호관리체제개혁을 필요로 한다》, 《생태경제》 2008년 제6기.

제2차 기후변화 관련 국가평가보고편집위원회: 《제2차 기후변화 국가평가보고서》, 과학출판사, 2011년.

황창린(方创琳): 《중국 도시화 발전보고서》, 과학출판사, 2014년.

횡즈밍(封志明), 탕연(唐焰), 양옌조우(杨艳昭), 장단(张丹): 《GIS에 기초한 중국 주거환경지수패턴의 구축과 응용》, 《지리학보》 2008년 제12기.

궁잔쟝(龚占江): 《환경보호관리체제문제연구》, 《상품과 질》 2013년 제1기.

궈융란(郭永然): 《우리 나라 환경보호관리체제문제 및 대책》, 《중국화공무역》 2012년 제6기.

국가환경보호부: 《환경보호부 통보 2011년도 전국 오염물 배출량 감소상황》, 2012년 9월7일, http://www.mep.gov.cn/gkml/hbb/qt/201209/t20120907_235881 htm.

국가환경보호부: 《2010년 환경통계년보》, http://zls.mep.gov.cn/hjtj/nb/2010tjnb/201201/ t20120118_222728 htm.

국가 환경보호부 환경계획원: 《"12.5"중점 구역 대기오염 공동 예방과 통제 계획 편집 안내서(심사원고)》, http://www.caep.org.cn/air/DownLoad aspx.

국가환경보호부: 《환경보호부 부서 예산 2013》, 중화인민공화국 환경보호부 네트워크 http://www.mep.gov.cn/zwgk/czzj/, 마지막 방문일: 2014년 5월 23일.

국가환경보호부: 《중국환경상황공보2013》, http://jcs.mep.gov.cn/hjzl/zkgb/.

국가환경보호부: 《2010년환경통계년보》, http://zls.mep.gov.cn/hjtj/nb/2010tjnb/201201/ t20120118_222729.htm.

국가환경보호부: 《2000-2012년 각 지역 오염배출비 징수상황표》, http://hjj.mep. gov.cn/pwsf/gzdt/201312/P020131203550138828737.pdf, 마지막 방문일: 2014년 5월 23일.

국가농업부: 《전국 농촌 메탄가스공정건설계획, 2005-2020》

http://www.moa.gov.cn/zwllm/tzgg/tz/200704/t20070418_805366.htm.

국가통계국:《중국통계년감2011》, 중국통계출판사, 2011년.

국가통계국:《2013국민경제와 사회발전 통계년보》, 2014년 2월 24일,
    http://www.stats.gov.cn/tjsj/zxfb/201402/t20140224_514970.html.

국가통계국:《2013국민경제와 사회발전 통계년보》, 2015년 2월 26일,
    http://www.stats.gov.cn/tjsj/zxfb/201502/t20150226_685799.html.

국무원:《전국 주체기능구 계획을 발부할데 관한 통지》(국발〔2010〕46호), 2010년
    12월 21일.

국무원:《국가신형도시화계획2014-2020》, 2014년 3월, http://www.gov cn/gongbao/
    content/2014/content_2644805.htm.

국무원:《전국 주체기능구 계획을 작성할데 관한 국무원의 의견》(국발〔2007〕21호).

후보우린(胡保林):《우리 나라 환경보호 행정관리체제 개혁에문제에 관한 사고》,《중
    국환경관리》1997년 제6기.

후환융(胡煥庸):《중국인구분포》,《지리학보》1935년 제2권.

후진토우(胡锦涛):《중국공산당 제18차 전국대표대회에서의 보고》, 인민출판사 2012년.

후센즈(胡仙芝), 위윈허(喻云何):《숙고:우리 나라 전통 환경보호관리체제가 직면한
    도전》,《경제》, 2012년 제7기.

황진루(黄锦楼), 천친(陈琴), 쉬련황(许连煌):《응용과정에서 나타나는 인공습지의
    문제점 및 해결책》,《환경과학》2013년 제1기.

황쥔룽(黄军荣):《환경보호관리체제개혁에 대한 신공공관리 리론 게시》,《전승》
    2012년 제24기.

황췬후이(黄群慧):《뉴노멀시대 우리나라의 경제 형세와 도전》, 중국사회과학원공업
    경제연구소 2014년.

황순지(黄顺基), 류우중초우(刘宗超):《생태 문명관과 중국의 지속 가능한 발전》,《중
    외 과학기술 정책과 관리》1994년 제9기.

쟝밍(姜明), 리황진(李芳谨):《농촌환경보호관리체제의 혁신 대책》,《환경보호》2010
    년 제6기.

캉위(康宇):《유석도생태이론사상비교》,《천진사회과학》2009년 제2기.

란젠중(蓝建中):《일본은 농민을 어떻게 시민으로 변하게 하는가》,《참고소식》2013
    년 4월 24일 제11판.

리훙위(李红卫):《생태 문명-인류문명발전에서 반드시 거쳐야 하는 길》,《사회주의 연구》 2006년 제6기.

리산퉁(李善同), 류원중(刘云中):《2030년의 중국경제》, 경제과학출판사, 2011년.

린이푸(林毅夫):《2030 중국의 미국 초월》,《남방주말》 2005년 2월 1일.

류우제링(刘洁岭), 쟝원쥐(蒋文举):《도시오수처리공장 에너지소모 분석 및 에너지 절약 조치》,《록색 과학기술》 2012년 제11기.

류우샹룽(刘湘浴):《경제 발전방식의 생태화와 우리 나라의 생태 문명 건설》,《남경사 회과학》 2009년 제6기.

루원탕(逯元堂), 천펑(陈鹏), 우순저(吴舜泽), 주젠화(朱建华):《"12. 5" 환경보호 투 자수요를 명확히 하여 환경보호 목표의 실현을 보장하자》,《환경보호》 2012 년 제8기.

루원탕(逯元堂), 우순저(吴舜泽), 천펑(陈鹏), 주젠화(朱建华):《"11.5"환경보호투 자평가》,《중국 인구, 자원과 환경》 2012년 제10기.

루양(路阳), 왕옌(王言):《우리나라 전자 쓰레기의 현황과 처리 대책에 대한 간단한 분 석》,《환경위생공정》 2012년 제4기.

W로스토(罗斯托):《경제성장의 단계》, 귀시보(郭熙保), 왕숭모(王松茂) 옮김, 중국 사회과학출판사, 2001년.

닝샤발전개혁위원회:《닝샤 "12.5" 중남부지구 생태이민계획》, 2011년 10월.

판쟈화(潘家华), 정앤(郑艳), 버쉬(薄旭):《새로운 경보를 울림: 기후이민》,《세계지 식》 2011년 제9기.

츄보젠(丘宝剑):《전국농업종합자연구구획의 방안》,《허난대학학보》 (자연과학판) 1986년 제1기.

런준화(任俊华):《유석도 생태이론사상을 논함》,《후난사회과학》 2008년 제6기.

시훙웬(时宏远):《인도-방글라데시 관계속의 불법이민문제》,《남아시아연구》 2011년 제4기.

세계은행:《2030년의 중국: 현대적이고 화합되고 창조력이 있는 고소득사회를 건설하 자》, 세계은행, 국무원발전연구센터 2013년.

세계은행, 국무원발전연구센터 공동과제팀:《2030년의 중국: 현대적이고 화합되고 창 조력이 있는 고소득사회를 건설하자》, 2011년.

세계자연기금회:《중국생태발자국보고2012》, 2012년.

왕멍쿼이(王梦奎):《중국 중장기발전의 중요한 문제2006-2020》, 중국 발전출판사 2006년.

왕성윈(王조云),마런훵(马仁锋), 선위황(沈玉芳):《중국구역발전패턴이 주체기능 구계획이론과의 호응으로의 전변》,《지역 연구와 개발》2012년 12월 10일.

왕쯔허(王治河):《중국 화합주의과 후현대 생태 문명의 형성》,《마르크스주의와 현실》2007년 제6기.

위이밍(魏一鸣), 우강(吳刚), 량쵸우메이(梁巧梅), 료우화(廖华):《중국에너지보고 (2012):에너지안전연구》, 과학출판사, 2012년.

샹칭(向青):《미국 환경보호 휴경계획의 방법과 경험》,《림업경제》2006년 제1기.

슝춘진(熊春锦):《룡문화의 문명과 교육》, 단결출판사, 2010년.

쉬충정(许崇正), 쵸우위이란(焦未然):《생태 문명을 건설하고 순환경제와 인간을 발전시키는 발전》,《개혁과 전략》2009년 제10기.

양링버(杨凌波), 청스위(曾思育), 쥐위펑(鞠宇平), 허묘우(何苗), 천지닝(陈吉宁):《우리나라 도시 오수 처리공장의 에너지소모법칙의 통계분석과 정량식별》,《급수배수》2008년 제10기.

영국석유회사:《BP세계 에너지통계년감》, 2014년.

위커핑(俞可平):《과학발전관과 생태 문명》,《마르크스주의와 현실》2005년 제4기.

위커핑(俞可平):《퇴치와 선치》, 사회과학문헌출판사 2000년.

위머창(余谋昌):《생태 문명은 인류의 제4문명》,《녹엽》2006년 제11기.

장카이(张凯):《순환경제를 발전시키는 것은 생태 문명을 향해 나아가는데 있어 반드시 거쳐야 할 길이다》,《환경보호》2003년 제5기.

장민(张敏):《생태 문명 및 그 당대의 가치》, 박사학위논문, 중국공산당중앙 당교 대학원, 2008년.

장페이강(张培刚):《농업과 공업화》, 미국하버드대학출판사 1949년 영문판 초판, 1969년 재판; 화중공학원출판사 1984년 중문판 초판, 1988년 재판.

장원호우(张闻豪):《도시 오수 처리공장 에너지절약 조치와 최적화 운행 기술연구》, 박사학위논문, 타이웬리공대학, 2012년.

《리커챵(李克强):"12.5"기간 중국 환경보호 투입 5만억 초월》,《중국일보》2012년 5월 4일.

중국과 글로벌화 연구센터:《중국유학발전보고》, 2012년.

조젠쥔(赵建军):《생태 문명을 건설하는 것은 시대의 요구이다》,《광명 일보》2007년 8월 7일.

저우펑치(周凤起), 왕칭이(王庆一):《중국 에너지 50년》, 중국전력출판사 2002년.

저자 | 판쟈화(潘家华)

중국사회과학원 도시발전 및 환경연구소 소장, 대학원 교수.
1992년 영국 케임브리지대학 박사학위 취득.
중국도시경제학회 부회장, 중국생태경제학회 부회장,
중국에너지학회 부회장, 중국기후변화전문가위원회 위원,
중국외교정책자문위원회 위원, ≪도시 및 환경 연구≫ 주필.

연구분야 : 지속가능한 발전 경제학, 지속가능한 도시화
        토지자원 경제학, 세계경제 등.

IPCC기후변화완화평가 제3차(1997-2001) 보고 주필 및 주요 작가.
제4차(2003-2007) 및 제5차 보고(2010-2014) 주요 작가.

중영논문 및 역작 300여 편(장, 부) 발표.
중국사회과학원 우수과학연구 1등상(2004) 및 2등상(2000, 2013) 수상.
순예방경제과학상(2011) 수상.

옮긴이 | 김선녀(金善女)

중국민족번역국 부교수. 북경대학교 한국어(조선어)과에서 석사과정을
마쳤고, 한국에서 어학을 연구한 바 있다. 매년 중국정부 인민대표대
회와 정치협상회의 번역 및 동시통역을 담당하고 있다. 주요 저역서로
『습근평-국정운영을 론함』, 『중화인민공화국 법률집』, 『열일곱살의 털
(중국어판)』, 『초등학생 학습혁명(중국어판)』, 『한국문화산업과 한류』등
이 있다.

중국의 환경관리와 생태건설

초판1쇄 인쇄 2019년 5월 8일
초판1쇄 발행 2019년 5월 17일

지은이   판쟈화(潘家华)
옮긴이   김선녀(金善女)
펴낸이   이대현
책임편집 이태곤
편집   권분옥 홍혜정 박윤정 문선희 백초혜
디자인   안혜진 최선주
마케팅   박태훈 안현진 이희만

펴낸곳   도서출판 역락
출판등록 1999년 4월19일 제03-2002-000014호
주소   서울시 서초구 동광로 46길 6-6 문창빌딩 2층 (우-06589)
전화   02-3409-2060
팩스   02-3409-2059
홈페이지   www.youkrackbooks.com
이메일   youkrack@hanmail.net

ISBN 979-11-6244-312-5 93530

「이 도서의 국립중앙도서관 출판예정도서목록(CIP)은 서지정보유통지원시스템 홈페이지(http://seoji.nl.go.kr)와 국가자료공동목록
시스템(http://www.nl.go.kr/kolisnet)에서 이용하실 수 있습니다. (CIP제어번호: CIP2018038857)」